普通高等教育"十一五"规划教材

Visual Basic 程序设计

郭贤海　主编

科学出版社

北　京

内 容 简 介

Visual Basic 语言是最流行、使用人数最多的编程语言，它简单易学、应用广泛，是在校大学生学习编程的首选语言，学会 Visual Basic 能使你的专业技能如虎添翼。

本书针对初学者的特点，精心设计章节内容、准确定位，章节的设置符合学习规律，实例讲解详细、重点突出、深入浅出，能使初学者快速入门。本书分为 10 章，由浅入深地介绍了 Visual Basic 基本知识、编程基础、控制结构、数组、过程、常用内部控件、绘图方法、菜单和对话框、文件、数据库等内容。

本书可以作为各类高等院校、各类高职院校学生的"Visual Basic 程序设计"课程的教材，也可作为广大计算机爱好者学习 Visual Basic 程序设计语言的参考书。

图书在版编目(CIP)数据

Visual Basic 程序设计/郭贤海主编. —北京：科学出版社，2010.3
（普通高等教育"十一五"规划教材）

ISBN 978-7-03-026837-2

Ⅰ. ①V… Ⅱ. ①郭… Ⅲ. ①Basic 语言-程序设计-高等学校-教材
Ⅳ. ①TP312

中国版本图书馆 CIP 数据核字（2010）第 029996 号

责任编辑：李振格 孙露露 / 责任校对：赵 燕
责任印制：吕春珉 / 封面设计：耕者设计工作室

科 学 出 版 社 出版

北京东黄城根北街 16 号
邮政编码：100717
http://www.sciencep.com

铭浩彩色印装有限公司 印刷

科学出版社发行 各地新华书店经销

*

2010 年 3 月第 一 版 开本：787×1092 1/16
2019 年 1 月第十一次印刷 印张：17 3/4
字数：403 000

定价：39.00 元

（如有印装质量问题，我社负责调换〈骏杰〉）

销售部电话 010-62134988 编辑部电话 010-62135763-8212

前　　言

Visual Basic 是目前最适合初级编程者学习使用的程序设计语言，也是国内外应用范围最广的计算机高级语言之一。正是由于其容易掌握，开发界面友好，功能完善，开发效率高，以及良好的兼容性，因而成为当前快速开发工具的首选。

本书共分 10 章。从 Visual Basic 6.0 概述开始，介绍 Visual Basic 集成开发环境、可视化编程的基本概念、基本方法、几个常用控件的属性和使用方法、基本数据类型、表达式、常用内部函数，使读者对 Visual Basic 有一个初步的认识，熟悉编程的基本步骤；接着讲解 Visual Basic 的控制结构语句、数组、过程函数、绘图程序、菜单、文件、数据库，使读者深入了解 Visual Basic 的内涵，学会各种代码设计方法和步骤，熟练编写 Visual Basic 程序，最后达到读者掌握 Visual Basic 程序设计的目的。

本书编写以改革计算机课程教学，休现新世纪教育特色为出发点，力求有所创新。全书围绕着非计算机专业学生学习和教学的特点，结合计算机二级等级考试大纲进行组织编写。全书由浅入深、概念明确、条理清晰，适合作为各类高等院校、各类高职院校学生的"Visual Basic 程序设计"课程的教材，也可作为广大计算机爱好者学习 Visual Basic 程序设计语言的参考书。

本书由长期工作在教学第一线并具有丰富计算机基础教学经验的多位教师共同编写，郭贤海任主编。第 1 章、第 2 章由台州学院的应建健编写，第 3 章、第 4 章、第 6 章的 6.6 节和第 10 章由台州学院的郭贤海编写，第 5 章、第 6 章（除 6.6 节）由丽水学院的沈伟华编写，第 7 章、第 9 章由温州大学的陆岚编写，第 8 章由浙江传媒学院的梁冲海编写，郭贤海最终统稿成书。另外，郑苏杭、仲灵美、孙明月、张婷、赵帅、韩旺、李莉莉、乐赟等人参与了本书的校对工作，在此一并表示感谢。

由于编者水平有限，书中难免出现疏漏之处，恳请广大读者批评指正。主编邮箱：seeinrain@163.com。

目　　录

第 1 章　Visual Basic 6.0 概述

　　在所有的程序设计语言中，Basic 语言是最容易学习的一种通用程序设计语言，同时也是全球使用人数最多的程序设计语言，而 Visual Basic 是微软公司推出的面向对象的可视化程序开发工具，利用 Visual Basic 6.0 提供的集成开发环境，可以很方便地编制出各种应用程序。另外，Visual Basic 脚本也已经在各行各业的软件中被大量使用，比如 Office、CAD 等软件中的宏就采用了 Visual Basic 来实现，这使得 Visual Basic 成为各个专业领域的常用工具。

　　本章在对 Visual Basic（简称 VB）的发展和特点稍加介绍后，将把重点放在引导用户操作 Visual Basic 6.0 集成开发环境，立刻开发出第一个简单的应用程序，从而对这个面向对象的程序设计语言有一个初步了解，引领用户进入 Visual Basic 的世界。

1.1　Visual Basic 简介

1.1.1　Visual Basic 的发展过程

　　1991 年，微软公司推出了 Visual Basic 1.0 版。这在当时引起了很大的轰动，许多专家把 Visual Basic 的出现当作是软件开发史上的一个具有划时代意义的事件，它是当时第一个"可视"的编程软件。

　　1992 年，Visual Basic 2.0 发布。该版木较之上一个版本在界面和速度方面都有所改善。其中最大的改进是加入了对象型变量，对 VBX 有了很好的支持，许多第三方控件涌现出来，极大地丰富了 Visual Basic 的功能。微软还为 Visual Basic 2.0 增加了 OLE 功能。

　　1993 年，Visual Basic 3.0 发布，分为标准版和专业版。其中包含了数据引擎，可以直接读取 Access 数据库。

　　1995 年，Visual Basic 4.0 发布了 32 位版本和 16 位的版本。引入了面向对象的程序设计思想，其中包含了对类的支持，用 OCX 控件代替了 VBX 控件，还能够开发 DLL 工程。

　　1997 年，Visual Basic 5.0 发布。程序员可以用 32 位的版本导入由 4.0 版本创建的16 位程序，并且能顺利编译，增加了本地代码编译器，让应用程序的效率大大提升。同时还包含了对用户自建控件的支持。

　　1998 年，Visual Basic 6.0 发布。它是作为 Visual Studio 6.0 的一员发布的，证明微软正在让 Visual Basic 成为企业级快速开发的利器。Visual Basic 6.0 在数据访问方面有了很大的改进，新的 ADO 组件让对大量数据快速访问成为可能。Visual Basic 6.0 已经是非常成熟稳定的开发系统，能让企业快速建立多层的系统以及 Web 应用程序，成为当前 Windows 上最流行的 Visual Basic 版本。

1.1.2　Visual Basic 的特点

Visual Basic 是一种快速简易的 Microsoft Windows 程序创建方式。即使你是 Windows 编程的新手，借助 Visual Basic，你就有了简化开发的一整套工具。

那么，什么是 Visual Basic？"Visual"是指用于创建用户所见内容（即"图形用户界面"或 GUI）的方法。"Basic"是指 BASIC（初学者通用符号指令代码）编程语言。在计算技术的历史上，与任何一种其他语言相比，使用 BASIC 语言的程序员是最多的。你只需学会 BASIC 的几个功能，就可以创建有用的程序了。

（1）提供了面向对象的可视化开发界面

Visual Basic 采用了面向对象的程序设计方法（OOP），并提供了可视化的开发界面，系统提供了很多控件，程序员设计用户界面就像画画一样方便。在大多数情况下，程序员使用这些控件就能快速创建出实用的应用软件，这些控件把一些常用的功能封装起来，使得程序员不用关注复杂的 Windows 的应用程序接口。

（2）事件驱动的编程方式

Visual Basic 允许创建反映用户动作和系统事件的程序。这种编程叫做事件驱动编程。这种编程方式的好处是，程序员编写响应用户动作的事件代码，每个事件之间的联系比较少，这样使得事件代码相对较短小，程序易于编写与维护。

（3）提供了应用程序集成开发环境

在 Visual Basic 的集成开发环境中，用户可以方便地进行界面设计、代码编写、程序调试编译，使软件的开发变得非常方便。

（4）提供了大量的控件

利用现有的控件可以大大提高开发效率，Visual Basic 提供了大量的常用控件，并可利用第三方开发的控件及其他组件。

（5）易用性

Visual Basic 的最大优势在于它的易用性，可以让经验丰富的 Visual Basic 程序员或是刚刚懂得皮毛的人都能用自己的方式快速开发程序，从而吸引了全球最多的程序员来使用它。而且 Visual Basic 的程序可以非常简单地和数据库连接。比如利用控件可以绑定数据库，这样一来，用 Visual Basic 写出的程序就可以掌握数据库的所有信息而不用写一行代码。

（6）支持多种数据库系统的访问

采用了 ADO（Active Data Object）数据访问技术，可以很好地访问本地和远程的数据库，支持访问 Access、FoxPro 等多种数据库，也可以访问 Excel 等一些电子表格。

（7）支持开发 Internet 程序

可以直接创建 IIS 应用程序，设计 DHTML 网页等功能。

（8）完善的在线帮助系统

通过联机帮助文档，可以获得关于 Visual Basic 的大量帮助，里面有大量的示例代码、完整的语法和工具使用的帮助。

1.2　Visual Basic 6.0 集成开发环境

Visual Basic 6.0 为使用者提供了一个功能强大而又易于操作的集成开发环境（IDE），用 Visual Basic 6.0 开发应用程序的大部分工作都可以通过该集成开发环境来完成。

下面介绍 Visual Basic 6.0 的集成开发环境，但不需要立刻掌握它，你可以先浏览它的界面上有哪些东西，等以后使用时逐步使用和掌握它。

启动 Visual Basic 6.0 后首先显示"新建工程"对话框，如图 1-1 所示。

图 1-1　"新建工程"对话框

在对话框上单击"打开"按钮后，就会出现如图 1-2 所示的 Visual Basic 6.0 的集成开发环境，它的主窗口由"标题栏"、"菜单栏"、"工具栏"、"控件工具箱"、"窗体设计器"、"工程资源管理器"、"属性窗口"和"窗体布局窗口"等组成。Visual Basic 6.0 集成开发环境中还有几个在必要时才会显示出来的子窗口，即"代码编辑器"和用于程序调试的"立即"、"本地"和"监视"窗口等。

1. 标题栏

标题栏位于集成开发环境主窗口的顶部。标题栏上除了可显示正在开发或调试的工程名外，还可显示系统的工作模式。Visual Basic 有三种工作模式：设计（Design）模式、运行（Run）模式和中断（Break）模式。启动时标题栏上显示"工程 1 – Microsoft Visual

Basic [设计]"，表示现在处于设计工作模式。

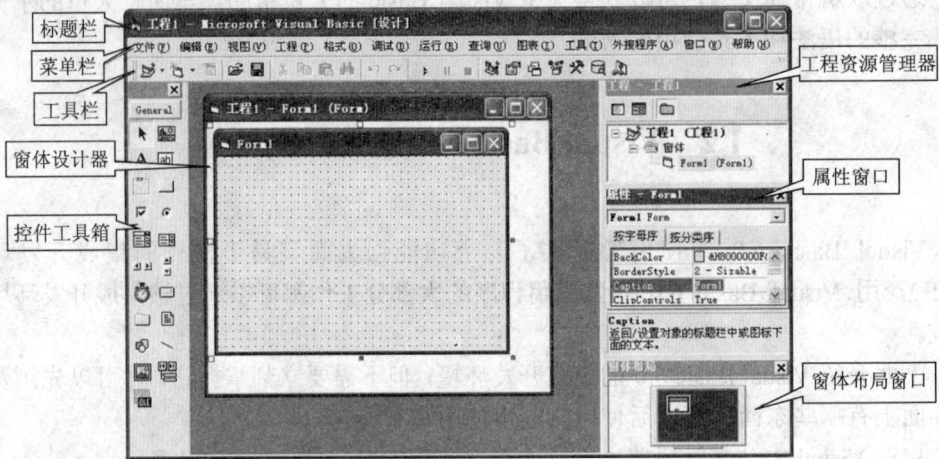

图 1-2　Visual Basic 6.0 的集成开发环境

1）设计模式：可进行用户界面的设计和代码的编制。

2）运行模式：当运行编制的程序时进入该模式，标题栏上显示"工程 1 – Microsoft Visual Basic [运行]"，此时无法编辑程序。

3）中断模式：当应用程序中断时（暂停运行，但还没结束）进入该模式，标题栏上显示"工程 1 – Microsoft Visual Basic [中断]"，一般用于调试程序。

2. 菜单栏

菜单栏位于集成开发环境主窗口标题栏的下面。Visual Basic 的菜单栏除了提供标准的"文件"、"编辑"、"视图"、"窗口"和"帮助"菜单之外，还提供了编程专用的功能菜单，如"工程"、"格式"、"调试"、"运行"、"查询"、"图表"、"工具"和"外接程序"等。

3. 工具栏

工具栏位于集成开发环境主窗口菜单栏的下面。Visual Basic 的工具栏包括有"标准"、"编辑"、"窗体编辑器"和"调试"四组。每个工具栏都由若干命令按钮组成，在编程环境下提供对于常用命令的快速访问。在没有进行相应设置的情况下，启动 Visual Basic 之后只显示"标准"工具栏。"编辑"、"窗体编辑器"和"调试"三个工具栏在需要使用的时候可通过选择"视图"菜单下的"工具栏"子菜单中的相应工具栏名称来显示，也可通过鼠标右击"标准"工具栏的空白部分，从弹出的快捷菜单中选择需要的工具栏名称来显示。

4. 控件工具箱

控件工具箱又简称工具箱，位于 Visual Basic 集成开发环境主窗口的左侧。它提供的是软件开发人员在设计应用程序界面时需要使用的常用工具（控件）。这些控件以图标的形式出现在工具箱中，软件开发人员在设计应用程序时，就是使用这些控件在窗体上"画"出应用程序的界面。工具箱中常用控件的图标和名称如图 1-3 所示。

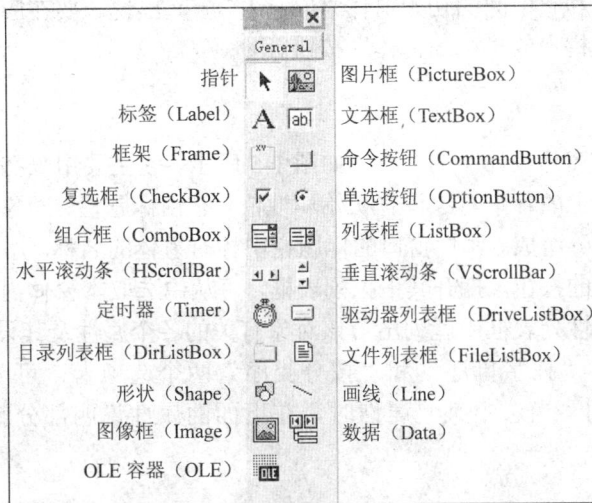

图 1-3　Visual Basic 的控件工具箱

工具箱中除了最常用的控件以外，根据设计程序界面的需要也可以向工具箱中添加新的控件，添加新控件可以通过选择"工程"菜单中的"部件"命令或通过在工具箱中右击鼠标，在弹出的快捷菜单中选择"部件"命令，打开如图 1-4 所示的"部件"对话框，然后从该对话框的"控件"选项卡里的列表框中勾选需要的控件添加到工具箱。

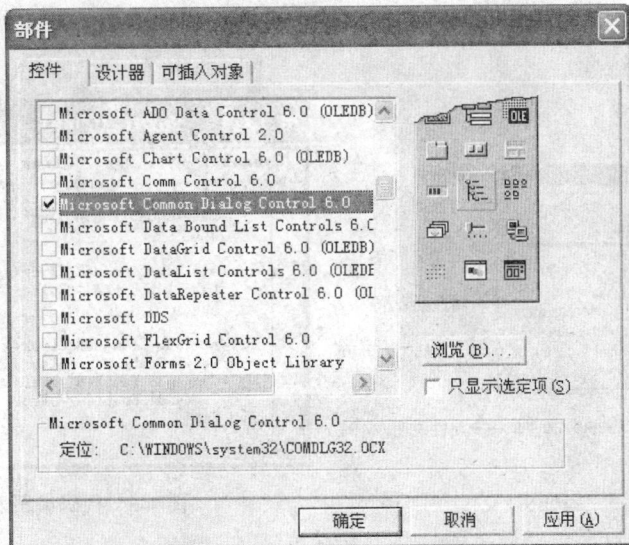

图 1-4　"部件"对话框

5. 窗体设计器

窗体设计器也叫对象窗口，位于 Visual Basic 集成开发环境主窗口的中间。它是一个用于设计应用程序界面的自定义窗口。应用程序中每一个窗体都有自己的窗体设计器。窗体设计器总是和它中间的窗体一起出现，在启动 Visual Basic 开始创建一个新工程时，窗体设计器和它中间的初始窗体"Form1"一起出现。要在应用程序中添加其他窗体，可单击工具栏上的"添加窗体"按钮。

6. 属性窗口

属性窗口位于窗体设计器的右方，如图 1-5 所示。它主要用来在设计界面时，为所选中的窗体和窗体上的各个对象设置初始属性值。它由标题栏、对象列表框、属性列表框及属性说明 4 部分组成。属性窗口的标题栏中标有窗体的名称。用鼠标单击标题栏下的对象列表框右侧的按钮，打开其下拉列表框，可从中选取本窗体内的各个对象，对象选定后，下面的属性列表框中就列出与该对象有关的各个属性及其设定值。

属性窗口设有"按字母序"和"按分类序"两个选项卡，可分别将属性按字母或按分类顺序排列。当选中某一属性时，在下面的属性说明部分就会给出该属性的相关说明。

7. 代码编辑器

用 Visual Basic 开发应用程序，包括两部分工作：一是设计图形用户界面；二是编写程序代码。设计图形用户界面通过窗体设计器来完成；而代码编辑器的作用就是用来编写应用程序代码。设计程序时，用鼠标双击窗体设计器中的窗体或窗体上的某个对象，即可打开代码编辑器，如图 1-6 所示。应用程序的每个窗体和标准模块都有一个单独的代码编辑器。代码编辑器中有两个列表框，分别是"对象"列表框和"事件"（过程）列表框。从列表框中选定要编写代码的对象，再选定相应的事件，即可非常方便地为对象编写事件过程。

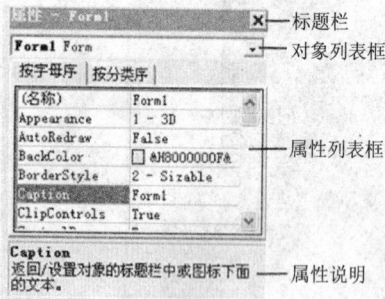

图 1-5　属性窗口

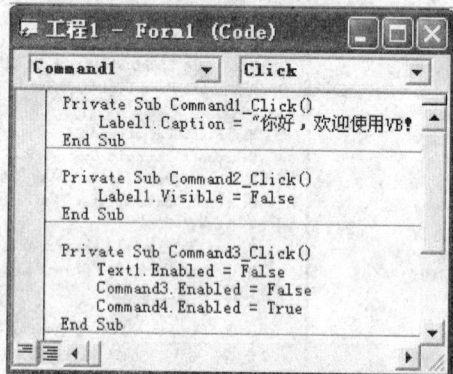

图 1-6　代码编辑器

8. 工程资源管理器

工程资源管理器又称为工程浏览器，位于窗体设计器的右上方，如图 1-7 所示。它列出了当前应用程序中包含的所有文件清单。一个 Visual Basic 应用程序也称为一个工程，由一个工程文件（.vbp）和若干个窗体文件（.frm）、标准模块文件（.bas）与类模块文件（.cls）等其他类型文件组成。工程资源管理器窗口上有一个小工具栏，上面的三个按钮分别用于查看代码、查看对象和切换文件夹。在工程资源管理器中选定对象，单击"查看对象"按钮，即可在窗体设计器中显示所要查看的窗体对象；单击"查看代码"按钮，则会出现该对象的代码编辑器。

9. 窗体布局窗口

窗体布局窗口位于窗体设计器的右下方。在设计时通过鼠标右击表示屏幕的小图像中的窗体图标，将会弹出一个菜单，选择菜单中的相关命令项，可设置程序运行时窗体在屏幕上的位置。

10. 立即窗口

选择菜单栏中的"视图>立即窗口"命令即可打开"立即"窗口，它是 Visual Basic 中的一个系统对象，叫做 Debug 对象，可以在调试程序时使用它，通常使用 Print 方法向立即窗口中输出程序的信息，如在程序中加入代码"Debug.Print "VB 程序设计""，执行后会在"立即"窗口输出"VB 程序设计"。

还可以将语句直接写在"立即"窗口里，按回车键后，这行语句会被立刻执行，如图 1-8 所示。

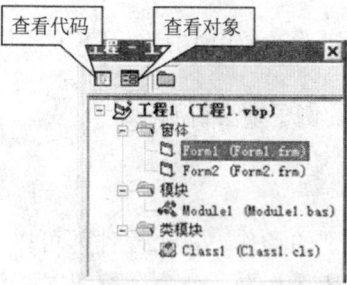

图 1-7　工程资源管理器　　　　　　　　　图 1-8　"立即"窗口

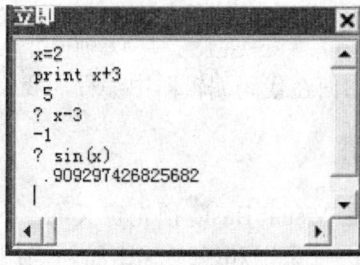

Visual Basic 还提供了"本地"和"监视"窗口，它们只有在运行模式下工作，对调试程序很有帮助。

1.3　Visual Basic 中的基本概念

1.3.1　对象与类

1. 对象

对象（Object）是代码和数据的集合。一个典型的 Windows 应用程序具有用户可视的界面，这个界面以窗体的形式呈现出来，窗体上有各种可视元素，如文本框、按钮等，所有这些可视的元素都是对象。Visual Basic 6.0 中提供了各种常用的对象，如窗体、各种控件、菜单等。

2. 类

类是同一种对象的统称，是一个抽象的概念，它通过实例化创建对象。比如，对汽车进行描述，形成一个抽象的关于汽车的定义，这个定义就是类，而按照汽车的定义，将汽车生产出来，一辆辆真实存在的汽车就是一个个实例化后的对象。因此，类是一个概念，而对象则是类的具体实现。

1.3.2 对象的属性

属性是对象的性质。我们赋予一个对象不同的属性值，就能改变对象的外观和行为。比如，一个标签控件被放置在窗体上，如果我们改变它的 Caption 属性值，就能改变它显示的文字内容。还可以更改标签、文本框、命令按钮等控件的字体、颜色、大小等属性。

我们可以在界面设计时对控件的属性进行设置，方法如下：

1）用鼠标单击选中控件对象。

2）在属性窗口中查找到相应属性，然后在它右列中填入新的值。

我们也可以在程序运行时改变控件的属性，这需要在设计时的代码编辑器中通过编程实现，其格式如下：

对象名.属性名=属性值

比如我们现在让控件 Label1 的显示内容变为"欢迎使用 VB"，用下列的代码即可：

```
Label1.Caption = "欢迎使用 VB"
```

关于如何在代码编辑器中编程，我们在随后的例子中会讲到。

1.3.3 事件

事件是 Visual Basic 预先定义的、对象能识别的动作。每个控件都可以对一个或多个事件进行识别和响应，比如，当用户单击窗口上的一个命令按钮时，这个命令按钮就获得一个 Click 事件（鼠标单击事件），又如，当用户用键盘对一个文本框内的内容进行修改、输入，这个文本框就获得文本被改变事件（Changed）、键盘输入事件（Press）等。

程序员可以为事件添加代码，这样，当用户对控件进行操作时，程序就能对用户的操作作出响应，从而实现某些功能。这些代码需要通过代码编辑器，写在相应的事件过程中，对于窗体对象，事件过程的格式如下：

```
Sub Form_事件过程名[(参数列表)]
    …（事件过程代码）
End Sub
```

对于窗体以外的对象，事件过程的格式如下：

```
Sub 对象名_事件过程名[(参数列表)]
    …（事件过程代码）
End Sub
```

例如，当用户单击名为 Command1 的命令按钮时，要让它的显示文本改变，可以为它编制如下事件过程：

```
Sub Command1_Click()
    Command1.Caption = "你好"
End Sub
```

这样，在程序运行时，当用户单击名为 Command1 的命令按钮时，它的显示文本将变为"你好"。如果按钮 Command1 没有以上的事件过程代码，则程序运行时，用户单击它，将不会产生上述效果。

1.3.4　方法

方法是对象的操作，程序员可以直接使用对象提供的方法来完成某些功能。调用对象方法的格式为：

[对象名.]方法　[参数列表]

其中，如果省略了对象名，则表示当前对象，一般是窗体。

例如，我们需要在当前窗体上打印输出文字，可以调用窗体的 Print 方法：

```
Print "你好! 欢迎使用VB6.0"
```

1.4　建立第一个应用程序

本节将通过一个实例来一步步引领你操作 Visual Basic 6.0，使你对程序设计有一个初步的了解，你也可以按照本节的步骤设计出属于自己的程序。

【例 1-1】　编制一个程序，使得它运行后出现如图 1-9 所示的初始界面，并且具有以下的动作响应：

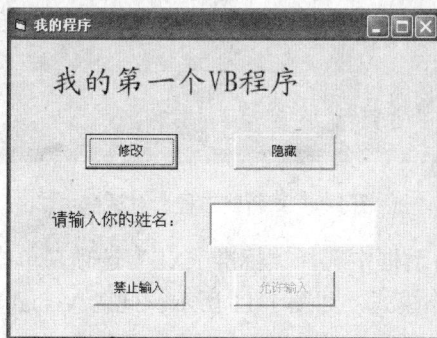

图 1-9　程序运行后的初始界面

1）当用户单击"修改"按钮后，"我的第一个 VB 程序"的显示内容改为"你好，欢迎使用 VB！"。

2）当用户单击"隐藏"按钮时，窗体最上面的那个标签里的文字消失不见。

3）当用户单击"禁止输入"按钮时，文本框变成不可用，同时"禁止输入"按钮变成不可用，"允许输入"按钮变成可用。

4）当用户单击"允许输入"按钮时，文本框变成可用，同时"允许输入"按钮变成不可用，"禁止输入"按钮变成可用。

分析：这个应用程序在窗体上使用了 2 个标签、1 个文本框、4 个命令按钮。操作步骤分为三个步骤：界面设计，代码设计，以及保存工程、运行和调试程序。下面就详细讲解这三个步骤的操作过程。

1.4.1 界面设计

要建立一个应用程序，首先要进行界面设计。在我们这个实例中，界面设计分为 4 步：新建工程、在窗体上放置控件、修改控件属性值和运行效果预览。下面逐一讲解。

1. 新建工程

启动 Visual Basic 6.0，将出现"新建工程"对话框，如图 1-10 所示。

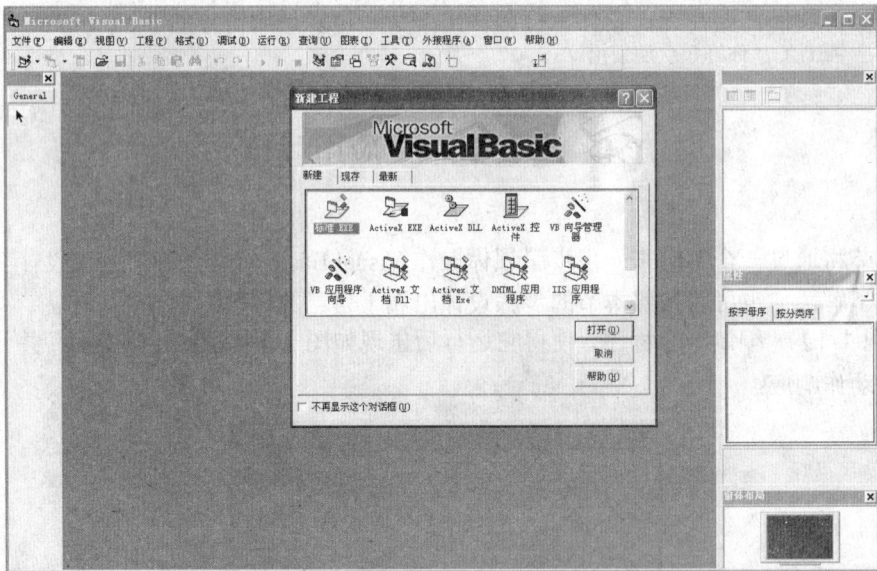

图 1-10 "新建工程"对话框

在如图 1-10 所示的对话框中选择"标准 EXE"选项，单击"打开"按钮，就进入了 Visual Basic 的设计工作模式，如图 1-11 所示。此时 Visual Basic 自动创建了一个名称为"工程 1"的新工程，并在工程 1 中创建了一个名为"Form1"的新窗体。

下面介绍 Visual Basic 的设计工作模式下的三大区域。

① 大窗口的标题名称"工程 1 – Microsoft Visual Basic [设计]"，它指示了当前正在处于 Visual Basic 的设计工作模式，设计的工程名为"工程 1"。

② 在工程管理器中列出了当前工程 1 中的窗体 Form1。

③ 这是系统为用户新建的窗体，它的标题默认为"Form1"，窗体内还排列着网格，方便程序员在上面定位控件，程序运行时网格将不可见。

特别注意看③所指的新窗体 Form1，它的周围有 8 个控制手柄，它们的出现表示该控件已经被选中，用户可以通过调节它们的位置来缩放控件大小。图 1-11 中表示窗体 Form1 已经被选中。

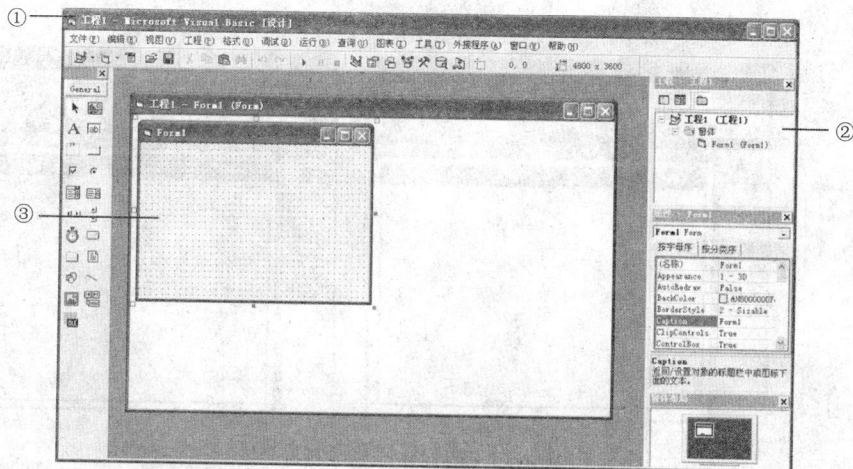

图 1-11　Visual Basic 的设计工作模式

2. 在窗体上放置控件

根据题目要求，我们将在窗体上放置 2 个标签、1 个文本框和 4 个命令按钮。

放置控件的方法是：用鼠标在控件工具箱上单击所要放置的控件，再在窗体上拖曳鼠标。

第 1 步，调整窗体 Form1 的大小，使之能放下所有的控件，如图 1-12 所示。

方法：用鼠标拖动窗体 Form1 右下角的控制手柄。

当然，在放置控件后，也可以根据需要，随时调整窗体的大小。

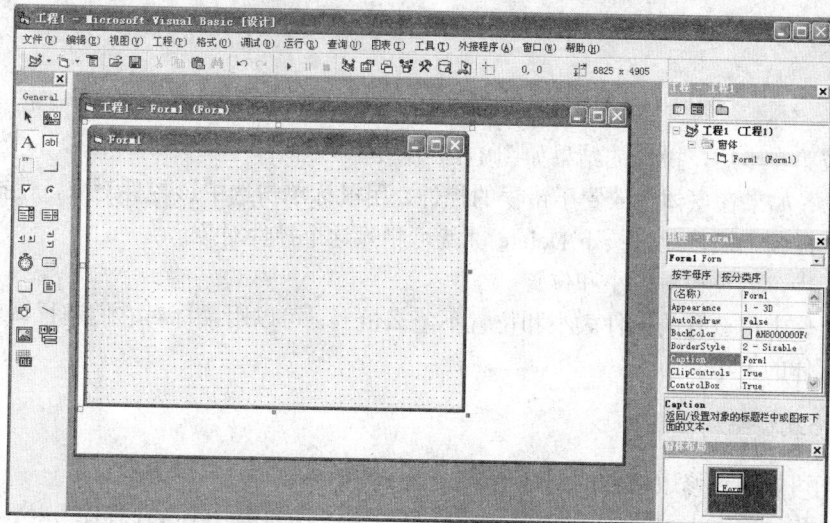

图 1-12　调整窗体 Form1 的大小

第 2 步，放置第一个标签控件。

方法：如图 1-13 所示，用鼠标在工具栏上单击表示"标签"的图标 **A**，然后在窗体的适当位置拖曳鼠标，当释放鼠标左键后，标签就被成功放置到窗体上，并且显示标题默认值为 Label1。

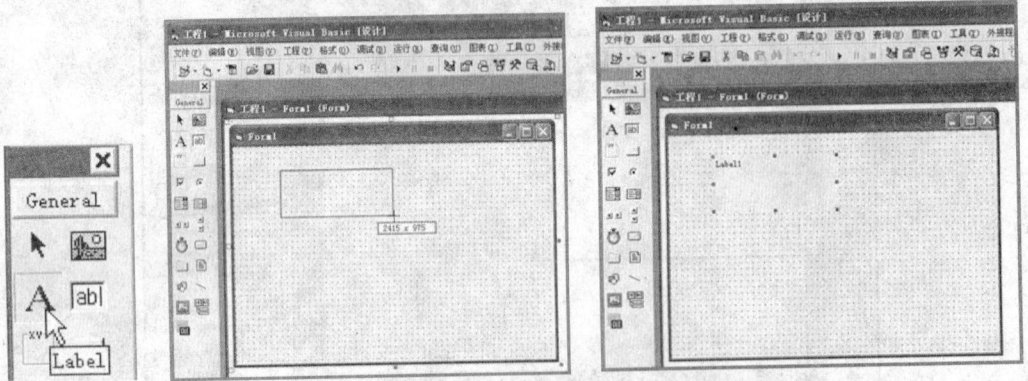

图 1-13 放置标签控件对象

技巧：如果用鼠标双击控件工具箱的控件，这个控件会被自动放置到窗体中。

第 3 步，用同样的方式，放置第二个标签控件，再放置 1 个文本框、4 个命令按钮，它们在控件工具箱上的位置如图 1-14 所示。

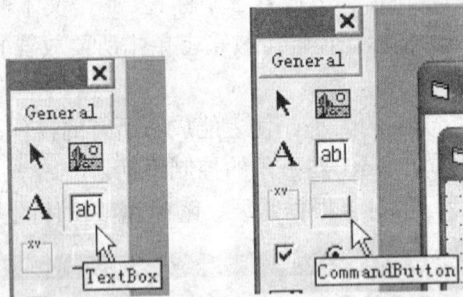

图 1-14 控件工具箱上的文本框（左）和命令按钮（右）

完成第 3 步后，操作的结果如图 1-15 所示。

技巧：如果在窗体上放置了错误的控件，用鼠标单击选中该控件对象，使控件周围出现 8 个控制手柄，此时按下 Delete 键就可删除这个控件对象。

第 4 步，调整控件大小和位置。

如果你觉得放置的控件大小和位置不怎么恰当，可以用鼠标对它们进行调整，也可以调整窗体的大小。

3. 修改控件属性值

我们可以通过修改控件的属性值来改变控件的外观。

第 1 步，将 Label1 控件对象的标题文字改为"我的第一个 VB 程序"。

具体方法如下：

1）用鼠标选中 Label1 控件，右边的属性窗口就会显示 Label1 的属性列表，如图 1-16 所示。

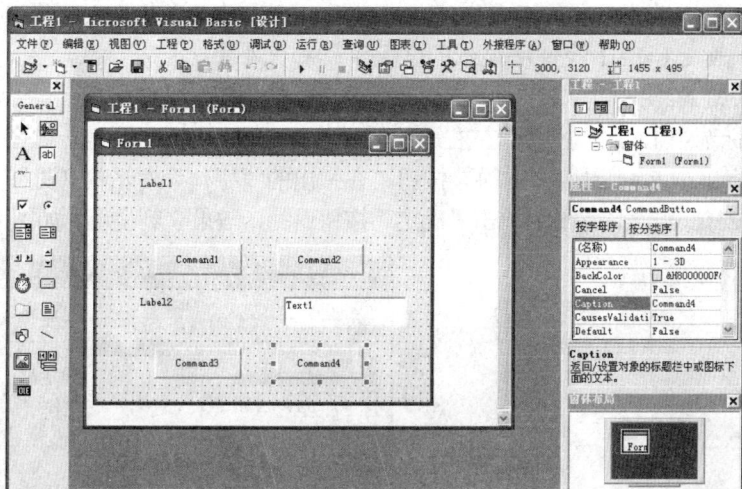

图 1-15　在窗体上放置控件后的效果图

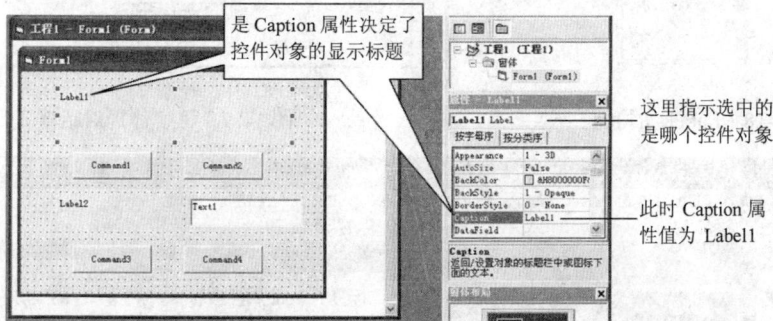

图 1-16　选中 Label1 控件

2）在属性窗口中，用鼠标单击 Caption 属性右列，将属性值改为"我的第一个 VB 程序"，只要按回车键，或单击其他地方，修改即生效，如图 1-17 所示。

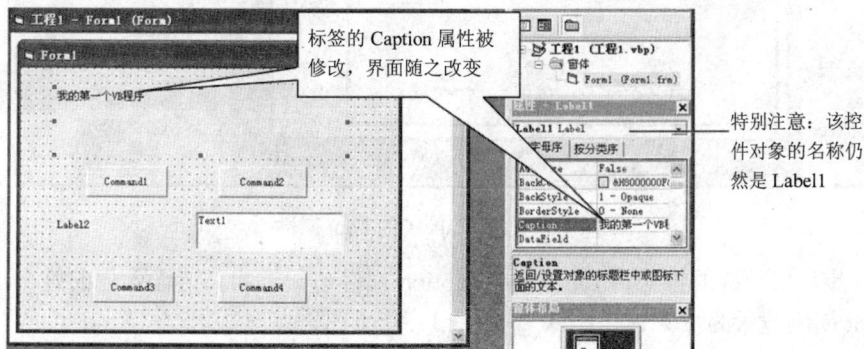

图 1-17　修改 Label1 的 Caption 属性

注意：控件名称和控件标题（Caption 属性）属于两个不同的属性，同一个窗体内，每个控件的名称不能相同，但是标题可以相同。控件被放置到窗体时，默认的 Caption 属性值与名称是一样的，我们不需要修改其名称，只要修改其 Caption 属性值即可。

第 2 步，改变 Label1 控件所显示的文字字体和大小。

具体方法如下：

1）用鼠标选中 Label1 控件，在右边的属性窗口中找到 Font 属性，如图 1-18 所示。

2）用鼠标单击 Font 属性右列的 … 按钮，在弹出的"字体"对话框（见图 1-19）中选择"楷体_GB2312、二号"，然后单击"确定"按钮返回，效果立刻呈现，如图 1-20 所示。

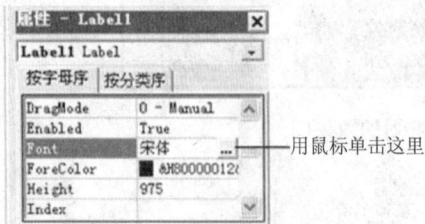

图 1-18　Label1 的 Font 属性

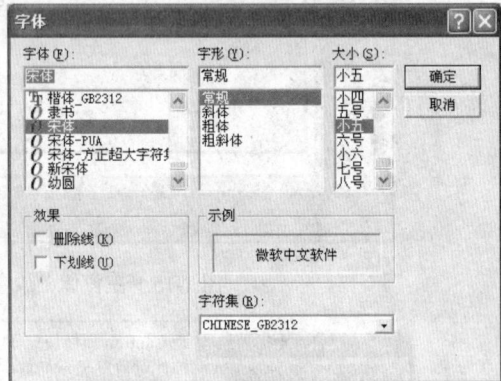

图 1-19　"字体"对话框

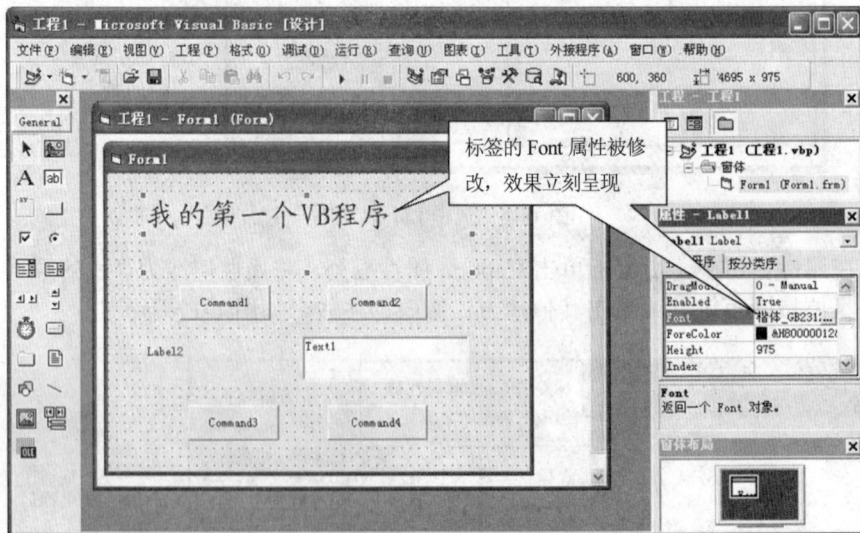

图 1-20　修改 Label1 的 Font 属性

第 3 步，用同样的方法将 Label2 的 Caption 属性值设置为"请输入你的姓名："，将它的 Font 属性设置为"宋体、小四"。

第 4 步，设置文本框 Text1 的属性。

用鼠标选择窗体内的 Text1 控件对象，在 Text1 的属性窗口中，将它的 Font 属性设置为"宋体、小四"，将它的 Text 属性设为空（将 Text 属性右列内容清空即可）。

注意：文本框没有 Caption 属性，文本框内显示的内容存放在它的 Text 属性中。

第 5 步，修改 4 个命令按钮的 Caption 属性。

将命令按钮 Command1 的 Caption 属性值改为"修改"，将命令按钮 Command2 的 Caption 属性值改为"隐藏"，将命令按钮 Command3 的 Caption 属性值改为"禁止输入"，将命令按钮 Command4 的 Caption 属性值改为"允许输入"。

特别注意：在修改按钮的 Caption 属性的时候，千万不要将名称属性修改掉，两者同时出现在命令按钮的属性窗口中，要注意分辨，如图 1-21 所示。

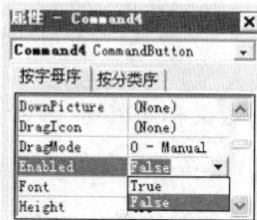

第 6 步，将 Command4 的 Enabled 属性值改为 False，如图 1-22 所示。

注意：Enabled 属性被修改后，窗体的设计界面中不会出现任何变化，但是在运行时，该按钮呈现灰色的不可用状态（运行效果见后面的运行部分）。

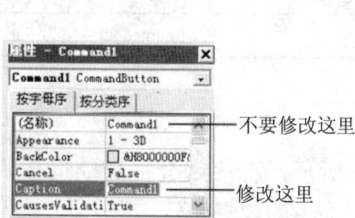

图 1-21　Command1 的属性　　　　　图 1-22　修改 Command4 的 Enabled 属性

第 7 步，修改窗体 Form1 的标题。

单击窗体 Form1 的空白部分，窗体的周围出现 8 个控制手柄，表示其被选中，同时右边属性窗口列出 Form1 的属性列表，将它的 Caption 属性改为"我的程序"，此时会看到窗体 Form1 的标题栏位置的窗体标题变成了"我的程序"。

进行到这里，就完成了全部的界面设计，最终效果如图 1-23 所示。可以对照图 1-23，对设计的界面进行微调，使之效果最佳。

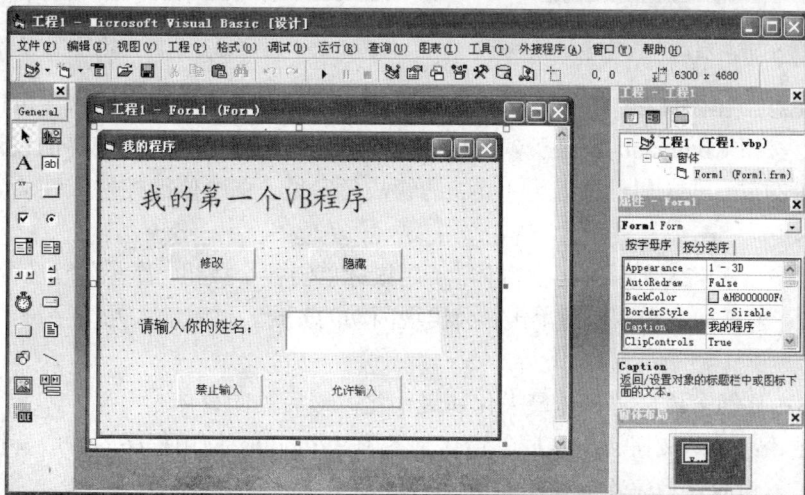

图 1-23　完成界面设计后的效果图

表 1-1 是上面步骤中各控件对象的属性设置汇总。请对照表 1-1，检查是否所有的属性都已经设置完毕。

表 1-1　各控件对象的属性设置汇总

对象默认名称	Caption 属性	其他属性
Form1	我的程序	
Label1	我的第一个 VB 程序	
Label2	请输入你的姓名：	
Text1	<无定义>	Text 属性值为空
Command1	修改	
Command2	隐藏	
Command3	禁止输入	
Command4	允许输入	Enabled 属性值为 False

4. 运行效果预览

在工具栏上单击"启动"按钮，如图 1-24 所示，程序就会被启动运行，出现程序运行窗体，上面分布着之前设计好的控件对象，如图 1-25 所示。

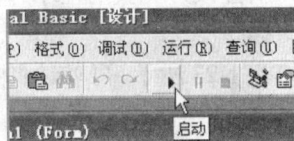

图 1-24　单击"启动"按钮来运行程序　　　图 1-25　程序运行后的初始界面

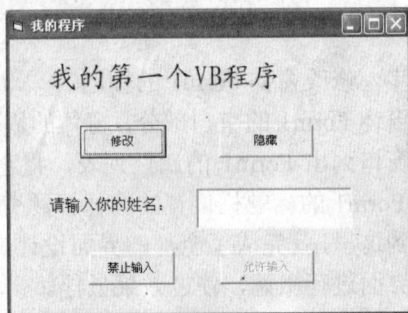

特别注意：在图 1-25 中的程序运行效果图中，可以看到"允许输入"按钮（即设计时的命令按钮 Command4）处于灰色的不可用状态，这是因为当初在界面设计时，将 Command4 的 Enabled 属性值改为 False 的缘故（参见上面"修改控件属性值"小节中的第 6 步）。

试验 1：在图 1-25 所示的运行窗体上，用鼠标单击各个按钮，看看它们是否有变化。

试验 2：用鼠标在文本框内单击，会出现闪动的光标，试着输入几个字符，再删除、修改它们。

试验 3：移动窗体，将窗体最大化和最小化，最后关闭窗体。

试验结论：这些按钮、文本框、窗体具备了 Windows 应用程序的一般特性，但是当用户单击按钮时，程序不会做出响应。

为了使程序能响应用户的动作，我们需要为程序添加代码。

1.4.2　代码设计

结束程序的运行，回到窗体设计界面。下面需要为窗体添加代码，让程序能响应用户的动作。

接下来针对题目中的 4 点要求，逐一实现这些功能。

1. 完成题目要求（1）

当用户单击"修改"按钮后，"我的第一个 VB 程序"的显示内容改为"你好，欢迎使用 VB！"。

分析：运行界面中"修改"按钮对应的是命令按钮 Command1，该命令按钮被单击后的程序功能是改变标签 Label1 上的文字，也就是 Label1 的 Caption 属性，所以，我们要为 Command1 添加鼠标单击事件（Click）代码。

第 1 步，用鼠标双击命令按钮 Command1，出现代码窗口，如图 1-26 所示。

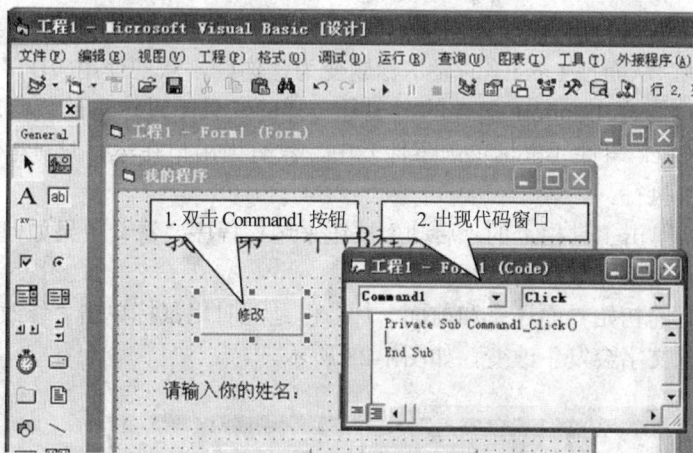

图 1-26　为命令按钮 Command1 编制 Click 事件代码

在代码窗口中，系统已经自动添加了两行事件代码，其中 Private Sub Command1_Click()代表事件代码的开始部分，这一行的 Command1_Click 表示这个事件是对象 Command1 的 Click 事件（即鼠标单击事件），而 End Sub 则是事件代码的结束部分。中间部分需要用户自己去编写。

第 2 步，编写 Command1 的 Click 事件过程代码。

在代码窗口中的相应位置输入以下代码：

```
Private Sub Command1_Click()
    Label1.Caption = "你好，欢迎使用 VB！"
End Sub
```

代码看似三行，但由于最上面和最下面的两行是系统自动添加的，用户只要在中间位置输入一行即可，如图 1-27 所示。

注意：

1）在输入过程中，可以全部使用小写字母，如输入 label1，当完成输入后（插入光标离开这一行），系统会自动将它变为 Label1。

图 1-27　输入事件过程代码

2）双引号一定要用英文半角的双引号，不能使用中文双引号，并且引号的前后两个是配对的，在引号内可以使用全角的中文标点。

3）如果输入错误，系统会自动将这一行变为红色，并提示错误信息，此时只要将它修改成正确的即可。

程序含义：

```
Label1.Caption = "你好，欢迎使用VB！"
```

这一行程序语句的意思是：将等号右边的"你好，欢迎使用 VB！"赋值给标签 Label1 的 Caption 属性，从而使 Label1 的显示标题变为"你好，欢迎使用 VB！"。这与界面设计时在属性窗口修改 Caption 属性的道理是一样的，只不过这里的代码放在命令按钮 Command1 的 Click 事件（鼠标单击事件）中，只有当用户在运行时，单击了该按钮，这段代码才会被执行。

运行演示：单击工具栏上的"启动"按钮来运行程序，看看效果如何。当然，也可以在所有的代码全部完成后再运行程序。

程序运行时的初始界面还是和前面一样，但是此时用鼠标单击"修改"按钮，上面标签对象的标题文字会发生改变，如图 1-28 所示。

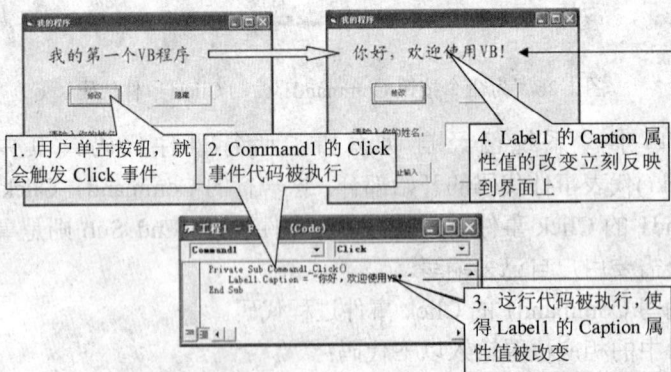

图 1-28　程序响应用户单击事件的过程

其原理是：

1）当用户单击"修改"按钮（即命令按钮 Command1）时，就会触发该按钮的 Click 事件（鼠标单击事件）。

2）由于已经为命令按钮 Command1 编制了事件响应代码，系统就会去执行

Command1_Click 中的代码。

3）当里面的"Label1.Caption = "你好，欢迎使用 VB！""" 代码被执行时，就改变了 Label1 的 Caption 属性的值。

4）运行窗体中 Label1 的显示内容改为现在新的内容，即"你好，欢迎使用 VB！"。现在结束程序的运行，回到设计界面，继续完成下面的步骤。

2. 完成题目要求（2）

当用户单击"隐藏"按钮时，窗体最上面的那个标签里的文字消失不见。

分析：运行界面中"隐藏"按钮对应的是命令按钮 Command2，虽然在上一步给命令按钮 Command1 添加了 Click 事件，但是命令按钮 Command2 并没有该事件代码，因此也要为它添加 Click 事件代码。另外，要让窗体最上面的那个标签（Label1）不可见，只需将 Label1 的 Visible 属性设为 False 即可。

第 1 步，用鼠标双击命令按钮 Command2，出现代码窗口，如图 1-29 所示。

在代码窗口中，可以看到 Command1 的 Click 事件代码仍然在那里，现在系统新增了 Command2 的 Click 事件的代码框架。

技巧：如何在窗体对象设计界面与代码窗口间切换？当某个窗口过大，盖住了另一个窗口时，可以在工程管理器中单击相应的按钮来切换要显示的窗口，如图 1-30 所示。

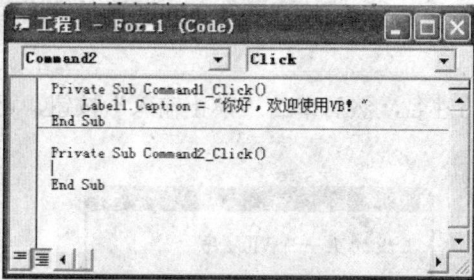

图 1-29　为 Command2 编制 Click 事件代码　　　图 1-30　查看代码和查看对象按钮

第 2 步，编写 Command2 的 Click 事件过程代码。

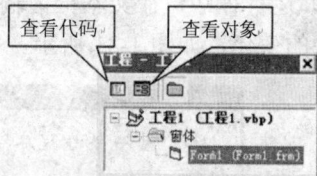

在代码窗口中的相应位置输入以下代码：

```
Private Sub Command2_Click()
    Label1.Visible = False
End Sub
```

程序含义：

```
Label1. Visible = False
```

这一行程序语句的意思是：将等号右边的 False 赋值给标签 Label1 的 Visible 属性，该属性决定了 Label1 控件是否可见，值为 False 表示不可见。当用户在运行时，单击了该按钮，这段代码就会被执行，Label1 将变为不可见。

运行演示：单击工具栏上的"启动"按钮运行程序，在运行界面上单击"隐藏"按钮，可以看到最上面标签里的文字消失了。

结束程序的运行，回到设计界面，继续完成下面的步骤。

3. 完成题目要求（3）

当用户单击"禁止输入"按钮时，文本框变成不可用，同时"禁止输入"按钮变成不可用，"允许输入"按钮变成可用。

分析：

1）"禁止输入"按钮对应的是命令按钮 Command3，"允许输入"按钮对应的是命令按钮 Command4，文本框的名称是 Text1；

2）与前面编制的事件代码不同，本次要为 Command3 添加的 Click 事件代码需要完成三项功能，因此要用三条语句来完成；

3）文本框和命令按钮都有一个属性 Enabled，它的值可以控制该控件对象是否可用，因此只要在代码中改变该属性的值即可控制文本框和命令按钮是否可用。

第 1 步，用鼠标双击命令按钮 Command3，出现代码窗口。

第 2 步，编写 Command3 的 Click 事件过程代码。

在代码窗口中的相应位置输入以下代码：

```
Private Sub Command3_Click()
    Text1.Enabled = False       '对象 Text1 被设置为不可用
    Command3.Enabled = False    '对象 Command3 被设置为不可用
    Command4.Enabled = True     '对象 Command4 被设置为可用
End Sub
```

注意： 上述代码中单引号后面的说明文字是程序的注释，可以不用输入。

运行演示：

1）运行程序，在文本框内输入用户的姓名，然后单击"禁止输入"按钮，可以看到控件的变化，如图 1-31 所示。

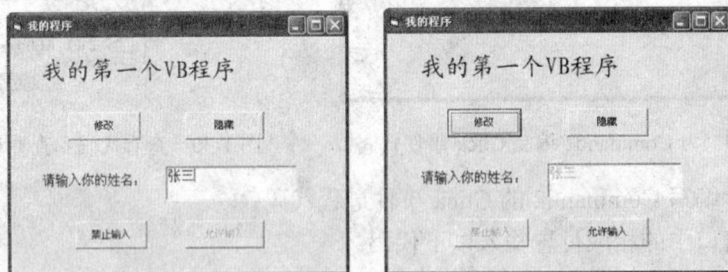

图 1-31　单击"禁止输入"按钮前后的变化

2）单击"修改"按钮，上面标签对象的标题文字发生改变；单击"隐藏"按钮，可以看到标签对象的标题文字消失了。这说明另外两个按钮的事件代码仍然起作用。

结束程序的运行，回到设计界面，继续完成下面最后的步骤。

4. 完成题目要求（4）

当用户单击"允许输入"按钮时，文本框变成可用，同时"允许输入"按钮变成不可用，"禁止输入"按钮变成可用。

分析：要求（4）刚好与要求（3）相反。

第 1 步，用鼠标双击命令按钮 Command4，出现代码窗口。

第 2 步，编写 Command4 的 Click 事件过程代码。

在代码窗口中的相应位置输入以下代码：

```
Private Sub Command4_Click()
    Text1.Enabled = True          '对象 Text1 被设置为可用
    Command3.Enabled = True       '对象 Command3 被设置为可用
    Command4.Enabled = False      '对象 Command4 被设置为不可用
End Sub
```

请按照前面讲过的运行方法，试运行已经设计好的程序。

至此，就完成了全部的设计。图 1-32 是此时的设计工作模式界面图。

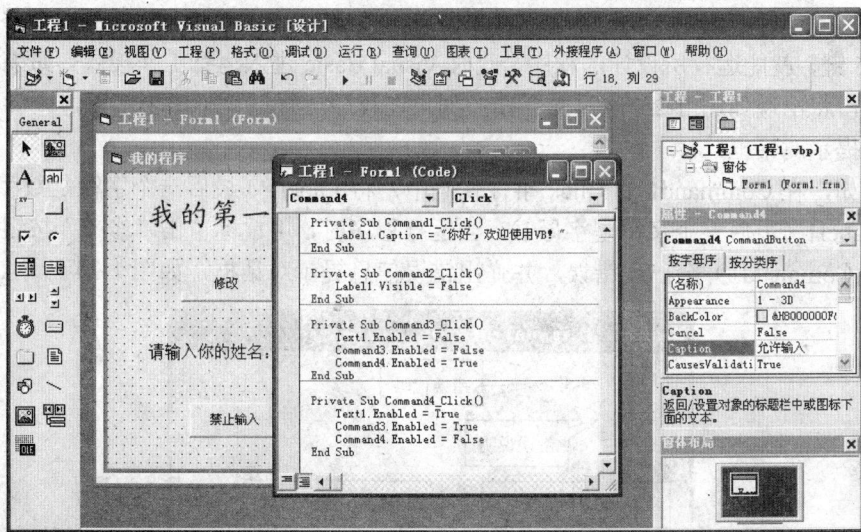

图 1-32　例 1-1 的设计工作模式界面图

1.4.3　保存工程、运行和调试程序

1. 保存工程

保存工程就是将当前开发应用程序的信息保存到磁盘上。由于保存工程时会产生多个文件，因此最好事先建立一个新文件夹来保存工程，当然，也可以在保存的过程中新建文件夹。

被保存的信息有：所有窗体与控件的布局信息、所有的代码、当前工作区中的窗口布局信息以及与工程有关的其他信息。

保存工程的步骤如下：

1）在工具栏上单击"保存工程"按钮，如图 1-33 所示，打开保存文件对话框。

2）在对话框中选择要保存的文件夹所在的位置。

3）在后面出现的其他对话框中，继续保存文件，一般不用再次选择文件夹所在位置。

图 1-33　单击"保存工程"按钮

注意：

1）如果是首次保存工程，应该将文件保存到空文件夹中，千万不要保存到别的工程文件夹里，否则将使文件很难被找到。

2）可以在设计阶段经常性地保存工程，这样可以防止因发生意外而使程序代码丢失。

3）如果需要在另一台计算机上继续设计保存的工程，只需将工程所在的整个文件夹复制到另一台计算机上即可，当然前提是将与该工程相关的所有文件都保存在同一个文件夹中。

2. 运行和调试程序

选择"运行"菜单中的"启动"命令、单击工具栏中的"运行"按钮（见图 1-24）或按 F5 键，就能运行所设计的程序，此时 Visual Basic 进入运行工作模式。如果程序没有错误，将出现如图 1-25 所示的界面；如果在程序运行过程中出现错误，则会弹出错误信息提示对话框。

比如，在 Command1 的 Click 事件代码中，将 Label1（最后一个字符是数字 1）误写成 Labell（最后一个字符是字母 l），当运行程序时，用鼠标单击"修改"按钮（即命令按钮 Command1）会出现错误，并弹出错误信息提示对话框，如图 1-34 所示。

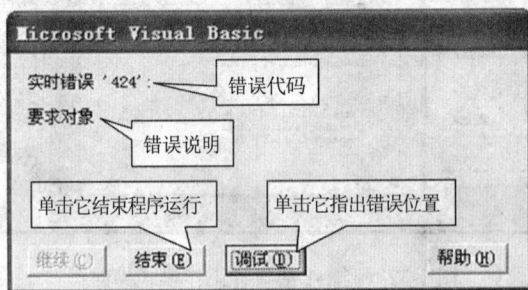

图 1-34　程序运行出错时的错误信息提示对话框

在错误信息提示对话框中单击"调试"按钮，将进入中断工作模式，显示当前正在执行的代码，并用黄色箭头指出错误所在的语句行，如图 1-35 所示。

此时，我们可以对错误行进行修改，然后继续运行程序，也可以单击工具栏上的"结束"按钮来终止程序的运行。

对设计程序步骤作一个小结：

1）新建工程，会产生一个默认的新窗体 Form1。

2）在窗体上添加各种需要的控件对象，调节控件的大小与位置。

3）选择控件对象，在右边的属性窗口为它们设置属性，改变它们的标题文字、字体、颜色、是否可用等状态。

4）用鼠标双击控件对象，为它们添加事件代码。

5）运行程序，操作程序窗口，如果发生错误，则修改错误，再次运行，直到满意为止。当然，需要及时保存工程文件。

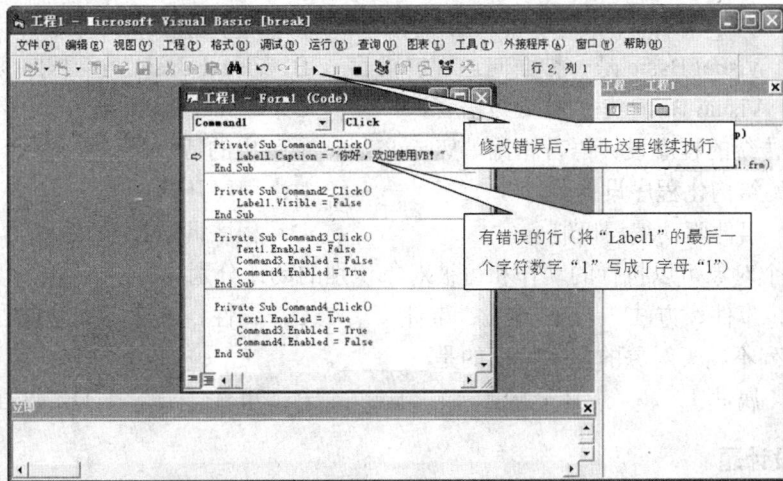

图 1-35 中断工作模式

习 题 一

一、填空题

1. 在 Visual Basic 的集成开发环境中常用的窗口有_____。

2. Visual Basic 有_____种工作模式，分别是_____。

3. 刚启动 Visual Basic 时会出现新建工程窗口，选择默认选项后，进入 Visual Basic 集成开发环境，新建的工程名称是_____，此时默认新建了_____个窗体，窗体默认名称是_____。

4. 打开"立即"窗口的方法是_____。"立即"窗口的特点是_____。

5. 工程资源管理器窗口上有一个小工具栏，上面的三个按钮分别用于_____、_____和切换文件夹。在工程资源管理器中选定对象，单击_____，即可在窗体设计窗口中显示所要查看的窗体对象；单击_____，则会出现该对象的代码编辑窗口。

二、选择题

1. Visual Basic 中的窗体文件的扩展名是_____。
   A．.reg　　　　　B．.frm　　　　　C．.bas　　　　　D．.vbp

2. Visual Basic 中的模块文件的扩展名是_____。
   A．.reg　　　　　B．.frm　　　　　C．.bas　　　　　D．.vbp

3. Visual Basic 中的工程文件的扩展名是_____。
   A．.reg　　　　　B．.frm　　　　　C．.bas　　　　　D．.vbp

4．以下关于 Visual Basic 语言的说法中，正确的是_____。

    A．Visual Basic 是一种面向过程的语言   B．Visual Basic 是一种面向对象语言

    C．Visual Basic 是一种低级语言   D．Visual Basic 是一种机器语言

5．与传统的程序设计语言相比，Visual Basic 最突出的特点是_____。

    A．结构化程序设计   B．程序开发环境

    C．事件驱动编程机制   D．程序调试技术

6．一个对象可以执行的动作和可被对象识别的动作分别称为_____。

    A．事件、方法   B．方法、事件   C．属性、方法   D．过程、事件

7．下列不属于对象的基本特征的是_____。

    A．属性   B．方法   C．事件   D．过程

三、程序设计题

1．设计一个程序，程序运行的初始界面如图 1-36 所示。当单击"显示"按钮时，在文本框中显示"欢迎使用 VB！"，如图 1-37 所示；当单击"清除"按钮时，清除文本框内的文本；当单击"退出"按钮时，结束程序运行。

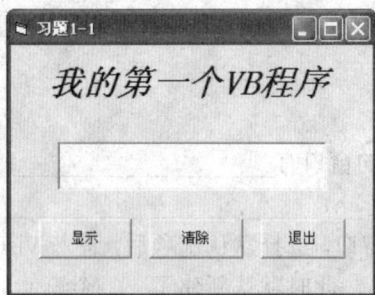

图 1-36 程序运行初始界面   图 1-37 单击"显示"按钮后的程序界面

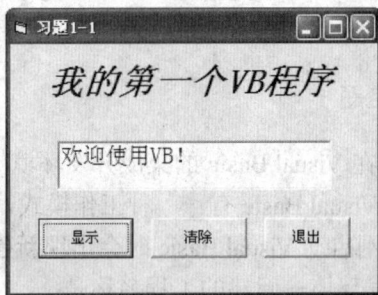

2．设计一个程序，程序运行的初始界面如图 1-38 所示，其中"显示"按钮处于不可用状态。同时要求：

1）当单击"改变文字"按钮时，将左边标签文字内容改为"你好，张三！"，同时"改变文字"按钮变为不可用，如图 1-39 所示。

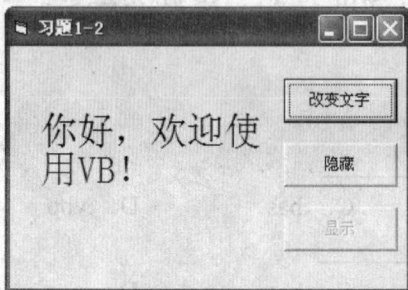

图 1-38 程序运行初始界面   图 1-39 单击"改变文字"按钮后的程序界面

2）当单击"隐藏"按钮时，将左边标签设为不可见，同时"隐藏"按钮变为不可

用，"显示"按钮变为可用，如图 1-40 所示。

3）当单击"显示"按钮时，重新显示左边标签，同时"隐藏"按钮变为可用，"显示"按钮变为不可用，如图 1-39 所示。

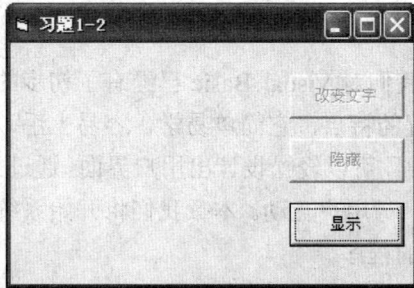

图 1-40 单击"隐藏"按钮后的程序界面

第 2 章 Visual Basic 编程基础

通过上一章的学习，我们对 Visual Basic 已经有了初步的认识，上一章的实例向我们展示了 Visual Basic 编程的特点，它简单易学，容易上手，界面设计非常直观，通过控件对象的放置和属性设置，可以轻松设计出用户界面，通过为控件对象添加事件代码，使程序能响应用户的操作，与用户互动。本章我们将开始系统地学习 Visual Basic 编程，使我们能设计出功能更多的程序。

2.1 窗 体

窗体（Form）也称为窗口，它是界面设计的基础对象，各种控件必须放置到窗体上。

2.1.1 窗体的构造

同普通应用程序的窗口一样，用 Visual Basic 设计的窗体也具有控制菜单、标题、最大化按钮、最小化按钮、关闭按钮、边框、窗体最小化图标等。图 2-1 是我们在上一章的实例中编制出来的程序窗体，图中标出了窗体的这些构造，并在括号中标注了与这些构造相关的属性名称，你可以在窗体设计时，通过修改这些属性值来改变窗体的外观。

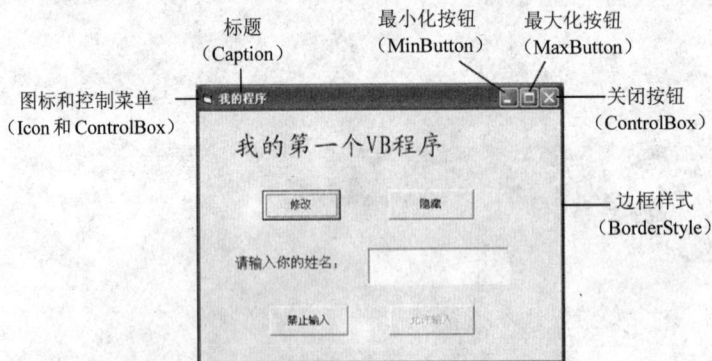

图 2-1 窗体的构造和对应的属性

2.1.2 窗体的属性

窗体的常用属性有 Name、Left、Top、Width、Height、ScaleWidth、ScaleHeight、Caption、Font、ForeColor、BackColor、AutoRedraw、BorderStyle、ControlBox、Icon 等。

1. 窗体的名称属性（Name 属性）

窗体属性列表中的"名称"属性指示了窗体的内部名称。Visual Basic 中的任何对象都有 Name 属性，每个对象的名称各不相同，它是一个对象区别于另一个对象的标识，程序员在设计代码时，需要用对象的名称来引用对象。新建的第一个窗体的默认名称是 Form1，用户可以对其重命名，赋予它更加体现实际意义的名称，如 MainForm 等。

注意：Name 属性值不会反映到界面上，但它被用于代码中，如果在编程过程中，对象的名称被修改，则很可能使原来运用旧名称编写的代码出错，因此，改对象的名称一般放在编制代码前进行，在本书的大多数例程中，我们将不对对象名称进行修改，而是使用系统提供的默认名称。

2. 窗体的位置和大小属性（Left、Top、Width、Height 属性）

如图 2-2 所示，窗体在屏幕上的位置由窗体左上角在屏幕上的坐标决定，即窗体左边距离屏幕左边的距离，以及窗体上边距离屏幕上边的距离，这两个属性分别是窗体的 Left 属性和 Top 属性。而窗体的大小则由窗体的宽和窗体的高来决定，它们分别是窗体的 Width 属性和 Height 属性。另外，在 Visual Basic 中，屏幕也被当作对象来处理，它的对象名称为 Screen，屏幕具有宽和高的属性。

注意：在 Visual Basic 中，长度的默认单位是 twip。

在默认情况下，1twip=1/15Px=1/1440inch=1/567cm。

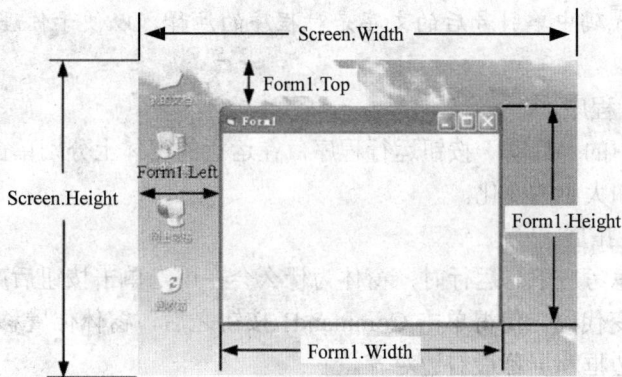

图 2-2　窗体在屏幕的位置和大小

【例 2-1】　窗口位置和大小的设置演练：设计一个窗体，上面有两个命令按钮 Command1 和 Command2，为这两个按钮添加 Click 事件代码，使得运行时单击第一个命令按钮，能将窗体移到屏幕的左上角，单击第二个命令按钮，能将窗体移到屏幕的中间，并改变窗体的大小为屏幕大小的一半。

步骤 1，界面设计。

新建工程，在新窗体 Form1 上添加两个命令按钮，采用默认名称 Command1 和 Command2，如图 2-3 所示。

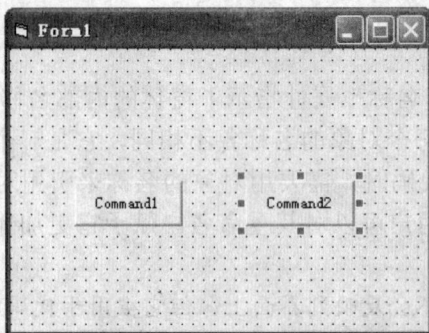

图 2-3　例 2-1 的界面设计

步骤 2，添加事件代码。

双击 Command1 按钮，为 Command1 的 Click 事件添加以下代码：

```
Private Sub Command1_Click()
    Form1.Left = 0    '设置窗体 Form1 到屏幕左边的距离为 0
    Form1.Top = 0     '设置窗体 Form1 到屏幕上边的距离为 0
End Sub
```

双击 Command2 按钮，为 Command2 的 Click 事件添加以下代码：

```
Private Sub Command2_Click()
    Form1.Width = Screen.Width/2      '设置窗体 Form1 的宽度为屏幕宽的一半
    Form1.Height = Screen.Height/2    '设置窗体 Form1 的高度为屏幕高的一半
    Form1.Left = (Screen.Width - Form1.Width)/2    '使 Form1 水平居中
    Form1.Top = (Screen.Height - Form1.Height)/2   '使 Form1 垂直居中
End Sub
```

注意：上面代码中单引号后的文字是对程序的注释，以便于你理解代码，可不用输入。

步骤 3，运行程序。

单击工具栏中的"启动"按钮运行程序，在运行的窗体上分别单击两个命令按钮，观察窗体的位置和大小的变化。

步骤 4，技能拓展。

对照代码，思考一下：运行时，窗体为什么会在用户单击按钮后产生变化？

试一试：改变代码，使得单击 Command1 按钮之后，窗体位置移到屏幕的顶部中间，或者窗体右边框和屏幕最右边对齐。

3. 窗体的标题属性（Caption 属性）

窗体的 Caption 属性决定了窗体标题栏上的文本内容。

4. 字体 Font 属性组

字体 Font 属性组如表 2-1 所示。

表 2-1　字体 Font 属性组

属　性	数 据 类 型	含　义
FontName	字符型	字体名称（默认：宋体）

续表

属　性	数 据 类 型	含　义
FontSize	整型	字体大小（默认：9 磅）
FontBold	逻辑型	是否粗体（默认：False）
FontItalic	逻辑型	是否斜体（默认：False）
FontStrikeThru	逻辑型	是否加删除线（默认：False）
FontUnderLine	逻辑型	是否带下划线（默认：False）

5. 窗体的颜色属性（ForeColor、BackColor 属性）

窗体的 ForeColor 属性代表前景色，改变它的值，能使窗体内显示的文字具有指定的颜色，对窗体的 BackColor 属性的修改能改变窗体的背景色。

在 Visual Basic 中，颜色值是一个长整数，也可以使用 Visual Basic 系统内部给定的常量和特定的函数来设定颜色值。例如，将窗体 Form1 的背景色设置为红色，可以使用代码：

```
Form1.BackColor = vbRed
```
也可以用 RGB 函数来设置：
```
Form1.BackColor = RGB(255,0,0)
```

RGB 函数的三个参数分别代表红、绿、蓝三种颜色分量的大小，值从 0 到 255，上面的 RGB(255,0,0)代表只有最大红分量值构成的颜色，即红色。又如 RGB(128,0,0)为深红色，RGB(0,255,0)表示绿色。

6. 窗体的边框样式属性（BorderStyle 属性）

窗体的边框样式决定了窗体的外观和操作特点，窗体的 BorderStyle 属性可以取 6 种值，如表 2-2 所示。

表 2-2　窗体的 BorderStyle 属性的取值和含义

属性值	含　义
0-None	没有边框或与边框相关的元素
1-Fixed Single	固定单边框。可以包含控制菜单栏、标题栏、最大化按钮、最小化按钮。只有使用最大化和最小化按钮才能改变大小
2-Sizable	可调整的边框（默认值）。可以使用设置值 1 列出的任何可选边框元素重新改变尺寸
3-Fixed Dialog	固定对话框。可以包含控制菜单栏和标题栏，不能包含最大化和最小化按钮，不能改变尺寸
4-Fixed ToolWindow	固定工具窗口。不能改变尺寸。显示关闭按钮并用缩小的字体显示标题栏。窗体不在 Windows 任务栏中显示
5-Sizable ToolWindow	可变尺寸工具窗口。可变大小。显示关闭按钮并用缩小的字体显示标题栏。窗体不在 Windows 任务栏中显示

7. 窗体标题栏上的几个属性

如图 2-1 所示，Icon 属性决定了窗体左上角或最小化时在 Windows 任务栏中显示的图标，它的默认图标是 🗐，可以通过属性窗口的 Icon 属性值来改变图标，但是必须事先准备好图标文件。

ControlBox 属性决定了运行时窗体是否显示控件菜单栏，该属性的数据类型是逻辑型的，其值为 True 时显示控件菜单栏，其值为 False 时不显示控件菜单栏，即不显示窗体左上角的图标，以及最小化、最大化、关闭按钮。

在 ControlBox 属性为 True 时，可以通过 MaxButton 和 MinButton 属性的设置来决定是否显示窗体的最小化和最大化按钮，当它们取 True 时，显示相应的按钮，取 False 时，不显示相应的按钮。

8. 窗体其他的常用属性

Picture 属性用于指定窗体中显示的图片。

WindowsState 属性用于指定窗体在运行时所处的状态，它可以取三种值，0-Normal 代表正常的窗口状态，1-Minimized 代表窗体处于最小化状态，2-Maxmized 代表窗体处于最大化状态。

AutoRedraw 属性用于指定窗体被掩盖部分重新出现后采用的显示方式，True 表示窗体内容将被重新画出，False 表示窗体内容不能被重新画出。

ScaleWidth 和 ScaleHeigh 属性表示窗体内部的宽度和高度。由于窗体有边框和标题栏，因此，窗体内部的可用空间要比窗体的宽度（Width）和高度（Height）要小，而 ScaleWidth、ScaleHeigh 属性值不包含窗体的边框和标题栏，代表了窗体内的真正空间大小。

【例 2-2】　窗体的常用属性演练。

设计如图 2-4 所示的窗体，在窗体的右边依次放置 4 个命令按钮，名称分别为 Command1、Command2、Command3、Command4，修改好它们的 Caption 属性，使得这 4 个命令按钮上面显示的文字与图中所示一致。

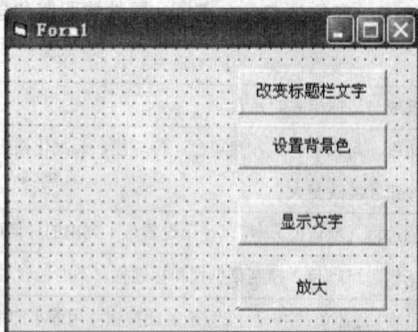

图 2-4　例 2-2 的窗体设计界面图

然后为这 4 个命令按钮的 Click 事件分别添加以下代码：

```
Private Sub Command1_Click()
    Form1.Caption = "我的 VB 窗体"          '改变窗体标题文字
End Sub
Private Sub Command2_Click()
    Form1.BackColor = vbBlue              '设置窗体背景色为蓝色
```

```
    End Sub
    Private Sub Command3_Click()
        Form1.ForeColor = vbWhite              '设置今后显示的字体为白色
        Print "你好！"                          '在窗体上显示文字
    End Sub
    Private Sub Command4_Click()
        Form1.FontSize = Form1.FontSize + 3 '将字体放大
    End Sub
```

接下来进行运行演示。首先运行程序，在窗体界面上进行以下操作：

1）单击第 1 个命令按钮，窗体标题栏的文字被改变为"我的 VB 窗体"。

2）单击第 2 个命令按钮，窗体的背景颜色被设置为蓝色。

3）单击第 3 个命令按钮，在窗体上显示白色的文字"你好！"。

4）单击第 4 个命令按钮，然后再单击第 3 个命令按钮，在窗体上显示放大后的文字。

5）对第 3 个和第 4 个命令按钮进行随意单击，观察现象。

紧接着做以下试验：

1）将窗体拖动到屏幕左边，使小半个窗口移出屏幕，然后将窗体拖回屏幕中间，发现窗体上的文字被擦掉。

2）关闭程序，返回窗体设计界面，将窗体的 AutoResize 属性改为 True，运行程序，重复上面一系列动作，发现文字没有被擦掉，窗体内容被自动重画。

拓展练习：修改代码，使程序在窗体显示不同的文字，设置不同的颜色，设置不同的字体。

思考：从上面的两个例子中你是否能总结出，窗体的属性是怎样设置的？你能运用这些属性动态改变窗体的外观吗？

2.1.3　窗体的事件

窗体的常用事件有 Load、Click、DblClick、Activate、Paint、Resize、Unload 等。初学时，这些事件不需要都去使用，我们只需要掌握几个最常用事件即可，重点关注这些事件是在什么情况下被触发的，以及它们的触发次序大概是怎样的。

1. Load 事件

在程序运行时，当窗体被装入工作区时，将触发 Load 事件。这个事件在窗体显示前被触发，因此可以在此事件中，对窗体和控件进行一些初始化操作。

例如，在窗体上放置一个文本框 Text1，双击窗体，为窗体添加以下代码，对文本框 Text1 进行初始化：

```
    Private Sub Form_Load()      '窗体的 Load 事件代码
        Text1.Text = "1"         '将文本框 Text1 的文本初始化为"1"
    End Sub
```

运行程序，可以发现，文本框内显示着数字"1"。

2. Click 事件

当程序运行时单击窗体内的某一位置，将触发窗体的 Click 事件。

【例 2-3】 窗体单击事件的代码设计。

步骤 1，新建工程，双击窗体 Form1 进入代码窗口，但是，我们发现出现的事件代码框架是 Load 事件的代码框架，而非我们所需的 Click 事件的代码框架，如图 2-5 所示。

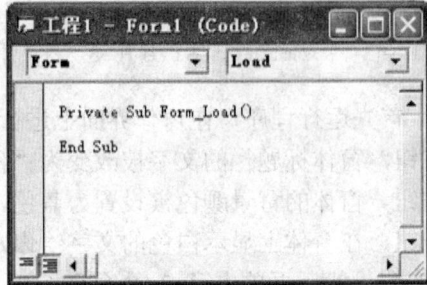

图 2-5　出现窗体的 Load 事件代码框架

步骤 2，在代码窗口内单击右上角的过程下拉按钮，出现窗体的所有事件列表，选择 Click 事件（如图 2-6 左图所示），于是，在代码窗口中产生了 Click 事件代码框架，如图 2-6 右图所示。原先空白的 Load 代码框架仍然留在代码窗口内，你可以将它删除，如果不删，等程序运行时，系统将自动把它删掉。

图 2-6　在过程列表中选择 Click 事件

步骤 3，为窗体的 Click 事件添加以下代码：

```
Private Sub Form_Click()
    Print "你单击了我"
End Sub
```

步骤 4，运行程序，在运行界面的窗体上，用鼠标单击窗体，多试几次，结果如图 2-7 所示。

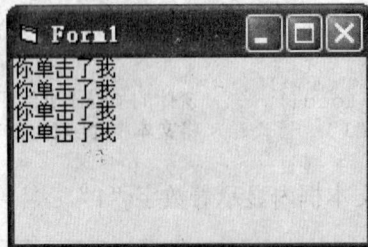

图 2-7　例 2-3 程序运行结果

3．DblClick 事件

当程序运行时双击窗体内的某一位置，将触发窗体的 DblClick 事件。

可以修改例 2-3 的程序，为窗体的 DblClick 事件添加以下代码：

```
Private Sub Form_DblClick()
    Print "你双击了我"
End Sub
```

然后运行程序，用鼠标双击出现的窗体，查看程序运行结果。

提示：当程序运行时，用鼠标双击窗体内的某一位置，将在第一次单击鼠标后，先触发 Click 事件，然后在完成双击动作后，触发 DblClick 事件。你可以保留例 2-3 的单击事件代码，同时加上上面的双击事件代码，运行程序，用鼠标双击窗体，可以看到 Click 事件代码先被执行，然后再执行 DblClick 事件代码。

4．Unload 事件

卸载窗体时触发该事件。

注意：如果窗体仅仅被隐藏，将不触发 Unload 事件，只有将窗体从内存中卸载掉，才触发该事件。

5．Resize 事件

当窗体大小发生改变时，将触发 Resize 事件。当窗体第一次装入内存后显示出来时也将触发 Resize 事件。一般情况下，当窗体的大小被改变后，窗体上面的控件对象布局可能需要重新调整，此时就需要在窗体的 Resize 事件中添加代码来调整窗体内控件对象的布局。

6．Activate 事件

当窗体由非活动窗体变为活动窗体时触发该事件。

7．Paint 事件

需要刷新窗体时发生该事件。当窗体的一部分或全部曾经消失在屏幕上，比如被另外的窗体遮盖，或被最小化，然后又被重新显示出来，这时就触发 Paint 事件。你可以设置窗体的 AutoRedraw 为 True，让窗体自动刷新，但需要占用大量内存。

2.1.4　窗体的方法

窗体常用的方法有 Move（移动）、Print（打印输出）、Cls（清除）、Show（显示）、Hide（隐藏）等。

1．Move 方法

功能：将窗体移动到屏幕的新位置。

格式：[窗体名.]Move Left[,Top[,Width[.Height]]]

其中，Left、Top、Width、Height 都是单精度数值型数据，代表窗体新的位置和大小，Left 代表窗体左边缘到屏幕左边的距离，Top 代表窗体上边缘到屏幕顶边的距离，Width 代表窗体的宽度，Height 代表窗体的高度。

特别说明：格式中的中括号"[]"内的内容表示可以省略不写，所以只有方法名 Move 和第一个参数 Left 是必须要写的，其余的都是可选的。

【例2-4】 使用 Move 方法移动窗体，要求在程序运行时，当鼠标单击窗体，窗体将移动到屏幕的左上角，并改变窗体大小为屏幕大小的一半。

新建窗体 Form1，为窗体 Form1 的 Click 事件添加如下代码：

```
Private Sub Form_Click()
    Move 0, 0, Screen.Width/2, Screen.Height/2
End Sub
```

对照 Move 方法的格式，我们看到，在本例的代码中省略了窗体名，那么系统就默认为本窗体 Form1，而后面的 4 个参数都没有省略，如果我们将代码改为"Move 0, 0"，即省略了 Width 和 Height 参数，代表窗体的宽和高不做设置，该代码的功能是将窗体移动到屏幕的左上角，但不改变窗体的宽和高。

2. Print 方法

功能：在窗体上输出信息。

格式：[窗体名.]Print [输出项列表]

下面的代码可以在单击窗体时，显示窗体左上角在屏幕中的位置，以及屏幕的分辨率大小。

```
Private Sub Form_Click()
    Print "当前窗体位置：", Left, Top
    Print "屏幕大小：", Screen.Width/15, Screen.Height/15
End Sub
```

注意：代码中，屏幕宽度和高度都除以 15，是将长度单位转化为像素，这里假定用户的系统分辨率是默认设置的，否则程序将显示出不正确的分辨率。

Print 的详细用法将在本章稍后一点讲述。

3. Cls 方法

功能：清除窗体上显示的信息。

格式：[窗体名.]Cls

它还将当前坐标设为窗体内的左上角，即窗体的 CurrentX 和 CurrentY 属性都被设为 0。

4. Show 方法

功能：显示一个窗体，使其在屏幕上可见，并处于活动状态。

格式：[窗体名.]Show [Modal]

该方法有一个可选参数，它有两种值：vbModal 或 vbModeless，如果不加参数，默认为 vbModeless。它的含义是：是否将窗体作为模式窗体来显示。当参数取 vbModal 时，要求用户必须对当前的窗体做出响应，才能继续执行 Show 方法后面的程序代码。

当不加参数或参数为 vbModeless 时，Show 方法将窗体显示出来后，继续执行后面的代码。

如果要显示的窗体事先没有被装入内存，系统将自动调用 Load 命令将窗体装入后再显示出来。

5．Hide 方法

功能：隐藏指定的窗体，使其在屏幕上不显示，但不从内存中删除窗体。

格式：[窗体名.]Hide

当窗体被隐藏后，它的 Visible 属性被设为 False。虽然窗体看不见了，但程序可以访问到它。如果隐藏的是一个没有被加载的窗体，则将它加载到内存，但不显示出来。

2.1.5　多窗体

1．添加窗口

新建工程时，系统会自动创建一个窗体，如果我们要在程序中使用多个窗体，则需要继续创建新窗体。下面的例子演示了如何创建多个窗体，并利用 Show、Hide 等方法显示和隐藏窗体。

【例 2-5】　多窗体示例。

步骤 1，新建工程，此时自动生成窗体 Form1。

步骤 2，添加新窗体。

选择菜单栏中的"工程|添加窗体"命令，弹出"添加窗体"对话框，如图 2-8 所示，选择"窗体"图标后单击"打开"按钮，这时就新建了一个窗体 Form2，如图 2-9 所示。

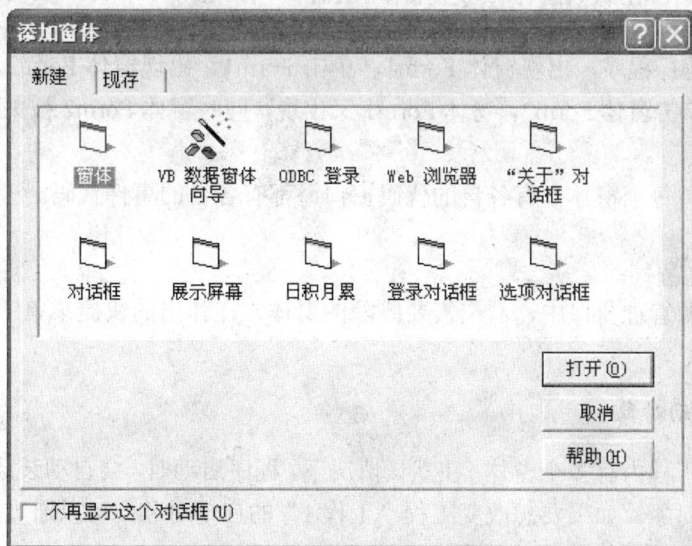

图 2-8　"添加窗体"对话框

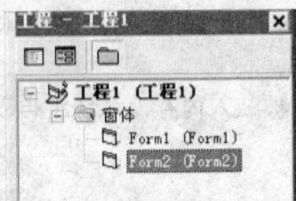

图 2-9   窗体 Form2 被添加

步骤 3，为窗体 Form1 添加代码。

让窗体 Form1 的界面设计窗口处于最前面。如果 Form1 没有显示出来，可以在工程资源管理窗口中选择 Form1，并单击"查看对象"按钮，即可显示 Form1。

用鼠标双击 Form1，出现 Form1 的代码窗口，选择 Click 事件，输入下列代码：

```
Private Sub Form_Click()
    Form2.Show          '显示窗体 Form2
End Sub
```

步骤 4，运行程序，出现窗体 Form1，用鼠标单击 Form1，显示出 Form2。两个窗体同时显示在屏幕上，并且发现两个窗体之间可以互相切换。

步骤 5，结束程序的运行，为窗体 Form1 的 Click 事件代码作如下修改：

```
Private Sub Form_Click()
    Form2.Show
    Form1.Hide          '隐藏窗体 Form1
End Sub
```

选择窗体 Form2，双击窗体 Form2，出现 Form2 的代码窗口，选择 Click 事件，输入下列代码：

```
Private Sub Form_Click()
    Form1.Show          '显示窗体 Form1
    Unload Form2        '关闭窗体 Form2
End Sub
```

步骤 6，运行程序，出现窗体 Form1，单击 Form1，出现窗体 Form2，并隐藏了窗体 Form1，再单击窗体 Form2，窗体 Form1 又出现，同时窗体 Form2 被关闭。结束程序运行。

我们发现，每个窗体都有各自的代码窗口，都有各自的事件代码。

2. 删除窗口

在工程资源管理窗口中，右击需要删除的窗体，在弹出的快捷菜单中选择"移除"菜单项。

3. 设置启动对象

如果一个工程内有多个窗体，在默认情况下，程序启动时，会自动装载第一个窗体，将其设为启动对象。如果要想改变工程"工程 1"的启动对象，可以通过选择菜单栏中的"工程|工程 1 属性"命令来设置启动对象。

2.1.6　窗体加载与卸载时触发的事件

窗体在加载与卸载时，将触发一系列的窗体事件，这些事件的触发遵循一定的次序，图 2-10 和图 2-11 分别指示了这些事件发生的次序。

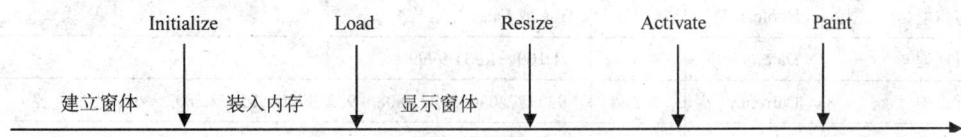

| Initialize | Load | Resize | Activate | Paint |

建立窗体　装入内存　显示窗体

图 2-10　窗体在加载过程中触发的事件

| LostFocus | Deactivate | | QueryUnload | Unload | Terminate |

隐藏窗体　　从内存中删除
Hide 方法　　Unload 方法

图 2-11　窗体在卸载过程中触发的事件

2.2　数据类型、常量与变量

2.2.1　数据类型

数据是程序处理的对象，是软件的重要组成部分。比如，在数学计算时，我们需要用到数值型数据，它们可以参加数学运算；在处理文本时，我们又要用到字符串型数据，它们被当作文字来处理，不参加加减乘除等运算；在条件判断时，我们还需要用到逻辑型数据，它们的结果是对和错，即真和假；等等。数据类型决定了 Visual Basic 用怎样的方式去存储它们，以及拿它们作怎样的操作。

本节内容较详细地列出了 Visual Basic 中提供的数据类型，除了对常用数据类型的解释外，本节的大部分内容可以作为大家日后编程时的参考资料，并不需要立刻掌握全部内容，应在使用的过程中逐步熟悉它。

表 2-3　Visual Basic 中的标准数据类型

数据类型	名　称	字节数	范　围
字节型	Byte	1	0～255
整型	Integer	2	−32768～32767
长整型	Long	4	−2147483648～2147483647
单精度浮点型	Single	4	$-3.402823\times10^{38}\sim-1.401298\times10^{-45}$ $1.401298\times10^{-45}\sim3.402823\times10^{38}$（6 位有效数字）
双精度浮点型	Double	8	$-1.79769313486232\times10^{308}\sim-4.94065645841247\times10^{-324}$ $4.94065645841247\times10^{-324}\sim1.79769313486232\times10^{308}$（15 位有效数字）

续表

数据类型	名　称	字节数	范　围
变长字符串型	String		每个字符串可以存放 0～20 亿个左右的字符
定长字符串型	String*size	size	1～65535 个字符
布尔型（逻辑型）	Boolean	2	True 或 False
日期型	Date	8	1/1/100～12/31/9999
货币型	Currency	8	−922337203685477.5808～922337203685477.5807（小数点后 4 位）
对象型	Object	4	任何对象的引用
变体型	Variant		可以存放数值和字符串，若存放数值，占 16 个字节，最大范围与双精度浮点型相同；若存放字符串，与可变字符串长度相同

表 2-3 中列出了 Visual Basic 提供的标准数据类型，表中"名称"列用于标识变量的数据类型，"字节数"表示数据占用的内存大小。

在实际应用中应选取合适的数据类型来存储数据，例如，一门功课的成绩表示范围是 0 到 100 的整数，那么可以用整型变量来存放；如果要存放全班同学的一门功课的平均分，由于有小数，所以要用单精度浮点型变量来存放；对于一个城市的人口数目来说，则需要长整型变量来存放；对于高精度的数学运算，可使用双精度浮点型的变量来存放数据。

2.2.2　常量

常量指在程序中不变的数值。常量分为：数值常量、字符串常量、布尔常量、日期常量等。表 2-4 列出了这些常量的写法格式。

表 2-4　常量的格式

类　型	格　式	示　例
数值常量	数值	987，3.14159，−5.1E−2
字符串常量	用双引号""括起来	"VB"，"123"，"你好！"，"@#$="
布尔常量	仅 True(真)和 False(假)两个值	True，False
日期常量	用#号括起来	#12/31/2009#，#12/31/2010 23:12:54#

1. 数值常量

1）按照数学中的惯用写法，如：987，3.14159，−1，0，−120.3 等。

2）浮点数还可以写成指数形式，如 1.234E2，表示 1.234×10^2，E 后面是指数部分，指数只能是整数，也可以用 e 代表指数部分开始。又如：6e−2，−5.1E−2，1E8，314.159E−2 等。

3）由于数值数据的类型有多种（见表 2-3），存储这些数据所需的存储空间大小不同，如果超过了规定的取值范围，就会产生"溢出"（Overflow）错误。如将 100000 存入一个整型变量中，就会溢出。

4）Visual Basic 中一般采用十进制数来表示数值大小，但有时候也会使用十六进制数（数值前加前缀**&H**）或八进制数（数值前加前缀**&O**）来表示数值大小，如十六进制数**&H10**与十进制数 16 大小相等，八进制数**&O17**与十进制数 15 大小相等。

2. 字符串常量

字符串常量是用双引号**""**括起来的一串字符，如："VB"，"123"，"你好！"，"@#$="等。

3. 布尔常量

布尔常量也叫逻辑常量，是 Boolean 类型的数据，它只有两个值，分别是 True（真）和 False（假）。当把数值常量转换成 Boolean 型时，0 被转换成 False，非 0 被转换成 True；反之，将 Boolean 型常量转换成数值时，False 被转换成 0，True 被转换成-1。

4. 日期常量

日期常量用来表示日期和时间，用#号括起来，如：#12/31/2009#，#12/31/2010 23:12:54#等。Visual Basic 支持多种格式的日期和时间写法，输出格式由 Windows 设置的格式决定。

5. 符号常量

当程序中多处出现某个数据时，为了便于程序的修改和阅读，可以给它赋予一个名称，下面的程序代码就可以用该名称来代表这个数据，这个名称就叫做符号常量。

格式：Const<符号常量名>=<常量>

例如，有如下一段代码：

```
Private Sub Command1_Click()
    Print 3.14 * 3 * 3        '求半径为 3 的圆面积
    Print 3.14 * 5.2 * 5.2    '求半径为 5.2 的圆面积
End Sub
```

其中，3.14 在多处使用，为了方便阅读和修改，我们可以使用符号常量来替代它，代码修改如下：

```
Private Sub Command1_Click()
    Const pi = 3.14           '将 3.14 定义为符号常量 pi
    Print pi * 3 * 3
    Print pi * 5.2 * 5.2
End Sub
```

它的优点是很明显的，今后如果发现圆周率取 3.14 的精度不够，需要提高精度，只要将常量定义的语句行修改为 Const pi = 3.14159 即可，而无需修改程序的其他部分，这样还可以避免多次修改出现打字错误或漏改。

2.2.3　变量

用来在程序中存储数据，在程序运行过程中可以发生改变的量，我们称为变量。变量是计算机编程中的一个重要概念。它是一个可以存储值的字母或名称。创建计算机程序时，可使用变量来存储数值，例如建筑物的高度，或者存储单词，例如人的名字。简单地说，可使用变量表示程序所需的任何信息。

使用变量有如下三个步骤：

1）声明变量。告诉程序要使用的变量的名称和种类。

2）给变量赋值。赋予变量一个要保存的值。

3）使用变量。检索变量中保存的值，并在程序中使用它。

每个变量都有唯一的变量名字、相应的数据类型和使用范围。在程序中，通过声明来定义变量，通过赋值语句来给变量一个具体的值，通过变量名称来引用该变量的值。

1. 声明变量

声明变量时，必须决定要为它取一个什么样的名称以及要为它分配什么数据类型。你可以为变量取任何名称，但要符合下列规则：

1）以字母开头（不分大小写），由字母、数字和下划线组成。

2）长度不超过 255 个字符。

3）变量名不能和保留字、符号常量名、函数名等同名。

4）在其有效范围内必须是唯一的。

例如，a、Sum、x1、Total_Candy 等都是合法的变量名，而 1a、i+j 则不能作为变量名。

注意：使用能描述变量所保存内容的名称时，代码的易读性就会提高。例如，可以将保存成绩的变量命名为 cj（拼音 chengji 的缩写）。

声明变量时使用的是 Dim 和 As 关键字，格式如下所示。

```
Dim a As Integer
```

这行代码告诉程序您要使用一个名为 a 的变量，并且希望它是存储整数（Integer 数据类型）的变量。

因为 a 是一个 Integer 类型的变量，所以它只能存储整数。例如要存储 42.5，可以使用 Single 或 Double 数据类型。如果要存储一个单词，需使用 String 数据类型。如果声明为 Boolean 数据类型，则它可存储 True 或 False 值。

下面是关于如何声明变量的更多示例：

```
Dim i As Integer
Dim x As Double
Dim aName As String
```

也可以在一个 Dim 语句中声明多个变量，例如下面的示例：

```
Dim k As Boolean, j As Integer, cj As Single
```

每个变量声明之间用","分割，而最后一个变量声明后没有符号。在实际操作时注意，符号","是英文半角字符，不是中文的全角逗号。

2. 给变量赋值

使用"="（该符号有时称做"赋值运算符"）给变量赋值，如下例所示：

```
a = 42
```

这行代码有一个值 42，把它存储在先前声明的名为 a 的变量中。

3. 使用变量

下面通过一个实例来演示变量的使用。

【例 2-6】　已知圆半径，显示圆面积。

新建工程，在窗体 Form1 上添加一个命令按钮 Command1，为它添加下列代码：

```
Private Sub Command1_Click()
    Dim r As Single, s As Single    '声明变量 r,s
    r = 1.5                         '给变量 r 赋值
    s = 3.14159 * r * r             '使用 r，计算出圆面积，赋值给变量 s
    Print s                         '在窗体上显示变量 s 的值
End Sub
```

给变量赋值时需要注意变量的数据类型，如果部分代码改为

```
Dim r As Integer
r = 1.5
```

则可能会出现不是你预想的结果，因为变量 r 被声明为整数，而 1.5 是浮点数，不能在 r 中存放，系统将对 1.5 进行舍入，转化为整数 2 后存入变量 r 中，从而失去了精度。

4. 变量的初始值

在程序中声明了变量后，变量将自动获取一个初始值，数值类型变量的初始值为 0，变长字符串的初始值为空字符串（即""），定长字符串用空格填充，逻辑性变量的初始值为 False。

5. 强制变量声明

如果在程序中没有声明变量，但是又使用了这个变量，这是一种不好的习惯，所以变量一定要"先声明，后使用"。

为了能让 Visual Basic 检查出这种情况，可以选择菜单栏中的"工具|选项"命令，在出现的对话框中切换到"编辑器"选项卡，勾选"要求变量声明"复选框，如图 2-12 所示，这样今后在打开新的代码窗口时，会在顶部自动添加语句"Option Explicit"，如图 2-13 所示，Visual Basic 会检查代码中用到的变量是否经过声明。当然，你也可以自己在代码窗口顶部手工输入 Option Explicit，起到的效果是一样的。

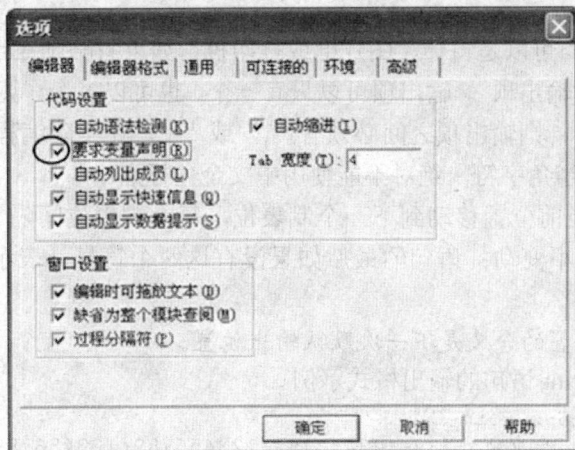

图 2-12　勾选"要求变量声明"复选框

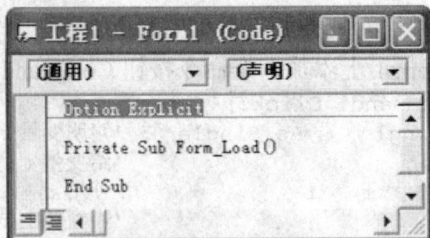

图 2-13 用 "Option Explicit" 语句强制变量声明

2.3 Print 语句和赋值语句

2.3.1 语法描述规则

为了便于解释语句、方法和函数的使用格式，我们一般采用约定的语法描述规则来描述，里面包含了一些约定的符号。如声明变量语句的格式如下：

　　　Dim <变量名> [As <数据类型>][,<变量名> [As <数据类型>]…]

符号解释如下：

1）"<>"表示必选项。

2）"[]"表示可选项。

3）"{}"和"|"表示多选一项。

4）"…"表示重复。

2.3.2 Print 语句

功能：可以在窗体上输出表达式的值，也可以在其他图片对象或打印机上输出信息。

格式：[<对象名称>.]Print [<输出项>][{,|;}][<输出项>]…

格式说明：

1）<对象名称>可以是窗体、图片框或打印机，如果省略则在当前窗体上输出。

2）Print 后跟<输出项>，输出项可以只有一个，也可以多个，甚至可以没有输出项。如果输出项有多个，则输出项之间必须有","或";"。在实际编程时必须注意","和";"必须使用英文半角字符，绝对不能使用中文全角标点。

3）","代表当前位置移动到下一个制表位，每个制表位间隔 14 个字符位置；而";"表示当前位置不变动；语句的最后如果没有这两个符号，表示当前位置定位到下一行的行首。

注意：当前位置的含义是下一次默认输出位置。

【例 2-7】 Print 语句的输出格式示例。

```
Private Sub Form_Click()
    Print "123456789+123456789+123456789+123456789+123456789+"
    Print "a", "b", "c", "d"      '关注逗号的作用
    Print 123, 456, -789, 3.14    '数值第一个输出为符号，正数的符号为空格
    Print 123; 456; -789; 3.14    '关注分号的作用，数值后跟一个空格
```

```
            Print "123"; "456"; "abc"; True;        '关注行末的分号的作用
            Print "123"; 456; "abc"                 '可以看到 456 前后都有空格
            Print                                    '换行
            Print "123456", "abc"                   '制表位的对齐作用
            Print , "123"                           '单独逗号都能起作用
        End Sub
```

运行该程序，单击窗体，输出如图 2-14 所示。

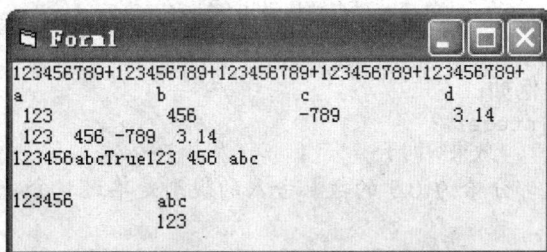

图 2-14　例 2-7 的输出结果

从例 2-7 的输出结果可以看到：

1）输出数值后自动输出了一个空格，输出正数时不显示正号，而是以空格代替。

2）输出字符串则按照字符串内容原样输出，前后都不添加空格。

3）输出逻辑型数据直接输出"True"或"False"。

我们对例 2-6 进行修改，同样的题目，代码改为：

```
        Private Sub Command1_Click()
            Dim r As Single, s As Single
            r = 1.5
            s = 3.14159 * r * r
            Print "半径为："; r, "面积为："; s    '修改为输出文字信息
            Print "r="; r, "s="; s               '换种形式再显示一次
        End Sub
```

运行结果如图 2-15 所示。

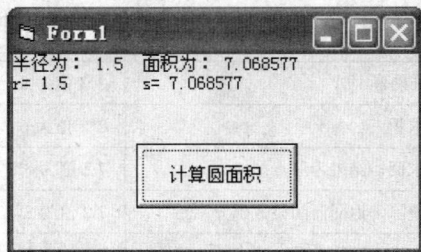

图 2-15　修改例 2-6 后的输出结果

2.3.3　赋值语句

功能：计算出表达式的值，给变量或控件属性赋值。

格式 1：<变量名> = <表达式>

格式 2：[<控件名>.]<属性名> = <表达式>

格式说明：格式 1 是给变量赋值，格式 2 是给控件属性赋值，如果控件名省略，则

给当前窗体的属性赋值。程序将先计算"="号右边的表达式的值，然后将值赋给"="号左边的变量或控件属性，但要注意以下几点。

1）当为数值变量赋值时，表达式的值不能超出数值变量的数值范围，否则出现溢出错误。例如：

```
Dim a As Integer, f as Single
a = 123456       '整数溢出
f = 1.23E+50     '单精度浮点数数值溢出
```

2）当把结果为浮点型的表达式赋值给整型变量时，将进行舍入，转化为整型数后再赋值给整型变量。例如：

```
Dim a As Integer
a = 1.2          '效果等同于 a = 1
```

注意：对纯小数部分恰为 0.5 的数，舍入的规则是单进双舍，如 2.5 舍入后为 2，3.5 舍入后为 4。

3）任何类型的表达式都可以向字符串变量赋值。例如：

```
Dim s As String
s = 123          '将数值 123 转化为字符串"123"后再赋值给变量 s
```

2.4 运算符、表达式、常用内部函数

2.4.1 算术运算符与算术表达式

1. 算术运算符

表 2-5 列出了 Visual Basic 中的算术运算符。其中整除运算（\）和求余数运算（Mod）时只能对整型数据进行，如果遇到运算符两边的操作数为浮点数，则自动把它们转换成整型数，然后进行整除和求余数运算。

表 2-5 算术运算符

运算符	名 称	说 明	举 例
^	乘方	求乘幂	2^3 值为 8，-2^3 值为-8
*	乘法	求积	2*3 值为 6
/	除法	求商，结果为浮点型	7/2 值为 3.5
\	整除	整除，返回商的整数部分	7\2 值为 3，7.23\1.7 值为 3
Mod	求余数	求模，返回余数	7 Mod 2 值为 1，7.23 Mod 1.7 值为 1
+	加法	求和	2+3 值为 5
-	减法、取负	求差或求相反数	2-3 值为-1，-2，-a

2. 算术运算符的优先级

当在一个表达式中出现多个运算符时，将按照运算符优先级的高低来决定先进行哪种运算。算术运算符的优先级从高到低排列如下：

（指数运算^）→（取负-）→（乘*、除/）→（整除\）→（求余 Mod）→（加+、减-）

乘、除为同级运算符，加、减也是同级运算符，同级运算从左向右进行。可以通过在表达式中添加括号来改变表达式的求值顺序。

3. 算术表达式

算术表达式由常量、变量、运算符、函数和圆括号按一定的规则组成，通过运算后有一个结果，运算结果的类型由数据和运算符共同决定。

书写上要注意与数学表达式的以下两点区别：

1）表达式中，乘号不能省略。

2）括号必须成对出现，均使用圆括号，可以嵌套，但必须配对。

2.4.2　字符串运算符与字符串表达式

字符串运算符有"+"和"&"两个，用于连接符号两边的字符串表达式。例如：

　　"ABC" & "def"计算结果为"ABCdef"

　　"ABC" + "def"计算结果也为"ABCdef"

但是，"&"运算符可以连接非字符串类型的数据，它将非字符串数据自动转换成字符串后再连接。例如：

　　"ABC" & 123 计算结果为"ABC123"

而"+"运算符则不能，如下面是错误的：

　　"ABC" + 123 出现类型不匹配错误

注意：书写时"&"运算符前后都要加空格，否则 Visual Basic 有可能无法正确识别。

2.4.3　关系运算符与关系表达式

关系运算符也叫比较运算符，有<、<=、>、>=、=、<>六种，用于判断符号两边的表达式是否满足结果，运算结果只有 True 或 False 两个值。

表 2-6　关系（比较）运算符

运算符	说　明	举　例
<	小于	2<3 值为 True，3<2 值为 False
<=	小于或等于	2<=3 值为 True，2<=2 值为 True
>	大于	#12/20/2009#>#01/12/2010#值为 False，"a">"A"值为 True
>=	大于或等于	"ab">"abc"值为 False，"a">="Abc"值为 True
=	等于	"a"="A"值为 False，"abc"="abc"值为 True
<>	不等于	2<>3 值为 True

在表 2-6 中已经举了数值数据比较、字符串数据比较和日期数据比较的例子，它们的比较规则如下：

1）数值数据按照它们的大小进行比较。

2）日期类型数据按照日期的先后进行比较。

3）字符串类型数据按照它们的 ASCII 码值的大小进行比较：先比较两个字符串的第 1 个字符的 ASCII 码值大小，若相等则比较它们的第 2 个字符的 ASCII 码值，依此类推，直到第一次出现了不相同的字符，哪个字符的 ASCII 码值大，就是哪个字符串大，如"abc">"abbc"值为 True；或者一个字符串结束，而另一个字符串还有字符没有参加比较，则较长的字符串较大，如"abc">"ab"值为 True；或者两个字符串完全一样，则这两个字符串相等，如"abc"="abc"值为 True。

关系表达式也叫做比较表达式，即由关系运算符连接的表达式，如 a=b,a+b>3,i Mod 5=0 等。

2.4.4 逻辑运算符与逻辑表达式

常用的逻辑运算符有 And、Or、Not 三种，如表 2-7 所示。

表 2-7 逻辑运算符

运算符	名　称	说明和举例
And	与	当两边的表达式同时为真（True）时，结果才为真，否则为假（False）。如 2>1 And 2<3 值为 True
Or	或	当两边的表达式只要一个为真（True）时，结果就为真；两个都为假（False）时，结果才为假。如 2>1 Or 2>3 值为 True
Not	非	对右边的表达式进行逻辑否定运算：原来为真（True）的，值为假（False）；原来为假的，值为真。如 Not 2>1 值为 False

它们的优先级是：Not 最高，And 次之，Or 最低。当它们同时出现在一个表达式中时，先进行 Not 运算，再进行 And 运算，最后进行 Or 运算。

算术运算符、关系运算符和逻辑运算符的优先级关系为：算术运算符优先级最高，关系运算符优先级次之，逻辑运算符优先级最低。

逻辑表达式也叫布尔表达式，它的值为 True 或 False。关系表达式也是逻辑表达式。

【例 2-8】 根据描述写出逻辑表达式。

"x 为正数"，写出逻辑表达式：x>0

"x 不为 0"，写出逻辑表达式：x<>0

"-1<a<1"，写出逻辑表达式：a>-1 And a<1

"整数 k 为大于 0 的奇数"，写出逻辑表达式：k Mod 2=1 And k>0

"a,b 至少有一个不为 0"，写出逻辑表达式：a<>0 Or b<>0

"-1<a<1 不成立"，写出逻辑表达式：Not(a>-1 And a<1)或写成 a<=-1 Or a>=1

2.4.5 常用的内部函数

Visual Basic 提供有大量的内部函数，内部函数是 Visual Basic 中设置好的具有特定功能的函数，通常带有一个或几个参数，并返回一个返回值。通过使用内部函数，可以方便地完成各种复杂运算。

学习建议：内部函数数量较多，在开始学习阶段不需要记忆它们，可以先将它们的功能浏览一遍，对它们有个印象，今后在使用的时候再作详细研究，也就是采用边实践边学习的办法。这里所列的仅是部分较常用的内部函数，可以作为今后的学习和编程的参考资料。

1. 数学函数

1）Abs(x)：返回 x 的绝对值。如 Abs(-3.1)返回 3.1。

2）Sqr(x)：返回 x 的算术平方根，即求 x^0.5。如 Sqr(9)返回 3。

3）Int(x)：取整函数，返回不大于 x 的最大整数。如 Int(9.8)返回 9，Int(-9.8)返回-10。

4）Fix(x)：返回 x 的整数部分。如 Fix(9.8)返回 9，Fix(-9.8)返回-9。

5）Round(x,n)：按小数位数四舍五入，参数 n 为小数位数。如 Round(3.14159,2)返回 3.14。

6）Exp(x)：求 e^x（e 为自然对数的底）。

7）Log(x)：返回 x 的自然对数。

8）Sgn(x)：符号函数，取 x 的符号值。当 x 大于 0 时，返回 1；当 x 小于 0 时，返回-1；当 x 等于 0 时，返回 0。

9）三角函数：Sin(x)、Cos(x)、Tan(x)，反正切函数 Atn(x)。

三角函数以"弧度"为单位，如 Sin(3.14159265/2)返回 1。

另外，Visual Basic 中没有其他的三角函数，其他三角函数可以通过上面三个三角函数进行计算得到，而其他的反三角函数可以通过反正切函数进行计算得到。如求 x 的余切值可以表示为 1/Tan(x)，求 x 的反正弦函数可以通过计算 Atn(x/sqr(1-x*x))得到。

2. 字符串函数

1）Len(x)：返回字符串 x 的长度（字符个数）。如 Len("学习 Vb")返回 4。

2）取子串函数。

Left(x,n)：返回字符串 x 最左边 n 个字符所组成的字符串。

Right(x,n)：返回字符串 x 最右边 n 个字符所组成的字符串。

Mid(x,m,n)：返回字符串 x 的第 m 个字符开始的 n 个字符所组成的字符串。

如字符串 s="abcdef"，则 Left(s,2)返回"ab"，Right(s,2)返回"ef"，Mid(s,2,3)返回"bcd"。

3）去空格函数。

LTrim(x)：返回去掉字符串 x 左边空格后的字符串。

RTrim(x)：返回去掉字符串 x 右边空格后的字符串。

Trim(x)：返回去掉字符串 x 左右两边空格后的字符串。

如字符串 s="　abc　"，则 LTrim(s)返回"abc　"，RTrim(s)返回"　abc"，Trim(s)返回"abc"。

4）大小写转换函数。

LCase(x)：返回将字符串 x 中所有大写字母转换为小写后的字符串。

UCase(x)：返回将字符串 x 中所有小写字母转换为大写后的字符串。

如字符串 s="abCDe"，则 Lcase(s)返回"abcde"，UCase(s)返回"ABCDE"。

5）Space(n)：返回由 n 个空格组成的字符串。如 Space(3)返回"　　"。

6）String(n,x)：返回由 n 个首字符组成的字符串。如 String(3,"A")返回"AAA"。

7）Instr(x,y)：搜索子串函数，返回字符串 y 在字符串 x 中首次出现的位置，找不到则返回 0。如 Instr("abcdef","cd") 返回 3。

3. 日期和时间函数

1）Date：返回系统的当前日期。

2）Time：返回系统的当前时间。

3）Now：返回系统的当前日期和时间。

4）Year()、Month()、Day()、Weekday()：分别返回指定日期的年份、月份、日号、星期序号（从星期日开始数）。如 Year("2010-3-4")或 Year(#3/4/2010#)将返回 2010；Month(Date)将返回 Date 的月份，即系统当前日期的月份；Day(Now)将返回 Now 的日号。

5）Hour()、Minute()、Second()：分别获取指定时间的小时数、分钟数、秒数。如 Hour("14:33:44")返回 14，Minute(Now)对 Now 取分钟数，即返回系统当前时间的分钟数，Second(Time)对 Time 取秒数。

4. 转换函数

1）Val(x)：将字符串 x 中的最左边的数字串转换成数值。如 Val("23.4Ab")返回 23.4，Val("a23")返回 0。

2）Str(x)：将数值 x 转换成字符串。如果 x 是正数，则将符号位用空格代替，如 Str(123.45)返回" 123.45"（字符串中第一个字符为空格），Str(-123.45)返回"-123.45"（字符串中没有空格）。

3）Asc(x)：返回字符串 x 首字符的 ASCII 值。如 Asc("A")返回 65。

4）Chr(x)：返回 ASCII 值为 x 的字符。如 Chr(65)返回"A"。

5. 随机函数 Rnd 与随机数语句

1）Rnd 函数：得到一个 0～1（不包含 1）的随机数，它是一个单精度数值。

2）Randomize 语句：初始化随机函数发生器。

【例 2-9】　新建窗体，为窗体的 Click 事件添加以下代码：

```
Private Sub Form_Click()
    Print Rnd              '在窗体上显示一个随机数
End Sub
```

运行程序，用鼠标单击窗体，就会显示出一个随机数，接着多次单击窗体，显示出一系列没有规则的数值。

记住显示的这一系列数值，然后关闭程序，重新运行程序，再用鼠标多次单击窗体，发现显示出的数值与第一次完全相同。这表明当程序开始运行时，随机数发生器被重置为固定的初始状态。为了能使每次程序运行时产生的随机数序列不相同，可以这样修改上面的代码：

```
Private Sub Form_Click()
    Randomize              '初始化随机数发生器，使之产生新的随机数序列
    Print Rnd
End Sub
```

技巧：Rnd*10 能产生 0～10（不包含 10）的随机数，如果要产生 1～100 的整数，可以用表达式 Int(Rnd*100+1)来获取。如果要产生[a,b]（其中 a、b 为整数，且 a<b）区间上的随机整数，可以采用表达式 Int(Rnd*(b−a+1)+a)来实现。

6. 与 Print 方法有关的函数

1）Tab(n)：将输出位置定位到第 n 列。

例如，执行如下语句：
```
Print Tab(10);"张三",Tab(30);98
Print Tab(10);"李四",Tab(30);95
```
能使两行的姓名和数值上下对齐显示在窗体上。

2）Spc(n)：输出 n 个空格。

例如，执行如下语句
```
Print "张三";Spc(3);"李四"
```
能输出
```
张三    李四
```
学习指导：可以编制类似于下面的程序对上面所列的函数进行试验，从而真正理解这些函数的功能。
```
Private Sub Form_Click()
    Print Abs(-3.1)
    Print Sqr(1.44)
    Print Int(9.8); Int(-9.8)
    …
End Sub
```

2.4.6　InputBox 函数和 MsgBox 函数

与用户交互的程序往往需要在程序运行时，让用户输入数据，然后程序对用户输入的数据进行处理，最后将结果输出给用户看。我们可以用控件（如文本框）接受用户的输入和显示结果，还可以用 InputBox 函数来接受用户的输入，用 MsgBox 函数输出信息，它们以对话框的形式与用户交互。

1. InputBox 函数

功能：显示输入对话框，接受用户的输入。

格式：<变量名> = InputBox(<提示信息>[,[<对话框标题>][,<默认值>]])

格式说明：它有三个参数，第一个<提示信息>必须要写上，后两个参数可选。

1）<提示信息>指定在对话框显示的文本信息。

2）<对话框标题>指定对话框的窗口标题。

3）<默认值>可以在对话框的输入区作为初始值出现。

该函数返回的数据是字符串类型，当用户单击"确定"按钮，则 InputBox 函数

返回文本框中的内容；如果单击"取消"按钮，则此函数返回一个长度为零的字符串（""）。

如执行语句"n=InputBox("请输入你的年龄："，"数据输入",19)"时，显示如图 2-16 所示的对话框。

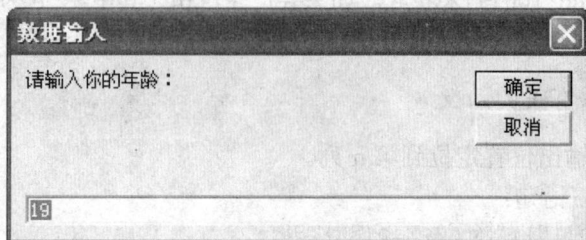

图 2-16　InputBox 函数的输入对话框

如果 n 是 Integer 类型的数据，若输入了无法转换成整数的数据，将出现"类型不匹配"错误。

2. MsgBox 函数

功能：在对话框中显示消息，等待用户单击按钮，并返回一个值指示用户单击的按钮。

格式 1：MsgBox <提示信息>[,[<对话框类型>][,<对话框标题>]]

格式 2：<变量名> = MsgBox(<提示信息>[,[<对话框类型>][,<对话框标题>]])

格式说明：格式 1 只是显示对话框，不返回任何信息，格式 2 接受用户在对话框里单击了哪个按钮的信息，便于程序针对用户的不同选择而做出不同的响应。

所有的函数都有这两种格式的写法，但格式 1 不处理返回值，参数列表就不带括号，格式 2 要接受返回值，参数列表要放在括号里。

1）<提示信息>指定对话框中要显示的文本信息。

2）<对话框类型>指定对话框中出现的按钮和图标样式。

3）<对话框标题>指定对话框的窗口标题。

参数<对话框类型>由三部分组成，分别是关于按钮、图标和默认按钮的信息。具体规则如表 2-8、表 2-9 和表 2-10 所示。

表 2-8　按钮样式

值	VB 常量	显示按钮
0	vbOKOnly	只显示确定按钮
1	vbOKCancel	显示确定和取消按钮
2	vbAbortRetryIgnore	显示放弃、重试和忽略按钮
3	vbYesNoCancel	显示是、否和取消按钮
4	vbYesNo	显示是和否按钮
5	vbRetryCancel	显示重试和取消按钮

表 2-9　图标样式

值	VB 常量	显示图标
16	vbCritical	显示错误图标
32	vbQuestion	显示询问图标
48	vbExclamation	显示警告图标
64	vbInformation	显示信息图标

表 2-10　默认按钮

值	VB 常量	默认按钮
0	vbDefaultButton1	第一个按钮为默认按钮
256	vbDefaultButton2	第二个按钮为默认按钮
512	vbDefaultButton3	第三个按钮为默认按钮

例如，执行语句 "MsgBox "你输入的数据不正确！",vbExclamation,"输入错误"" 后，出现如图 2-17 所示的消息对话框，并发出警告的声音。

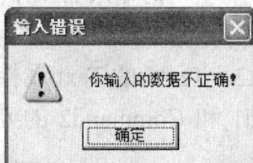

图 2-17　MsgBox 消息对话框

4）返回值：如果使用格式 2 来执行 MsgBox，将返回一个值来指定用户单击了哪个按钮。返回值的含义如表 2-11 所示。

表 2-11　MsgBox 函数返回值代表的用户选择

返回值	VB 常量	用户的选择
1	vbOK	确定
2	vbCancel	取消
3	vbAbort	放弃
4	vbRetry	重试
5	vbIgnore	忽略
6	vbYes	是
7	vbNo	否

程序设计者可以根据 MsgBox 函数的返回值，对用户的选择做出响应。

例如，程序段

```
n = MsgBox("你真的要退出程序吗？", vbOKCancel + vbQuestion, "退出程序")
If n = vbOK Then End
```

执行时将显示消息对话框，它具有"确定"和"取消"两个按钮，有一个询问图标。当用户单击了"确定"按钮，将返回 1（即 vbOK）给变量 n，只要对 n 的值进行判断就能决定是否结束程序的运行。

2.5 编 程 实 例

本节将结合窗体和三个常用控件（标签、文本框和命令按钮）来编制程序，从而进一步熟练 Visual Basic 的操作和提高编程能力。

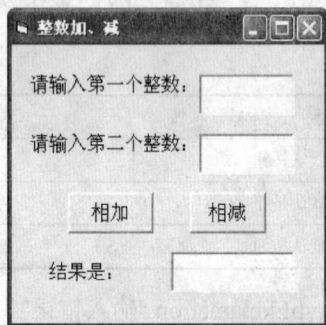

【例 2-10】 编制一个程序，实现两个整数的相加和相减功能。

程序运行后的初始界面如图 2-18 所示。

界面设计时，相应的对象属性设置如下：

1）窗体 Form1：Caption 属性设为"整数加、减"。

2）三个标签：Label1 的 Caption 属性设为"请输入第一个整数："，Label2 的 Caption 属性设为"请输入第二个整数："，Label3 的 Caption 属性设为"结果是："。

图 2-18　例 2-10 的程序运行后的初始界面

3）三个文本框：Text1、Text2、Text3 的 Text 属性都设为空。

4）两个命令按钮：Command1 和 Command2 的 Caption 属性分别设为"相加"和"相减"。

5）所有控件的 Font 属性都设为"宋体，小四"。

接着为 Command1 和 Command2 添加如下的单击事件代码：

```
Private Sub Command1_Click()
    Dim a As Integer, b As Integer, s As Integer   '变量声明
    a = Val(Text1.Text)        '取出 Text1 中的文本，转换成数值后赋值给 a
    b = Val(Text2.Text)        '取出 Text2 中的文本，转换成数值后赋值给 b
    s = a + b                  '将表达式 a+b 的计算结果赋值给 s
    Text3.Text = s            '将 s 的值自动转换成字符串放到 Text3 中显示出来
End Sub
Private Sub Command2_Click()
    Dim a As Integer, b As Integer, s As Integer
    a = Val(Text1.Text)        '如果写成 a=Text1.Text，将把文本自动转换成数值
    b = Val(Text2.Text)
    s = a - b
    Text3.Text = s
End Sub
```

从上面代码的注释可以看到，与用户互动的程序一般分为三部分：获得用户的输入、计算处理、把结果输出。

技巧：可以用 Val 函数将字符串转化为数值。

拓展练习：修改程序，使它能进行浮点数的乘除运算。

【例 2-11】 用 InputBox 函数输入数据。

在窗体 Form1 上添加一个标签、两个命令按钮，如图 2-19 所示。

设置下列属性。

1）Form1：Caption 属性设为"输入练习"。

2）Label1：Caption 属性设为"请单击'输入'按钮"，字体设为"宋体、小二"。

3）Command1、Command2 的 Caption 属性分别设为"输入"和"结束"。

接着为 Command1 和 Command2 添加如下的单击事件代码：

```
Private Sub Command1_Click()
    Dim XM As String                          '声明 XM 为字符串
    XM = InputBox("请输入你的姓名: ", "输入姓名")    '显示输入对话框, 存入 XM
    Label1.Caption = XM & ", 欢迎使用 VB! "        '连接字符串
End Sub
Private Sub Command2_Click()
    End         '程序结束
End Sub
```

程序运行时单击"输入"按钮，在"输入姓名"对话框内输入"张三"后单击"确定"按钮，出现如图 2-20 所示的结果。

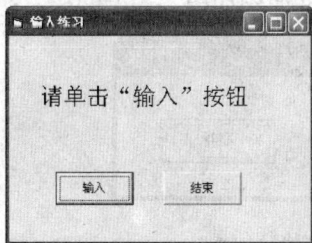

图 2-19 例 2-11 的程序运行后的初始界面　　图 2-20 例 2-11 的运行结果

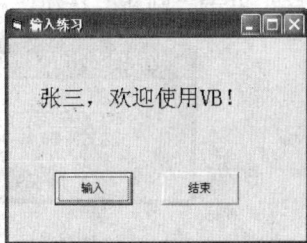

单击"结束"按钮，结束程序运行。

【例 2-12】 InputBox 函数和 MsgBox 函数练习。输入半径，计算圆面积。

在窗体 Form1 上放置一个命令按钮 Command1，改变它的 Caption 属性为"计算圆面积"。

为 Command1 添加如下的单击事件代码：

```
Private Sub Command1_Click()
    Dim r As Single, s As Single
    r = InputBox("请输入半径: ", "输入半径", 2)
    s = 3.1416 * r * r
    MsgBox "面积为 " & s
End Sub
```

拓展练习：用相似的方法编制求正方形面积的程序和求圆柱体体积的程序。

【例 2-13】 编程思路训练。通过程序实现交换两个变量存储的数值。

```
Private Sub Form_Click()
    Dim a as Integer, b as Integer, t as Integer
    a=1: b=2
    Print a,b         '显示交换前的值
    t=a: a=b: b=t     '交换 a,b 的值
    Print a,b         '显示交换后的值
    End Sub
```

拓展练习：请修改程序，交换两个 Double 型变量的值。

【例 2-14】 日期、时间和文本换行的练习。

在窗体 Form1 上放置文本框 Text1 和命令按钮 Command1，设置 Text1 的 MultiLine 属性为 True，设置 Command1 的 Caption 属性为"刷新"。

添加以下代码：

```
Private Sub Command1_Click()
    Text1.Text = "今天是" & Year(Date) & "年" & Month(Date) & _
                 "月" & Day(Date) & "日" & Chr(13) & Chr(10)
    Text1.Text = Text1.Text & "现在时间是" & Time
End Sub
Private Sub Form_Load()
    Form1.Caption = "程序启动时间：" & Now
End Sub
```

上面的代码中使用"Chr(13) & Chr(10)"的作用是让显示的文本在此处换行，也可以用 vbCrLf 来代替。而 Command1 的 Click 事件代码的第二行末尾的"_"（前面加空格）代表续行，即"下一行与本行是同一行的代码"的意思。

运行程序，单击"刷新"按钮，程序的运行界面图如图 2-21 所示。

图 2-21 例 2-14 程序的运行结果

【例 2-15】 拆分你的姓名。这是一个字符串函数的练习。

在窗体上放置命令按钮 Command1，修改 Form1 和 Command1 的标题属性（参照图 2-22）。编写代码如下：

```
Private Sub Command1_Click()
    Dim XM As String, X As String, M As String
    XM = InputBox("请输入你的姓名：", "输入姓名")
    X = Left(XM, 1)                          '取出你的姓存入变量 X
    M = Right(XM, Len(XM) - 1)               '取出你的名存入变量 M
    MsgBox "我记住你了，你姓"+X+"，名"+M+"！",vbInformation,"我记住你"
End Sub
```

运行程序，单击"单击这里"按钮，在弹出的"输入姓名"对话框中输入"张三"并单击"确定"按钮，此时会弹出"我记住你"对话框，如图 2-22 所示。

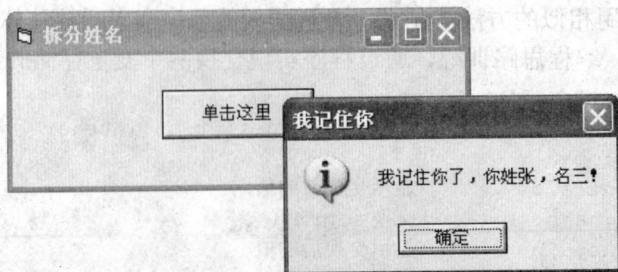

图 2-22 例 2-15 程序的运行结果

习 题 二

一、填空题

1．表达式 1 and 0 的值为_____。

2．13/3 MOD 5\7 的值为_____。

3．在程序中用到某一整型变量的数据范围为-50000～50000，则该变量类型应该是_____。

4．设 a=1，b=2，c=3，d=4，表达式 a>b And c<=d Or 2*a>c 的值是_____。

5．声明单精度常量 PI 代表 3.14159 的语句为_____。

6．X=2: Y=8: Print X+Y=10 的结果是_____。

7．VB 表达式 9^2 MOD 45 \2 *3 的值_____。

8．表达式 32\7 MOD 3^2 的值是_____。

9．欲定义一个定长为 10 的字符串变量 Mystr，可写成_____。

10．设 x=6，y=4，z=7，表达式 x>y And y>x-z Or x<y And Not 2*y>z 的值是_____。

11．把条件为 1≤x≤5 写成 VB 表达式为_____。

二、程序设计题

1．设计一个程序，运行时界面如图 2-23 所示。当单击"左"、"右"、"上"、"下"按钮时，标签分别向左、右、上、下移动。

2．设计一个程序，在文本框中输入一个 3 位整数，单击按钮后，在标签上输出该数的百位数、十位数和个位数，运行界面如图 2-24 所示。

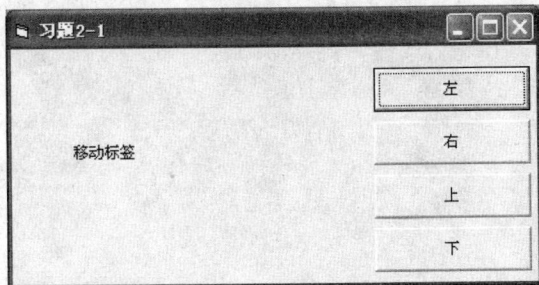

图 2-23　习题 2-1 程序运行时的界面　　　图 2-24　习题 2-2 程序运行时的界面

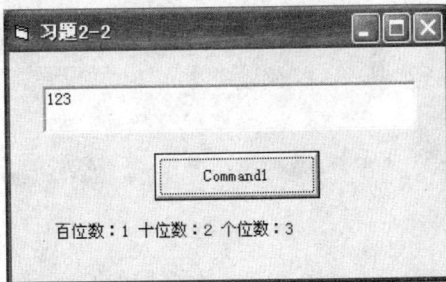

3．设计一个程序，实现简单的计算功能，运行界面如图 2-25 所示。

4．设计一个程序，单击"输入"按钮可弹出一个输入对话框，提示用户输入带区号的电话号码，区号为 4 位，号码为 8 位，比如输入"0571-86281517"，然后将区号和电话号码在消息对话框中显示出来，运行界面如图 2-26 所示。

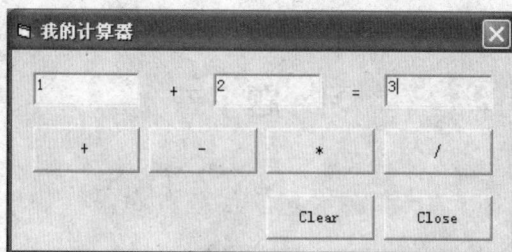

图 2-25　习题 2-3 程序运行时的界面

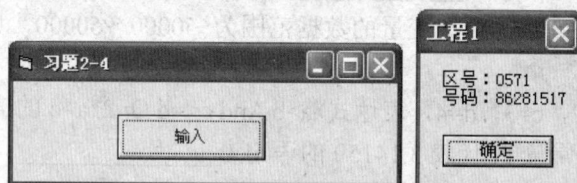

图 2-26　习题 2-4 程序运行时的界面

第 3 章 控 制 结 构

前面我们设计和编写了一些简单的程序（事件过程），这些程序大多为顺序结构，即整个程序按书写顺序依次执行。代码中的进程很少是用从上到下顺序执行的单个过程来完成的，通常会遇到许多迂回转折，这常常是根据表达式的计算作出的判断而引发的。第二次启动某个程序时，即使程序中的单个条件发生变化，比如用户在一个文本框中输入新文本，也会产生完全不同的执行路径。多个执行路径常常会使代码呈现错综复杂的形式。显然，若要阅读和调试代码，必须做到非常容易地确定执行路径的变更。在 Visual Basic 中，除顺序结构外，还有两种基本控制结构，即选择结构和循环结构。

3.1 程序结构与流程图

结构化程序设计方法学认为，程序的基本结构可分为顺序结构、选择（分支）结构和循环结构，任何复杂的程序都可由这三种基本结构组成，如图 3-1 所示。这三种结构可以任意组合、嵌套，从而构造各种复杂的程序，并且保证结构清晰、层次分明。

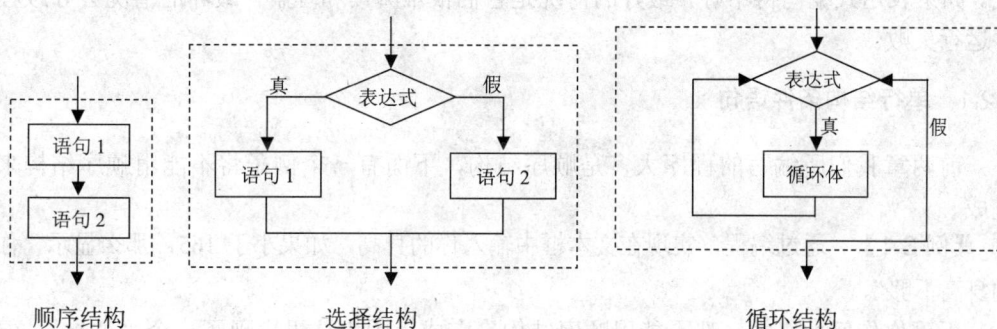

图 3-1　三种基本结构流程图

在图 3-1 中，有向线表示程序执行的流向，矩形框内为可以执行的语句，菱形框表示根据条件选择流程的流向。

顺序结构的流程是按照一个方向进行的，一个入口，一个出口，中间有若干条依次执行的语句；选择结构的流程出现一个或多个分支，按一定的条件选择其中之一执行，它有一个入口，一个出口，中间可以有两条或多条分支；循环结构的流程是按一定的条件重复多次执行一段程序，被重复执行的程序段称为循环体，循环结构中也只有一个入口和一个出口，并且只允许有限次的循环，不能无限循环。

三种基本结构的共同特点如下：

1）只有一个入口，一个出口。

2）无死语句，所谓"死语句"是指始终不执行的语句。

3）无死循环，即循环次数是有限的。

顺序结构是程序中最简单、最基本的结构。在顺序结构中，程序的执行过程是从上往下一行一行地执行。执行的顺序与程序中语句的排列顺序相同。

3.2 选择控制结构

在日常生活中，常常需要对给定的条件进行分析、比较和判断，并根据判断结果采取不同的操作。例如，如果外面正在下雨，那么出门的时候我们就要带上雨具。

选择结构是计算机科学用来描述自然界和社会生活中分支现象的重要手段。其特点是：根据所给定的条件成立（真）与否（假），决定从各实际可能的不同分支中执行某一分支的相应操作，并且任何情况下总有："无论分支多寡，必择其一；纵然分支众多，仅选其一"。

在 Visual Basic 中，实现选择结构的是 If 语句和 Case 语句。这两种语句又称为条件语句，条件语句的功能就是根据表达式的值有选择地执行一组语句。

无论在何种情况下使用何种判断构造，都必须计算一个表达式。大多数表达式都可以用多种不同方式来编写，但是通常只有一个最佳方式可以用来编写某个表达式。正确编写表达式是非常关键的，本章将提供许多实际应用的举例，以帮助您创建正确的表达式。如果表达式编写得不好，最好的情况是它们很难阅读和理解，最坏的情况会导致程序运行失败。

3.2.1 单行结构条件语句

前两章我们所编写的程序大多是顺序结构，下面有一个例子将不能用顺序结构来完成。

【例 3-1】 通过编程，实现在文本框中输入你的身高，如果小于 165，那么显示"你的身高不够"。

不管你作何种努力，都不能用顺序结构来完成，因为这里出现了一个"如果"。但是我们可以用伪代码来实现它：

如果 文本框的值<165 那么 显示"你的身高不够"

幸好 Visual Basic 提供了这样一种结构，它可以帮助我们实现上面的功能，那就是"单行 If 语句"。

单行 If 语句的格式如下：

If <条件> Then <语句块 1> [Else <语句块 2>]

该语句的功能是：当条件成立时执行语句块 1，否则执行语句块 2；Else 和语句块 2 可以缺省。

说明：

1）单行 If 语句必须在同一行内写完。

2）"条件"可以是关系表达式或布尔表达式，还可以是任何计算数值的表达式，Visual Basic 会将其结果转换成 True 或 False。如果该值是 0，则被视为 False，所有非 0 值被视为 True。

3）"语句块"可以是一条语句，也可以是多条语句；如果是多条语句，那么语句与语句之间用冒号分割。

有了单行 If 语句，我们就可以轻松地完成例 3-1，在窗体上建立文本框控件 Text1 和命令按钮 Command1。编制事件过程 Command1_Click 如下：

```
Private Sub Command1_Click()
    If Text1.Text < 165 Then Print "你的身高不够"
End Sub
```

如果用户在文本框中输入 120 后单击按钮，则在窗体上显示"你的身高不够"；如果输入 180 后单击按钮，则会发现什么都不显示。因为只有当条件为 True 时才会执行，否则执行下一行程序。下面的例子演示即使当条件为 False 时也会执行。

【例 3-2】 输入 x，计算 y 的值，其中：

$$y = \begin{cases} x^2+3x & (x \geqslant 0) \\ 1-3x & (x < 0) \end{cases}$$

分析：该题是数学中的一个分段函数，它表示当 $x \geqslant 0$ 时，用公式 $y=x^2+3x$ 来计算 y 的值；当 $x<0$ 时，用公式 $y=1-3x$ 来计算 y 的值。在选择条件时，我们既可以选择 $x \geqslant 0$ 作为条件，也可以选择 $x<0$ 作为条件。在这里，我们选 $x \geqslant 0$ 作为选择条件。这时，当 $x \geqslant 0$ 为真时，执行 $y=x^2+3x$；当 $x \geqslant 0$ 为假时，执行 $y=1-3x$。

根据以上分析，设计步骤如下：

1）建立应用程序用户界面并设置对象属性，如图 3-2 所示。

2）编写程序代码。

编写按钮 Command1 的单击事件代码如下：

```
Private Sub Command1_Click()
    Dim x As Single, y As Single
    x = Text1.Text
    If x >= 2 Then y = x * x + 3 * x Else y = 1 - 3 * x
    Text2.Text = y
End Sub
```

图 3-2 计算函数的值

3.2.2 多行结构条件语句

在单行结构条件语句中，如果"语句块 1"或"语句块 2"中有多条语句，虽然我们可以使用冒号来分割语句，但是这样做的话将会使同一行上显示的语句过长，阅读起来很不方便，而且复杂一点的用单行结构条件语句也完成不了。所以 Visual Basic 引入了多行 If 语句。

多行 If 语句格式如下：

```
If <条件 1> Then
    <语句块 1>
[ElseIf <条件 2> Then
    <语句块 2>
[ElseIf <条件 3> Then
    <语句块 3>
    …
[Else
    <语句块 n>]
End If
```

执行过程：Visual Basic 首先测试条件 1，如果它为 False，Visual Basic 就测试条件 2，依此类推，直到找到一个为 True 的条件。当它找到一个为 True 的条件时，Visual Basic 就会执行相应的语句块，然后执行 End If 后面的代码。作为选择，可以包含 Else 语句块，如果所有条件都为 False，则执行 Else 语句块。

多行结构提供了更强的结构化与适应性，并且通常也是比较容易阅读、维护及调试的。

我们把例 3-2 用多行 If 语句完成，程序代码如下：

```
Private Sub Command1_Click()
    Dim x As Single, y As Single
    x = Text1.Text
    If x >= 2 Then
        y = x * x + 3 * x
    Else
        y = 1 - 3 * x
    End If
    Text2.Text = y
End Sub
```

注意：即使只有一个语句被执行，也应考虑使用多行 If 语句。当条件的计算结果是 True 时，如果只有一个语句被执行，则该语句可以与 If 放在同一行上，并且 End If 可以省略。但是，若要使代码更便于阅读，请将该语句单独放在一行上，并以 End If 作为该构造的结束。

【例 3-3】 输入学生成绩（百分制），判断该成绩的等级（优、良、中、及格、不及格）。

界面设计略，程序代码如下：

```
Private Sub Command1_Click()
    Dim score As Single, temp As String
    score = Val(Text1.Text)
    temp = "成绩等级为："
```

```
        If score < 0 Then
            Label2.Caption = "成绩出错"
        ElseIf score < 60 Then
            Label2.Caption = temp + "不及格"
        ElseIf score <= 69 Then
            Label2.Caption = temp + "及格"
        ElseIf score <= 79 Then
            Label2.Caption = temp + "中"
        ElseIf score <= 89 Then
            Label2.Caption = temp + "良"
        ElseIf score <= 100 Then
            Label2.Caption = temp + "优"
        Else
            Label2.Caption = "成绩出错"
        End If
    End Sub
```

【例3-4】 请参考图3-3，完成"健康秤"程序的设计。计算公式为：标准体重＝身高－105；体重高于标准休重*1.1为偏胖，提示"偏胖，注意节食"；体重低于标准体重*0.9为偏瘦，提示"偏瘦，增加营养"；其他为正常，提示"正常，继续保持"。

设计步骤如下：

1）窗体的标题为"健康秤"。

图3-3 健康秤运行图

2）窗体的左边有两个标签，Label1 的标题为"身高"、Label2 的标题为"体重"；它们的旁边分别有两个文本框，Text1 用于输入身高、Text2 用于输入体重；在文本框的右边有两个标签，Label3 的标题为"cm"，Label4 的标题为"kg"。

3）单击"健康状况"按钮（Command1），根据计算公式将相应的提示信息显示在标签 Label5 中，程序代码如下：

```
    Private Sub Command1_Click()
        Dim x As Integer, y As Integer, z As Integer
        x = Text1.Text
        y = Text2.Text
        z = x - 105                    '计算标准体重
        If y > z * 1.1 Then            '体重高于标准体重*1.1
            Label5.Caption = "偏胖，注意节食"
        ElseIf y < z * 0.9 Then        '体重低于标准体重*0.9
            Label5.Caption = "偏瘦，增加营养"
        Else                           '其他为正常
            Label5.Caption = "正常，继续保持"
        End If
    End Sub
```

【例3-5】 编写程序求一元二次方程式 $ax^2+bx+c=0$ 的根，用 InputBox 函数输入 a、b、c，计算结果通过 MsgBox 函数显示。

界面设计略，程序代码如下：

```
    Private Sub Form_Click()
        Dim a As Single, b As Single, c As Single
        Dim d As Single, x1 As Single, x2 As Single
```

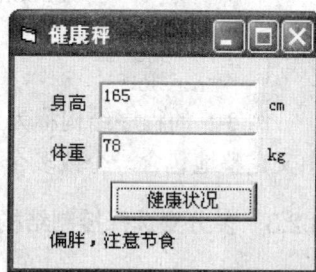

```
a = InputBox("a=")
b = InputBox("b=")
c = InputBox("c=")
d = b * b - 4 * a * c
If d < 0 Then
    MsgBox ("方程无实根! ")
Else
    If d = 0 Then
        x1 = -b / (2 * a)
        MsgBox ("X1=X2=" & x1)
    Else
        x1 = (-b + Sqr(d)) / (2 * a)
        x2 = (-b + Sqr(d)) / (2 * a)
        MsgBox ("X1=" & x1 & " X2=" & x2)
    End If
End If
End Sub
```

例 3-5 的程序结构称为 If 语句的嵌套，If 语句的嵌套是指 If 或 Else 后面的语句块中又完整地包含一个或多个 If 结构。

3.2.3　多分支选择控制结构

Select Case 语句又称为多路分支语句，它是根据多个表达式列表的值，选择多个操作中的一个对应操作来执行。虽然多路分支程序设计可用多行形式的 If 语句实现，但有时，使用 Select Case 语句实现更为简单且结构清晰。

Select Case 语句的语法格式如下：

```
Select Case <测试表达式>
    [Case <表达式列表 1>
    [<语句块 1>]]
    [Case <表达式列表 2>
    [<语句块 2>]]
        ...
    [Case Else
    [<语句块 n+1>]]
End Select
```

执行流程：先对"测试表达式"求值，然后将测试表达式的值按从上到下的顺序与每一个 Case 的表达式列表值进行比较。如果相符，就执行该 Case 分支的语句块，并把控制转到 End Select 后面的语句；如果没有找到相符的，则执行与 Case Else 子句有关的语句块，然后把控制转到 End Select 后面的语句。

说明：

1）测试表达式：可以是数值表达式或字符串表达式，常用的一般为整型或字符串类型。

2）"表达式列表"中的表达式必须与测试表达式的数据类型相同。

3）表达式列表：称为域值，可以是下列形式之一。

①<表达式 1>[,<表达式 2>] …

当"测试表达式"的值与其中之一相同时，就执行该 Case 分支的语句块。

例如：

     Case 1,3,5,7,9

②<表达式 1> To <表达式 2>

当"测试表达式"的值在表达式 1 和表达式 2 之间时（含表达式 1 和表达式 2 的值），则执行该 Case 分支的语句块。

例如：

     Case 1 To 10

③Is <关系运算表达式>

当"测试表达式"的值满足"关系运算表达式"指定条件时，执行该 Case 分支的语句块。使用的运算符包括=、<、<=、>、>=和<>。

例如：

     Case Is = 10   '若"测试表达式"的值等于 10

     Case Is < 10   '若"测试表达式"的值小于 10

     Case Is > 5, -1 to 2'若"测试表达式"的值在大于 5 或在-1～2 之间（含-1 和 2）

注意：当用关键字 Is 定义条件时，只能是简单的条件，不能用逻辑运算符将两个或多个条件组合在一起，比如：

     Case Is > 1 And Is < 10

该语句是不合法的。

【例 3-6】　用 Case 语句实现例 3-3 所完成的功能。

程序代码如下：

```
Private Sub Command1_Click()
    Dim score As Integer, temp As String
    score = Val(Text1.Text)
    temp = "成绩等级为: "
    Select Case score
        Case 0 To 59
            Label2.Caption = temp + "不及格"
        Case 60 To 69
            Label2.Caption = temp + "及格"
        Case 70 To 79
            Label2.Caption = temp + "中"
        Case 80 To 89
            Label2.Caption = temp + "良"
        Case 90 To 100
            Label2.Caption = temp + "优"
        Case Else
            Label2.Caption = "成绩出错"
    End Select
End Sub
```

【例 3-7】　输入年、月份，输出该月的天数。

分析：如果该月是 1、3、5、7、8、10 或 12 月份，那么就有 31 天；如果该月是 4、6、9 或 11 月份，那么就有 30 天；而如果是 2 月份，还要看该年是否为闰年，闰年 29 天，否则为 28 天。判断闰年的条件是（y 代表年份）：

　　　　y Mod 4 = 0 And y Mod 100 $\Leftrightarrow$ 0 Or y Mod 400 = 0

根据以上分析，编写代码如下（界面设计略）：

```
Private Sub Command1_Click()
    Dim y As Integer, m As Integer, d As Integer
    y = InputBox("请输入年份：")
    m = InputBox("请输入月份：")
    Select Case m
        Case 1, 3, 5, 7, 8, 10, 12
            d = 31
        Case 4, 6, 9, 11
            d = 30
        Case 2
            If y Mod 4 = 0 And y Mod 100 <> 0 Or y Mod 400 = 0 Then
                d = 29
            Else
                d = 28
            End If
    End Select
    Print y; "年"; m; "月有"; d; "天"
End Sub
```

【例 3-8】　将一个十六进制符号转换为十进制数值，运行效果如图 3-4 所示。

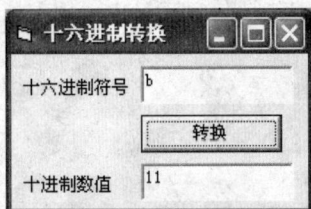

图 3-4　十六进制转换运行图

代码如下：

```
Private Sub Command1_Click()
    Dim s As String, n As Integer
    s = Text1.Text
    Select Case s
        Case "a", "A"
            n = 10
        Case "b", "B"
            n = 11
        Case "c", "C"
            n = 12
        Case "d", "D"
            n = 13
        Case "e", "E"
            n = 14
        Case "f", "F"
            n = 15
        Case Else
            n = Val(s)
    End Select
    Text2.Text = n
End Sub
```

3.3　循环控制结构

　　如果你不能创建循环代码结构，往往不得不编写成百上千行代码。循环结构可以重复执行一行或多行代码，Visual Basic 提供了 3 种不同风格的循环结构，即 For 循环、While 循环和 Do 循环。所有类型的循环的基本作用是相同的，那就是减少重复执行一项任务时需要的代码语句的数目。

3.3.1 For…Next 循环

如果已知循环次数，则使用 For…Next 语句最方便、直观。其语法格式如下：

For <循环变量> = <初值> To <终值> [Step <步长>]

      [<循环体>]

      [Exit For]

  Next [<循环变量>]

执行过程：首先将<初值>赋值给<循环变量>，然后判断<循环变量>是否"超过"<终值>，若为 True 时，则结束循环，执行 Next 后面的下一条语句；否则，执行<循环体>内的语句，再将<循环变量>自动按<步长>增加或减少，再重新判断<循环变量>当前的值是否"超过"<终值>，若为 True 时，则结束循环，否则重复上述过程，直到其结果为真。

这里所说的"超过"有两种含义，当步长为正值时，检查<循环变量>的值是否大于<终值>；当步长为负值时，检查<循环变量>的值是否小于<终值>。

以下是关于 For…Next 语句的几点说明：

1）"初值"、"终值"和"步长"均是数值表达式，不一定是整数，还可以是小数。

2）如果"步长"为 1，则 Step 可以省略。

3）关于 Exit For：循环中可以在任何位置上放置任意个 Exit For 语句，以随时退出循环。Exit For 经常在条件判断之后使用，例如，If…Then 能将控制权转移到紧接在 Next 之后的语句。

4）循环次数的计算公式为：循环次数＝Int（终值-初值）/步长+1。

【例 3-9】 计算 1～100 之间自然数之和。

程序代码如下：

```
Private Sub Form_Click()
    Dim i As Integer, sum As Integer
    For i = 1 To 100
        sum = sum + i  'sum 起到了累加器的作用
    Next i
    Print sum
End Sub
```

sum 变量的作用是：i 每循环一次，sum 就将 i 的值和它原来的值累加后再赋给自己。所以，当循环结束时，sum 中存放的就是 0+1+2+…+100 的结果（其中 0 就是 sum 的初值。在 Visual Basic 中，任何变量都有默认的初值，其中，数值型变量的初值为 0，字符型变量的初值为空字符）。

【例 3-10】 计算 10 的阶乘。

分析：$10!=1×2×3×4×5×6×7×8×9×10=9!×10$，也就是说，一个自然数的阶乘，等于该自然数与前一个自然数阶乘的乘积，即从 1 开始连续地乘以下一个自然数，直到 10 为止。

代码如下：

```
Private Sub Command1_Click()
    Dim i As Integer, s As Single
    s = 1                      's 赋初值 1
    For i = 1 To 10
        s = s * i              's 用做存放累乘结果的"容器"
    Next i
    Print s
End Sub
```

说明：

1）必须给变量 s 赋初值 1，因为 s 用做存放累乘结果的"容器"。如果不赋初值，则最后输出的结果必定为 0，因为，s 初值默认为 0。

2）这里的 s 不能定义为 Integer，因为 10 的阶乘的值已远远超过了整数的范围。

【例 3-11】 计算 $1!+2!+3!+\cdots+10!$。

程序代码如下：

```
Private Sub Command1_Click()
    Dim i As Integer, sum As Single, a As Single
    a = 1
    For i = 1 To 10
        a = a * i
        sum = sum + a
    Next i
    Print sum
End Sub
```

语句 $a = a * i$ 也称乘法器。先将 a 置 1（不能置 0）。在循环程序中，常用累加器和累乘器来完成各种计算任务。

【例 3-12】 编程序求表达式 $s = \dfrac{x}{1!} + \dfrac{x^3}{2!} + \cdots + \dfrac{x^{2n-1}}{n!}$ 的值，x、n 用 InputBox 输入，并在窗体上输出结果值。

分析：初次遇到此题，读者可能感觉无从下手，但把此题与例 3-11 相联系，细细一想，还有点相似，都是

```
For i = 1 To n
    s = s + 通项式
Next i
```

例 3-11 的通项式为 $n!$，而本题的通项式为 $x^{2n-1}/n!$，根据以上分析，编写代码如下：

```
Private Sub Command1_Click()
    Dim i As Integer, x As Single, n As Integer, s As Single, t As Single
    x = InputBox("请输入 x 的值：")
    n = InputBox("请输入 n 的值：")
    t = 1
    For i = 1 To n
        t = t * i
        s = s + x ^ (2 * n - 1) / t
    Next i
    Print s
End Sub
```

3.3.2　While…Wend 循环

当一个循环开始运行时，有时并不知道这个循环需要运行的准确次数。你可能启动一个 For 循环，并知道它的上限大于它需要重复运行的次数（如果你知道该值），请查找该循环中的一个条件，当条件满足时，使用 Exit For 语句退出该循环。不过这样做的效率极低，而且常常无法实现。如果需要创建一个循环，但是你不知道它要执行多少次，那么请使用 While 循环。While 循环的语法格式如下：

　　　　While <条件>

　　　　　　循环体

　　　　Wend

功能：当条件为真时执行循环体。

While 循环语句的执行过程如下：如果条件为 True，则执行循环体，当遇到 Wend 语句时，控制返回到 While 语句，并再一次检查条件，如果条件还是为 True，则重复执行。如果不为 True，则程序会从 Wend 语句之后的语句继续执行。

While 循环也可以是多层的嵌套结构。每个 Wend 匹配最近的 While 语句。

【例 3-13】　小李今年 8 岁，她母亲比她大 28 岁，编程计算出她的母亲在几年后比她的年龄大一倍，以及那时母女的年龄。

代码如下：

```
Private Sub Form_Click()
    Dim n As Integer
    n = 8
    While n * 2 <> n + 28
      n = n + 1
    Wend
    Print (n - 8) & "年后，母女的年龄分别是：" & n & "和" & n + 28
End Sub
```

3.3.3　Do…Loop 循环

While 循环是从旧的 Basic 语言中保留下来的，它同 Do 循环功能相同，但是 Do 循环具有更大的灵活性，所以一般编程中不使用 While…Wend 循环结构，而使用 Do…Loop 循环结构。

Do 循环的格式有如下两种

格式一：

　　　　Do [While|Until <条件>]

　　　　　　　循环体

　　　　Loop

格式二：

　　　　Do

　　　　　　　循环体

　　　　Loop [While|Until <条件>]

Do 循环语句的功能是：当指定的条件为 True 或直到指定的条件变为 True 之前重复

执行一组语句。

说明：

1）选项"While"当条件为 True 时执行循环体，选项"Until"当条件为 False 时执行循环体。

2）循环体中可以使用"Exit Do"来退出循环，将控制转移到 Do 循环后一语句。

【例 3-14】 用以上 4 种格式输出 1～100 之间自然数之和。

（1）Do While/Loop 格式

```
Private Sub Form_Click()
    Dim i As Integer, s As
    Integer
    Do While i < 100
        i = i + 1
        s = s + i
    Loop
    Print s
End Sub
```

（2）Do Until/Loop 格式

```
Private Sub Form_Click()
    Dim i As Integer, s As
    Integer
    Do Until i >= 100
        i = i + 1
        s = s + i
    Loop
    Print s
End Sub
```

（3）Do/ Loop While 格式

```
Private Sub Form_Click()
    Dim i As Integer, s As
    Integer
    Do
        i = i + 1
        s = s + i
    Loop While i < 100
    Print s
End Sub
```

（4）Do /Loop Until 格式

```
Private Sub Form_Click()
    Dim i As Integer, s As
    Integer
    Do
        i = i + 1
        s = s + i
    Loop Until i >= 100
    Print s
End Sub
```

【例 3-15】 猜数游戏，随机生成一个[1，100]整数 m，用户通过 InputBox 函数输入一个整数 n，假如 m = n，那么显示猜中信息；假如 m>n，那么显示小于信息；假如 m<n，那么显示大于信息。要求总次数不能超过 10 次。

分析：先通过 Rnd 函数得到要猜的数字 m。因为不知道循环的确切次数，所以我们使用 Do While…Loop 循环来实现。先引入一个变量 i，初始为 0，在循环体中使 i 的值加 1，那么我们可以在循环的条件中去判断 i 的值是否小于 10，这样能保证循环最多运行 10 次。然后弹出输入框用于用户输入，假如输入的数字 n 等于 m，那么程序结束。当 n 等于 m 时我们可以使用 Exit Do 来跳出 Do While…Loop 循环。

依据以上分析，可得程序代码如下：

```
Private Sub Form_Click()
    Dim i As Integer, m As Integer, n As Integer
    Randomize
    m = Int(Rnd * 100 + 1)     '产生一个 1--100 的任意整数
    Do While i < 10
        i = i + 1
        n = InputBox("请输入第 " + Str(i) + " 个数: ")
        If m = n Then
            MsgBox ("恭喜您猜中了! ")
            Exit Do
        ElseIf m > n Then
            MsgBox ("太小了, 继续猜! ")
```

```
        ElseIf m < n Then
            MsgBox ("太大了，继续猜！")
        End If
    Loop
    If i = 10 Then MsgBox ("猜数失败，游戏结束！")
End Sub
```

【例 3-16】 编程，用 InputBox 函数输入 x 值，求下列级数和，要求直到末项小于 10^{-5} 为止。

$$1+x+\frac{x^2}{2!}+\frac{x^3}{3!}+\frac{x^4}{4!}+\cdots+\frac{x^n}{n!}+\cdots$$

分析：本题与例 3-12 有点相似，只不过例 3-12 的条件是最后一项是定值，而本题是最后一项要大于或等于 10^{-5}，由此可编写程序如下：

```
Private Sub Form_Click()
    Dim i As Integer, s As Single, p As Single
    Dim x As Single, t As Single
    p = 1
    s = 1
    x = InputBox("请输入 x 的值：")
    Do
        i = i + 1
        p = p * I              'p 表示 i 的阶乘
        t = x ^ i / p          't 表示通项式
        s = s + t
    Loop Until t < 10 ^ -5
    Print s
End Sub
```

【例 3-17】 输入两个正整数，求它们的最大公约数。

分析：我们可以使用"辗转相除法"解此题。"辗转相除法"算法就是求出 m/n 余数 r，若 r=0，n 即为最大公约数；若 r 非 0，则把原来的分母 n 作为新的分子 m，把余数 r 作为新的分母 n 继续求解。

依据以上分析，可编写程序代码如下：

```
Private Sub Command1_Click()
    Dim m As Integer, n As Integer, r As Integer
    m = InputBox("请输入 m 的值：")
    n = InputBox("请输入 n 的值：")
    r = m Mod n
    Do Until r = 0
        m = n
        n = r
        r = m Mod n
    Loop
    Print "最大公约数：" & n
End Sub
```

3.3.4 多重循环

在前面的例子中，For 循环语句中的循环体仅包含了简单的语句，这种类型的循环结构称为单重循环。如果循环体中又包含了另一个 For 循环结构，这样就构成了多重

For 循环。这种情况称为循环的嵌套，嵌套层数没有具体限制，其基本要求是：每个循环必须有一个唯一的控制变量名，内层循环的 Next 语句必须放在外层循环的 Next 语句之前。

【例 3-18】 我国古代著名的"百钱买百鸡"：每只公鸡值 5 元，每只母鸡值 3 元，三只小鸡值 1 元，现在用 100 元去买 100 只鸡，请问公鸡、母鸡和小鸡各买多少只？

分析：设买公鸡 x 只、母鸡 y 只、小鸡 z 只，依题意，列出下列方程组：

$$\begin{cases} x+y+z=100 \\ 5x+3y+z/3=100 \end{cases}$$

该题无法直接求解，计算机中处理此类问题，通常采用"穷举法"。所谓穷举法就是将各种可能的值一一列出来进行匹配，将符合条件的输出即可。

开始先让 x 初值为 1，以后逐次加 1，求 x 为何值时，条件 $3y+z/3=100$ 成立。如果当 x 达到 20 时还不能使条件成立，则可以断定此题无解。同样，y 的值也不可能超过 33。界面设计略，程序如下：

```
Private Sub Form_Click()
    Dim x As Integer, y As Integer, z As Integer
    For x = 0 To 20
        For y = 0 To 33
            z = 100 - x - y
            If 5 * x + 3 * y + z / 3 = 100 Then
                Print x, y, x
            End If
        Next y
    Next x
End Sub
```

【例 3-19】 求 3～100 之间的所有的素数，并统计素数的个数（只能被 1 和它本身整除的数称为素数）。

分析：首先来看如何判断一个数是否为素数。例如对于 24，我们只要判断它能否被 2、3、4 整除即可，这是因为若 n 能被某一个整数整除，则可表示为 n＝a＊b，a 和 b 之中必然有一个小于或等于 Sqr(n)。判断 n 是否为素数的过程就是从 2~Sqr(n)依次去整除 n 的过程，如果其中有一个数能够整除 n，则 n 肯定不是素数。解此题只要我们从 3 一直遍历到 100，依次判断每一个数是否为素数，如果是就输出，依据以上分析，可编写程序代码如下：

```
Private Sub Form_Click()
    Dim i As Integer, j As Integer
    Dim t As Integer        '统计素数的个数
    For i = 3 To 100
        For j = 2 To Int(Sqr(i))
            If i Mod j = 0 Then
                Exit For
            End If
        Next j
        If j > Sqr(i) Then
            Print i
```

```
            t = t + 1
        End If
    Next i
    Print "素数的个数："; t
End Sub
```

【例 3-20】　编程求图 3-5 所示金字塔。

界面设计略，代码如下：

```
Private Sub Form_Click()
    Dim i As Integer, j As Integer
    For i = 1 To 6
        Print Space(15 - i);
        For j = 1 To 2 * i - 1
            Print "*";
        Next j
        Print
    Next i
End Sub
```

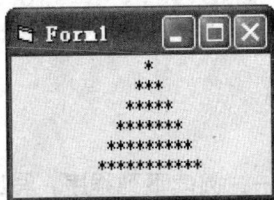

图 3-5　金字塔

【例 3-21】　编程求图 3-6 所示乘法九九表。

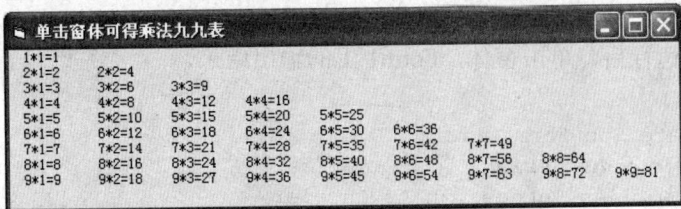

图 3-6　乘法九九表

分析图 3-6 可知：如果将每一个等式作为一个方阵的节点，则每一个等式出现的位置上行列的数字是相同的。因此，可以用如下嵌套的循环作为对一个节点的描述：

```
For i=1 to 9
    For j=1 to i
        <循环体>
    Next j
Next i
```

这里，<循环体>为乘法等式：$s = i \& "*" \& j \& "=" \& i * j$。

现在，主要的问题是控制每个表达式出现的位置，这可以用 Tab 函数来实现，假设给每个等式的宽度为 10，第一个等式出现在第 3 列，则 Tab 函数可以这样表示：Tab$((j-1) * 10 + 3)$;

依据以上分析，可编写程序代码如下：

```
Private Sub Form_Click()
    Dim i As Integer, j As Integer
    Dim s As String
    For i = 1 To 9
        For j = 1 To i
            s = i & "*" & j & "=" & i * j
            Print Tab((j - 1) * 10 + 3); s;
        Next j
        Print
```

```
    Next i
End Sub
```

习 题 三

一、阅读下列程序，写出运行结果

【程序1】

```
Private Sub Form_Click()
    Form1.Cls
    w = 3
    For k = 2 To 6 Step 2
        Form1.Print "w="; w, "k="; k
        w = w + 1
    Next k
    Form1.Print "w="; w, "k="; k
End Sub
```

写出程序运行后，单击窗体，Form1 上的输出结果。

【程序2】

```
Private Sub Form_Click()
    Dim x As String
    Dim i As Integer, n As Integer
    Form1.Cls
    x = "ABCDEFGHKL"
    n = Len(x)
    For i = n To 1 Step -2
        Form1.Print Tab(20 - i); Mid(x, i, 1)
    Next i
End Sub
```

写出程序运行后，单击窗体，Form1 上的输出结果。

【程序3】

```
Private Sub Command1_Click()
    n = 0: x = 1: y = 0
    Do While x < 20
        n = n + 1
        y = x + y
        x = x * (x + 1)
    Loop
    Text1.Text = "n=" & Str(n)
    Text2.Text = "x=" & Str(x)
    Text3.Text = "y=" & Str(y)
End Sub
```

分别写出程序运行后，单击按钮 Command1，文本框 Text1、Text2 和 Text3 的 Text 值。

【程序4】

```
Private Sub Form_Click()
```

```
        Dim y As Integer
        Do
            y = InputBox("y=")
            If (y Mod 10) + Int(y / 10) = 10 Then Print y
        Loop Until y = 0
    End Sub
```

运行时，单击窗体后依次输入 10、37、50、55、56、64、20、28、19、-19、0，写出运行结果。

【程序 5】

```
    Private Sub Form_Click()
        Dim i As Integer, n As Integer
        Do While i < 32
            i = (i + 1) * (i + 1)
            n = n + 1
        Loop
        Print n
    End Sub
```

写出程序运行后，单击窗体，Form1 上的输出结果。

【程序 6】

```
    Private Sub Command1_Click()
        Dim i As Integer, n As Integer
        Dim x As String, c As String
        x = InputBox("x=")
        n = Len(x)
        If n Mod 2 = 1 Then c = Mid(x, n \ 2 + 1, 1)
        For i = 1 To Len(x) \ 2
            c = Mid(x, Len(x) + 1 - i, 1) + c + Mid(x, i, 1)
        Next i
        x = c
        Form1.Cls
        Print x
    End Sub
```

运行时，第一次单击按钮 Command1 后输入"abc"，写出运行结果。第二次单击按钮 Command1 后输入"abcd"，写出运行结果。

【程序 7】

```
    Private Sub Form_Click()
        Dim i As Integer, j As Integer
        Dim star As String
        star = "*"
        For i = 0 To 6
            For j = 6 - i To 6
                Form1.Print star;
            Next j
            Form1.Print
        Next i
    End Sub
```

写出程序运行后，单击窗体，Form1 上的输出结果。

【程序 8】

```
Private Sub Form_Click()
    For i = 1 To 7
        Print Spc(7 - i);
        If i = 1 Then
            Print "*"
        Else
            Print "*"; Spc(2 * (i - 1) - 1); "*"
        End If
    Next i
End Sub
```

写出程序运行后，单击窗体，Form1 上的输出结果。

【程序 9】

```
Private Sub Form_Click()
    Dim str1, str2 As String
    Dim s As String
    Dim i As Integer
    str1 = "abcdefghijk"
    For i = Len(str1) To 1 Step -2
        str2 = str2 & Mid(str1, i, 1)
    Next i
    Print str2
End Sub
```

写出程序运行后，单击窗体，Form1 上的输出结果。

【程序 10】

```
Private Sub Form_Click()
    Dim k As Integer, s As Integer, j As Integer
    Form1.Cls
    For k = 1 To 5
        s = 0
        For j = k To 5
            s = s + 1
        Next j
    Next k
    Print "s="; s
End Sub
```

写出程序运行后，单击窗体，Form1 上的输出结果。

二、程序填空

1.【程序说明】从键盘上输入若干个学生的考试分数，当输入负数时结束输入，然后输出其中的最高分数和最低分数。

【程序】

```
Private Sub Form_Click()
    Dim i As Integer, iMax As Integer, iMin As Integer
    i = InputBox("输入一个成绩：")
    iMax = i
    iMin = i
```

```
   Do While _____(1)_____
      If i > iMax Then
         iMax = i
      ElseIf _____(2)_____ Then
         iMin = i
      End If
      i = InputBox("输入一个成绩: ")
   Loop
   Print "最高成绩: "; iMax, "最低成绩: "; iMin
End Sub
```

2. 【程序说明】由输入对话框输入 n（设 n 为大于零且小于 30 的自然数），计算下列表达式的值，并在标签框 Label1 上显示。

$$\frac{1}{1\times 2} + \frac{1}{2\times 3} + \frac{1}{3\times 4} + \cdots + \frac{1}{n\times(n+1)}$$

【程序】

```
Private Sub Form_Click()
   Dim n As Integer, sum As Double, k As Integer
   n = Val(InputBox("n=", "请输入自然数 n（n>0 且 n<30）"))
   Do _____(1)_____
      n = Val(InputBox("n=", "请重输"))
   Loop
   sum = 0
   _____(2)_____
   Do
      k = k + 1
      sum = _____(3)_____
   Loop Until k > = n
   Label1.Caption = "sum=" + Str(sum)
End Sub
```

3. 【程序说明】本程序用于处理文本框 Text1.Text 中的内容，假设文本框中有偶数个字符。要求将文本框中的内容从头至尾中间依次各取字符，组成一个新的字符串 Str2，并在窗体上输出。

　　例如：Text1.Text＝"12345678"，则 Str2＝"18273645"

【程序】

```
Private Sub Form_Click()
   Dim Str1 As String, Str2 As String
   Str1 = Text1.Text
   Str2 = ""
   m = 0
   Do _____(1)_____
      Str2 = Str2 + _____(2)_____
      Str2 = Str2 + _____(3)_____
      m = m + 1
   Loop
   Form1.Print Str2
End Sub
```

4. 【程序说明】本程序求 3～100 之间的所有素数（质数）并统计个数；素数的个数显示在窗体 Form1 上。

【程序】

```
Private Sub Command1_Click()
    Dim count As Integer, flag As Boolean
    Dim t1 As Integer, t2 As Integer
    count = 0
    For t1 = 3 To 100
        flag = True
        For t2 = 2 To Int(Sqr(t1))
            If _____(1)_____ Then flag = False
        Next t2
            _____(2)_____
            count = count + 1
        End If
    Next t1
        _____(3)_____
End Sub
```

5.【程序说明】计算 $1-\dfrac{1}{2}+\dfrac{1}{3}-\cdots+\dfrac{1}{99}-\dfrac{1}{100}$ 的值并打印出来。

【程序】

```
Private Sub Form_Click()
    Dim i As Integer
    Dim k As Single
    Dim p As Integer
    Dim s As Single
        _____(1)_____
    s = 0
    For i = _____(2)_____
        k = p / i
        _____(3)_____
        s = s + k
    Next i
    Form1.Print "s="; s
End Sub
```

三、程序设计

1. 用输入对话框输入 x，根据下式计算对应的 y，并在窗体上输出 y 的值。

$$y=\begin{cases} \sqrt{x}+\sin x & x>10 \\ 0 & x=10 \\ 2x^3+6 & x<10 \end{cases}$$

2. 随机产生 n 个两位正整数（n 由输入对话框输入，且 $n>0$），求出其中的偶数之和，并在标签框 Label1 上显示。

3. 编写过程 Command1_Click，用 InputBox 函数输入 100 个学生的成绩，统计后依次用标签控件 Label1～Labe13 显示优秀（85～100）、通过（60～84）和未通过（小于60）的人数。

4. 编制事件程序 Command1_Click，执行该过程时输入 n，并计算下列表达式的值，然后将计算结果在文本框控件 Text1 中显示。

$$1+\frac{2}{3\times 4}+\frac{3}{4\times 5}+\frac{4}{5\times 6}+\cdots+\frac{n}{(n+1)\times(n+2)}$$

5. 打印出所有的水仙花数。所谓水仙花数是指一个三位数，其各位数字立方和等于该数。例如，153 是一水仙花数，因为 $153=1^3+5^3+3^3$。

6. 编程求出所有小于或等于 100 的自然数对。自然数对是指两个自然数的和与差都是平方数。如数对 10 与 26 的和 36、差 16 都是平方数，则 10 与 26 是自然数对。

7. 搬砖问题：36 块砖 36 人搬，男搬 4，女搬 3，两个小儿抬一砖，要求一次全搬完，问需男、女、小儿各多少人？

8. 用 $\frac{\pi^2}{6}=\frac{1}{1^2}+\frac{1}{2^2}+\frac{1}{3^2}+\cdots+\frac{1}{n^2}$ 近似公式求 π 值，当 $\frac{1}{n^2}<10^{-5}$ 时不再累加。

9. 用近似公式 $e\approx 1+\frac{1}{1!}+\frac{1}{2!}+\frac{1}{3!}+\cdots+\frac{1}{n!}$ 求自然对数的底 e 的值，直到 $\frac{1}{n!}<10^{-5}$ 为止。

10. 求 S 的值。$S=1+(1+2)+(1+2+3)+\cdots+(1+2+3+4+\cdots+N)$（令 $N=50$）

11. 一个两位数的正整数，如果将其个位数与十位数对调所生成的数称为对调数，如 28 是 82 的对调数。现给定一个两位的正整数，请找到另一个两位的正整数，使这两个数之和等于它们各自的对调数之和，如 $56+32=65+23$。

第4章 数　　组

在前面所列举的例子中，使用的都是简单数据类型的数据，可以通过简单变量名来访问它的一个元素。除简单数据类型外，Visual Basic 还提供了数组类型。数组是一些具有相同类型的元素按一定顺序组成的序列，它们被顺序地安排在内存中的一段连续的存储区中。数组中的每一个元素都是变量，每个元素在数组中都有一定的位置，通过下标来和其他元素相互区分。可以通过数组名和下标来存取数组元素。

4.1　数组的概念

数组是任何高级语言都具有的一种数据类型。如果用户曾经使用过其他编程语言，那么一定会熟悉数组的概念。数组的基本功能是存储一系列类型一致的变量，并且可以使用相同的名称引用这些变量，引用时用数字（索引）来识别它们。当使用多个类型和功能一致的数据时，使用数组可以缩短和简化程序。

一个数组可以是一维的，也可以是多维的。一般二维数组用于表示一个平面内需要两个坐标来表示的元素；而三维数组用于表示一个立体空间内需要三个坐标来表示的元素。在 Visual Basic 中数组维数最多可以达到 60 维。

一般可以将数组分成两类：一类是固定数组，该类数组的大小始终保持不变；另一类是动态数组，该类数组的大小在程序运行过程中可以改变。

4.1.1　一维数组的定义

数组如同其他变量一样，应当先定义后使用，目的是通知计算机为该数组分配一定内存区域，数组的名称也就是这个区域的名称，该区域的每个单元都有自己的地址，该地址用下标表示。

一维数组的定义格式如下：

[Dim | Private | Public]数组名（下标上界）As 类型

说明：

1）数组名的命名规则与其他简单变量相同。

2）数组必须先定义后使用。如果不指明数组的下标，系统默认是 0。例如：

```
Dim m(5) As Integer
```

上述语句定义了一个一维数组，数组的名称为 m，类型为 Integer（整型），占据 6 个（0~5）整型变量的空间（12 字节）。

3）如果希望下标从 1 开始，可以通过 Option Base 语句来设置。例如：

```
Option Base 1
Dim m(5) As Integer
```

上述语句定义了一个一维数组，数组的名称为 m，类型为 Integer（整型），占据 5 个（1～5）整型变量的空间（12 字节）。

4）如果要指定数组的下标，使程序看起来更加清晰，那么可以使用 To 来设置。例如：

```
Dim Age(20 To 45)
```

5）用 Dim 语句定义数组时，该语句把数值类型数组中的全部元素都初始化为 0，而把字符串类型数组中的全部元素都初始化为空字符串。

注意：Option Base 指定的下标只能是 0 或 1，而使用 To 后，下标的范围可以是 −32768～32767。此外，在某些情况下，使用 To 能更好地反映事物的特性，比如定义的年龄数组变量。

下面的例子将演示数组是如何赋值与输出的：

```
Private Sub Form_Click()
    Dim a(5) As Integer, i As Integer
    Randomize
    For i = 0 To 5
        a(i) = Int(Rnd * 10)      '赋值
        Print a(i);               '输出
    Next i
    Print
End Sub
```

【例 4-1】 显示数列 1、1、2、3、5、8、13……中前 30 项的值，要求每 5 个为一行。

我们可以使用数组表示数列，如表 4-1 所示一一对应，那么就有 a(3)＝a(1)＋a(2)，a(4)＝a(2)＋a(3)，a(5)＝a(3)＋a(4)。

表 4-1 数列与数组对应表

1	1	2	3	5	8	13	……
a(1)	a(2)	a(3)	a(4)	a(5)	a(6)	a(7)	……

根据以上分析，只要我们指定 a(1)和 a(2)的值，那么 a(3)后面的值就可以根据前面两项的值得出，依此想法，编写代码如下：

```
Private Sub Form_Click()
    Dim a(1 To 30) As Long, i As Integer
    a(1) = 1
    a(2) = 1
    For i = 3 To 30
        a(i) = a(i - 1) + a(i - 2)
    Next i
    For i = 1 To 30
        Print a(i);
        If i Mod 5 = 0 Then Print
    Next i
End Sub
```

【例 4-2】 输入 5 位评委的分数，去掉最高分与最低分，求剩下 3 位评委的平均分。要求界面上输出 5 位评委的分数、最高分、最低分与平均分。

界面设计略，代码如下：

```
Private Sub Form_Click()
    Dim a(1 To 20) As Single, i As Integer
    Dim Max As Single, Min As Single, Sum As Single
    a(1) = InputBox("请输入第1位评委的分数：")
    Max = a(1)                          '最大值变量赋初值
    Min = a(1)                          '最小值变量赋初值
    Sum = a(1)                          '累加值变量赋初值
    Print "评委的分数："; a(1);          '输出第一个数
    For i = 2 To 5
        a(i) = InputBox("请输入第" & i & "位评委的分数：")
        If a(i) > Max Then
            Max = a(i)
        ElseIf a(i) < Min Then
            Min = a(i)
        End If
        Sum = Sum + a(i)
        Print a(i);
    Next i
    Sum = Sum - Max - Min
    Print
    Print "最高分："; Max, "最低分："; Min, "平均分："; Sum / 3
End Sub
```

【例4-3】 编程产生100个[0, 99]范围内的随机整数，统计个位上的数字分别为1，2，3，4，5，6，7，8，9，0的数的个数并打印出来。

代码如下：

```
Private Sub Form_Click()
    Dim a(1 To 100) As Integer
    Dim x(1 To 10) As Integer
    Dim i As Integer, p As Integer
    '产生100个[0, 99]范围内的随机整数
    For i = 1 To 100
        a(i) = Int(Rnd * 100)
        If a(i) < 10 Then
            Form1.Print Space(2); a(i);
        Else
            Form1.Print Space(1); a(i);
        End If
        If i Mod 10 = 0 Then Form1.Print      '每行10个打印出来
    Next i
    '统计个位上的数字分别为1，2，3，4，5，6，7，8，9，0的数的个数
    '并将统计结果保存在数组x(1),x(2),…,x(10)中，将统计结果打印出来
    For i = 1 To 100
        p = a(i) Mod 10   '求个位上的数字
        If p = 0 Then p = 10
        x(p) = x(p) + 1
    Next i
    Form1.Print "统计结果"
    For i = 1 To 10
        p = i
        If i = 10 Then p = 0
        Form1.Print "个位数为" + Str(p) + "共" + Str(x(i)) + "个"
```

```
      Next i
   End Sub
```

4.1.2　二维及多维数组的定义

二维数组定义的格式如下：

[Dim | Private | Public] 数组名（下标上界，下标上界）As 类型

多维数组定义的格式依此类推，如三维数组格式如下：

[Dim | Private | Public] 数组名（下标上界，下标上界，下标上界）As 类型

我们可以将二维数组设想成是由行和列组成的矩阵或表格，第一个"下标上界"代表行，第二个"下标上界"代表列，例如：

```
Dim a(1 To 2,1 To 3) As Integer
```

上述语句定义了一个 2 行 3 列的二维数组 a，每一个元素可设想成如表 4-2 所示存放。

表 4-2　数组 a(1To2,1To3)的元素

a(1,1)	a(1,2)	a(1,3)
a(2,1)	a(2,2)	a(2,3)

【例 4-4】　建立一个 5 行 5 列的二维数组，两条对角线上的元素为 1，其余元素为 0，程序执行后效果如图 4-1 所示。

我们知道，用 Dim 定义数组时，如果该数组类型为数值类型，那么初始化为 0。我们只要对两条对角线重新赋值为 1 即可，代码如下：

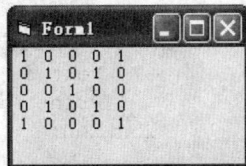

图 4-1　二维数组

```
Private Sub Form_Click()
   Dim a(1 To 5, 1 To 5) As Integer, i As Integer, j As Integer
   For i = 1 To 5
      a(i, i) = 1
      a(i, 6 - i) = 1
   Next i
   For i = 1 To 5
      For j = 1 To 5
         Print a(i, j);
      Next j
      Print
   Next i
End Sub
```

【例 4-5】　有一个 3×4 的矩阵 a，找出其中值最大的那个元素的值以及其所在的行号和列号。

$$a = \begin{pmatrix} 1 & 2 & 3 & 4 \\ 9 & 8 & 7 & 6 \\ 0 & 1 & 8 & 7 \end{pmatrix}$$

算法如下：①读入 3×4 的矩阵 a 各元素的值；②将 a(1,1)的值赋给变量 max；③将 max 与其余各元素值相比较，如果有某一个 a(i,j)>max，则将此 a(i,j)送入 max，同时将

此时的 i，j 值记下来赋给变量 row（行号）和 col（列号）；④输出 max 和 i，j 的值。

程序代码如下：

```
Private Sub Form_Click()
    Dim i As Integer, j As Integer
    Dim max As Single, row As Integer, col As Integer
    Dim a(1 To 3, 1 To 4) As Single
    For i = 1 To 3
        For j = 1 To 4
            a(i, j) = Val(InputBox("请输入"))
        Next j, i
    max = a(1, 1)
    row = 1
    col = 1
    Print "数组A: "
    For i = 1 To 3
        For j = 1 To 4
            Print a(i, j);
            If a(i, j) > max Then
                max = a(i, j)
                row = i
                col = j
            End If
        Next j
        Print
    Next i
    Print "最大数是a("; row; ","; col; ")="; max
End Sub
```

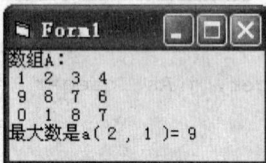

图 4-2　程序的运行结果

该程序运行后，如果按照 1，2，3，4，9，8，7，6，0，1，8，7 的顺序输入数据，则可以得到如图 4-2 所示的结果。

【例 4-6】 查找考场教室号。某课程统考凭准考证入场，考场教室安排如图 4-3 所示。编制程序，查找准考证号码所对应的教室号码。

准考证号码	2101～2147	1741～1802	1201～1287	3333～3387	1803～1829	2511～2576
教室号码	102	103	114	209	305	306

图 4-3　准考证号码所对应的教室号码表

分析：为便于查找，通过二维数组 rm 建立这两种号码的对照表。

数组 rm 的每一行存放了一个教室资料（包含准考证号码范围和教室号码）。当判断到某个给定准考证号码落在某一行的准考证号码范围内时，则该行中的教室号码为所求。

依据以上分析，建立界面，如图 4-4 左所示。编写程序代码如下：

```
Private Sub Command1_Click()
    Dim rm(6, 3) As Integer
    Dim n As Integer, s As String
```

```
    rm(1, 1) = 2101: rm(1, 2) = 2147: rm(1, 3) = 102
    rm(2, 1) = 1741: rm(2, 2) = 1802: rm(2, 3) = 103
    rm(3, 1) = 1201: rm(3, 2) = 1287: rm(3, 3) = 114
    rm(4, 1) = 3333: rm(4, 2) = 3387: rm(4, 3) = 209
    rm(5, 1) = 1803: rm(5, 2) = 1829: rm(5, 3) = 305
    rm(6, 1) = 2511: rm(6, 2) = 2576: rm(6, 3) = 306
    s = "无此准考证号码"              '未找到就显示此信息
    n = Val(Text1.Text)
    For i = 1 To 6
        If n >= rm(i, 1) And n <= rm(i, 2) Then
            s = rm(i, 3)                '显示教室号码
            Exit For
        End If
    Next i
    Text2.Text = s
    Text1.SetFocus                     '设置焦点
End Sub
```

程序执行后的验证效果如图4-4右所示。

图4-4　查找考场教室号

【**例4-7**】　编写程序，将一个3×4阶的矩阵转置后存到另一个矩阵中并输出转置后的矩阵。

例如：

$$矩阵 A = \begin{pmatrix} 1 & 2 & 3 & 4 \\ 2 & 3 & 4 & 5 \\ 3 & 4 & 5 & 6 \end{pmatrix}，\ 转置后的矩阵为：\begin{pmatrix} 1 & 2 & 3 \\ 2 & 3 & 4 \\ 3 & 4 & 5 \\ 4 & 5 & 6 \end{pmatrix}。$$

程序代码如下：

```
Option Base 1
Private Sub Form_Click()
Dim a(3, 4) As Integer, b(4, 3) As Integer
Dim i As Integer, j As Integer
Print "3*4 矩阵"
For i = 1 To 3
    For j = 1 To 4
        a(i, j) = i + j - 1   '初始化数组 a
        Print a(i, j);
    Next j
    Print
Next i
'以下代码进行转置
```

```
Print "4*3 矩阵"
For i = 1 To 4
    For j = 1 To 3
        b(i, j) = a(j, i)        '对数组 a 进行转置
        Print b(i, j);
    Next j
    Print
Next i
End Sub
```

4.1.3 动态数组的定义

与静态数组相反，动态数组在定义时并不知道数组的大小，要求在运行期确定，并根据需要在运行期可改变数组的大小，这便是动态数组。在声明动态数组时不需要给出数组的长度，只保留一个空维数表即可。

创建动态数组的步骤如下。

1）声明数组为动态数组，只需给数组赋予一个空维数表。

例如，声明一个局部动态数组 a，可以使用如下语句：

```
Dim a()
```

2）在需要指定数组大小时，再使用 ReDim 语句分配数组中实际元素的个数。

ReDim 数组名(下标 1[,下标 2…])

例如，给上例的 a 数组指定元素个数为 9 时，可以使用如下语句：

```
ReDim a(8)
```

通常是使用已经赋过值的整型变量来指定元素个数。例如 X=8，上面的语句等价为

```
ReDim a(X)
```

声明 F 为动态数组的示例如下：

```
Private Sub Form_Click()
    Dim F() As Integer, Size As Integer        '声明一个整型动态数组
    …
    Size = 20
    ReDim F(Size)
    …
End Sub
```

说明：

1）在过程中可以多次使用 ReDim 来改变数组的大小，也可以改变数组的维数。

2）使用 ReDim 语句会使原来数组中的值丢失，可以在 ReDim 语句后加 Preserve 参数来保留数组中的数据，但使用 Preserve 后只能改变最后一维的大小（即不能改变数组的维数）。

【例 4-8】 在窗体上显示杨辉三角形。

杨辉三角形是一个二维图形，其特点是两个腰上的数都为 1，其他位置上的数为上一行相邻两个数之和，它的每一行均是在上一行的基础上计算出来的，该三角形的形状如图 4-5 所示。

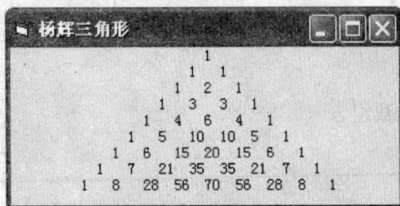

图 4-5 杨辉三角形

程序代码如下：

```
Private Sub Form_Click()
    Const max = 9, pos = 27
    Dim a()                                '声明动态数组
    Dim i As Integer, j As Integer, n As Integer
    Do
        n = InputBox("请输入杨辉三角的行数：")
    Loop Until n >= 1 And n <= max         '合法性检查
    ReDim a(n, n)                          '数组重定义
    For i = 1 To n                         '第一列和对角线赋初值
        a(i, i) = 1
        a(i, 1) = 1
    Next i
    For i = 3 To n                         '计算数值
        For j = 2 To n - 1
            a(i, j) = a(i - 1, j - 1) + a(i - 1, j)
        Next j, i
    For i = 1 To n                         '显示
        For j = 1 To i
            Print Tab(pos - 2 * i + 4 ^ (j - 1)); a(i, j);
        Next j
        Print
    Next i
End Sub
```

4.2 排 序 实 例

由于数组中保存着同一数据类型的数据，而有时为了更有效地使用数组，需要将数组中的元素进行排序。排序有很多种方法，如冒泡排序、选择排序、插入排序、快速排序、合并排序等。下面仅讨论一维数组的冒泡排序和选择排序。

1. 冒泡排序

以升序为例，冒泡排序的基本思想介绍如下。

1）有 n 个数（存放在数组 a(n)中），第一趟将每相邻两个数比较，小的调到前头，经 n-1 次两两相邻比较后，最大的数已"沉底"，放在最后一个位置，小数上升"浮起"。

2）第二趟对余下的 n-1 个数（最大的数已"沉底"）按上法比较，经 n-2 次两两相邻比较后得次大的数。

3）依此类推，n 个数共进行 n-1 趟比较，在第 j 趟中要进行 n-j 次两两比较。

例如，有 5 个数据，依次为 8、6、9、4、1，要求从小到大排序。

冒泡排序的过程如下。

第一趟处理：

1）a(1)与 a(2)进行比较，发现 a(1)大于 a(2)，马上交换。这时当前元素依次为：

   6 8 9 4 1

2）a(2)与 a(3)进行比较，发现 a(2)小于 a(3)，不作交换。

3）a(3)与a(4)进行比较，发现a(3)大于a(4)，马上交换。这时当前元素依次为：

　　6　8　4　9　1

4）a(4)与a(5)进行比较，发现a(4)大于a(5)，马上交换。这时当前元素依次为：

　　6　8　4　1　9

这时第一趟处理已完成，我们从中可以确定最后一个元素为最大。接着进行第二趟处理，对余下的 n-1 个数按上法比较，经 n-2 次两两相邻比较后得到次大的数。依次类推，选择了 n-1 次后，这个数列已按升序排列。

编制程序如下：

```
Private Sub Form_Click()
    Dim i As Integer, j As Integer, n As Integer, t As Integer
    n = InputBox("请输入数组元素的个数：")
    ReDim a(n) As Integer
    Randomize
    For i = 1 To n                     '产生数据
        a(i) = Int(Rnd * 100)
    Next i
    For i = 1 To n - 1                 '排序
        For j = 1 To n - i
            If a(j) > a(j + 1) Then
                t = a(j)
                a(j) = a(j + 1)
                a(j + 1) = t
            End If
        Next j
    Next i
    For i = 1 To n                     '显示
        Print a(i);
    Next i
End Sub
```

2. 选择排序

下面也以升序为例，介绍选择排序的基本思想。

1）对有 n 个数的序列（存放在数组 a(n) 中），从中选出最小的数，与第 1 个数交换位置。

2）除第 1 个数外，从其余 n-1 个数中选出最小的数，与第 2 个数交换位置。

3）依此类推，选择了 n-1 次后，这个数列已按升序排列。

例如，有 5 个数据依次为 8、6、9、4、1，要求从小到大排序。

选择排序的过程如下。

第一趟处理：

1）a(1)与a(2)进行比较，发现a(1)大于a(2)，马上交换。这时当前元素依次为：

　　6　8　9　4　1

2）a(1)与a(3)进行比较，发现a(1)小于a(3)，不作交换。

3）a(1)与a(4)进行比较，发现a(1)大于a(4)，马上交换。这时当前元素依次为：

　　4　8　9　6　1

4）a(1)与 a(5)进行比较，发现 a(1)大于 a(5)，马上交换。这时当前元素依次为：

　　1　18　9　6　4

这时第一趟处理已完成，我们从中可以确定第一个元素为最小。接着进行第二趟处理，从 a(2)开始进行比较。依此类推，选择了 n-1 次后，这个数列已按升序排列。

编制程序如下：

```
Private Sub Form_Click()
    Dim i As Integer, j As Integer, n As Integer, t As Integer
    n = InputBox("请输入数组元素的个数：")
    ReDim a(n) As Integer
    Randomize
    For i = 1 To n                    '产生数据
        a(i) = Int(Rnd * 100)
    Next i
    For i = 1 To n - 1                '排序
        For j = i + 1 To n
            If a(i) > a(j) Then
                t = a(i)
                a(i) = a(j)
                a(j) = t
            End If
        Next j
    Next i
    For i = 1 To n                    '显示
        Print a(i);
    Next i
End Sub
```

注意到以上程序作比较后马上交换位置，其实可以作进一步的改进以提高性能，引入变量 k，其具体操作如下。

第一趟处理：令 k 的值为 1。

1）a(k)与 a(2)进行比较，发现 a(k)大于 a(2)，令 k 的值为 2。

2）a(k)与 a(3)进行比较，发现 a(k)小于 a(3)，不作操作。

3）a(k)与 a(4)进行比较，发现 a(k)大于 a(4)，令 k 的值为 4。

4）a(k)与 a(5)进行比较，发现 a(k)大于 a(5)，令 k 的值为 5。

5）交换 a(k)与 a(1)的值。

这时第一趟处理已完成，真正交换只有一次，我们从中可以确定第一个元素为最小。接着进行第二趟处理，令 k 的值为 2。依此类推，选择了 n-1 次后，这个数列已按升序排列。

改进的选择排序程序如下：

```
Private Sub Form_Click()
    Dim i As Integer, j As Integer, n As Integer, t As Integer, k As Integer
    n = InputBox("请输入数组元素的个数：")
    ReDim a(n) As Integer
    Randomize
    For i = 1 To n                    '产生数据
        a(i) = Int(Rnd * 100)
    Next i
```

```
    For i = 1 To n - 1        '排序
        k = i
        For j = i + 1 To n
            If a(k) > a(j) Then k = j
        Next j
        t = a(k)
        a(k) = a(i)
        a(i) = t
    Next i
    For i = 1 To n             '显示
        Print a(i);
    Next i
End Sub
```

习 题 四

一、阅读下列程序，写出运行结果

【程序 1】

```
Private Sub Form_Click()
    Dim a(5) As Integer, b(5) As Integer
    Dim i As Integer
    For i = 1 To 4
        a(i) = 2 * i
        b(i) = a(i) * 2
    Next i
    Print b(i - 2)
End Sub
```

写出程序运行后，单击窗体，窗体上显示的结果。

【程序 2】

```
Private Sub Command1_Click()
    Dim i As Integer, j As Integer
    Dim a(10, 10) As Integer
    For i = 1 To 3
        For j = 1 To 3
            a(i, j) = (i - 1) * 3 + j
            Print a(i, j);
        Next j
        Print
    Next i
End Sub
```

写出程序运行后，单击命令按钮，窗体上显示的结果。

【程序 3】

```
Private Sub Command1_Click()
    Dim m As Integer, n As Integer
    Dim a(3, 3) As Integer
    For m = 1 To 3
        For n = 1 To 3
            a(m, n) = (m - 1) * 3 + n
```

```
            Next n
        Next m
        For m = 2 To 3
            For n = 1 To 2
                Print a(n, m);
            Next n
        Next m
    End Sub
```

写出程序运行后，单击命令按钮，窗体上显示的结果。

【程序 4】

```
    Private Sub Form_Click()
        Dim x(5) As Integer
        x(1) = 8: x(2) = 3: x(3) = 1: x(4) = 6: x(5) = 4
        For i = 1 To 4
            For j = i + 1 To 5
                If x(i) < x(j) Then t = x(i): x(i) = x(j): x(j) = t
            Next j, i
        For k = 1 To 5
            Form1.Print "x("; k; ")="; x(k)
        Next k
    End Sub
```

写出程序运行后，单击窗体，Form1 上的输出结果。

【程序 5】

```
    Private Sub Form_Click()
        Dim a(2, 3) As Integer
        For i = 1 To 2
            For j = 1 To 3
                a(i, j) = 2 * i - j
            Next j, i
        For h = 1 To 3
            For k = 1 To 2
                Form1.Print a(k, h),
            Next k
            Print
        Next h
    End Sub
```

写出程序运行后，单击窗体，Form1 上的输出结果。

二、程序填空

1.【程序说明】在窗体上有两个命令按钮和一个文本框，名称分别为 cmdStart（"开始"）、cmdEnd（"结束"）和 Text1。文本框 Text1 中的字符个数不超过 200 个。程序刚开始运行时，"结束"按钮呈灰色，单击"开始"按钮后，将文本框 Text1.Text 中的字符按其 ASCII 码值由小到大自左而右重新组合，并在窗体上输出重组后的字符串，同时使"结束"按钮能响应而"开始"按钮不能响应。

【程序】

```
    Private Sub Form_Load()
        cmdEnd.Enabled = False
    End Sub
```

```
Private Sub cmdStart_Click()
    Dim n As Integer, i As Integer, j As Integer, p As Integer
    Dim a(200) As String * 1, str1 As String, t As String
    str1 = Text1.Text
    n = Len(str1)
    For i = 1 To n
       a(i) = _____(1)_____
    Next i
    For i = 1 To n - 1
       p = i
       For j = i + 1 To n
          If a(p) <a(j) Then _____(2)_____
       Next j
       If _____(3)_____ Then t = a(I): a(I) = a(p): a(p) = t
    Next i
    For i = 1 To n
       Print a(i);
    Next i
       _____(4)_____
       _____(5)_____
End Sub
Private Sub cmdEnd_Click()
    End
End Sub
```

2.【程序说明】已知有 10 个正数自小到大存于数组 a 中（a(1)~a(10)）。编制程序，实现输入正数 x，检查它是否存在于数组 a 中，若存在，显示对应下标；若不存在，则请将 x 插入到数组 a 中，且不影响数组 a 中数组序列。

【程序】

```
Private Sub Form_Click()
    Dim x As Integer, i As Integer, nn As Integer, a(11) As Integer
    Dim j As Integer
    nn = 10
    i = 1
    While ( _____(1)_____ )
        a(i) = Val(InputBox("input number" & "必须大于" & Str(a(i - 1))))
        If a(i) >= a(i - 1) Then
            i = i + 1
        Else
            MsgBox ("请重新输入,必须大于" & Str(a(i - 1)))
        End If
    Wend
    For i = 1 To nn
        Print a(i),
        If i Mod 5 = 0 Then Print
    Next i
    Print
    x = Val(InputBox("Input a Data to Check :"))
    If x < a(1) Then
        For i = nn + 1 To 2 Step -1
            _____(2)_____
        Next i
        a(1) = x
```

```
        For i = 1 To nn + 1
            Print a(i),
            If i Mod 5 = 0 Then Print
        Next i
        Print
    ElseIf x > a(nn) Then
            (3)
        For i = 1 To nn + 1
            Print a(i),
            If i Mod 4 = 0 Then Print
        Next i
        Print
    Else
        For i = 1 To nn
            If x = a(i) Then
                Print "已经存在，序号是："; i
                Exit Sub
            Else
                If x > a(i) And x < a(i + 1) Then
                    j = i + 1
                    Exit For
                End If
            End If
        Next i
        For i = nn + 1 To j + 1 Step -1
                (4)
        Next i
        a(j) = x
        For i = 1 To nn + 1
            Print a(i),
            If i Mod 5 = 0 Then Print
        Next i
        Print
    End If
End Sub
```

3.【程序说明】打印以下杨辉三角形，运行效果如图 4-6 所示。

【程序】

```
Private Sub Form_Click()
    Dim i As Integer, n As Integer, k As Integer
    Dim Q() As Integer
    n = InputBox("PLEASE INPUT N")
    ReDim Q(n, n)
    For i = 1 To n
        For j = 1 To n
            Q(i, j) =      (1)
        Next j
    Next i
    For k = 0 To      (2)
        Q(k + 1, 1) = 1
        Print 1;
        For i = 1 To k
```

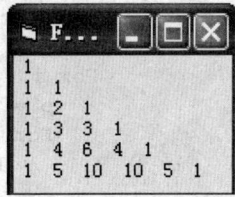

图 4-6 程序 3 运行图

```
        Q(k + 1, i + 1) = _____(3)_____ + Q(k, i)
        Print _____(4)_____;
      Next i
      Print
    Next k
  End Sub
```

4.【程序说明】以下程序是对一个 5×5 矩阵对角线上的数值进行从小到大的排序，再输出该矩阵（见图 4-7）。

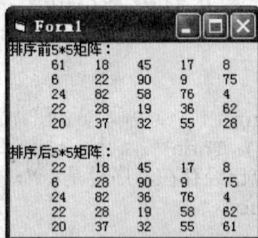

图 4-7 程序 4 运行图

【程序】

```
Option Base 1
Private Sub Form_Click()
    Dim a(5, 5) As Integer
    Dim i As Integer, j As Integer, p As Integer
    Print "排序前 5*5 矩阵："
    Randomize
    For i = 1 To 5
        For j = 1 To 5
            a(i, j) = Int(Rnd * 100)
            Print Tab(6 * j); a(i, j);
        Next j
        Print
    Next i
    For i = 1 To 4
        p = i
        For j = i + 1 To 5
            If _____(1)_____ Then
                p = j
            End If
        Next j
        k = a(i, i)
        a(i, i) = _____(2)_____
        a(p, p) = k
    Next i
    Print
    Print "排序后 5*5 矩阵："
    For i = 1 To 5
        For j = 1 To 5
            Print Tab(6 * j); a(i, j);
        Next j
        Print
    Next i
End Sub
```

三、程序设计

1. 输入 10 个数给 x 数组，找出其中值为最大的元素并将其与第一个元素互换，找出值最小的元素并将其与最后一个元素互换，其他元素不动。例如：

原来：8，7，9，15，0，3，-8，19，31，5

输出：31，7，9，15，0，3，5，19，8，-8

2. 编写事件过程 Command1_Click，完成下列运算：

1）输入 10 个数到整型数组 a。

2）将 a(1)各位数字和赋值到 b(1)、a(2)各位数字和赋值到 b(2)、…、a(10)各位数字和赋值到 b(10)。

3）在窗体上以一行输出 a 数组各元素值（保持原输入值不变）。

4）在窗体上以一行输出 b 数组各元素值。

3. 利用随机函数产生 30 个不同的三位正整数，打印出这 30 个数，然后将它们按从大到小的次序排序，并打印出排序后的结果。

4. 输入 n 后，再输入 n 个数 a_1, a_2, …, a_n, 按照下列公式计算 s 的值并显示。

$$v=\frac{a_1+a_2+\cdots+a_n}{n} \qquad s=\frac{\sqrt{(a_1-v)^2+(a_2-v)^2+\cdots+(a_n-v)^2}}{n}$$

第 5 章 过 程

Visual Basic 提供了很多系统函数，编程时可直接调用这些函数，如数学函数 Sqr()。而更多的时候，需要多次执行的程序段并没有系统函数可调用。此时可为这些相对独立的功能模块编写一段程序，这段程序便称之为过程。Visual Basic 中的自定义过程分为两类：

1）以 Sub 保留字开始的 Sub 过程，不返回值或返回多个值。

2）以 Function 保留字开始的函数过程，返回一个值。

本章主要介绍 Sub 过程和函数过程的定义、调用、参数传递，以及变量的作用范围等。

5.1 Sub 过 程

5.1.1 引例

程序中多次重复出现的操作，不是计算返回一个值，而是完成某些特定的操作；或希望返回多个值（详见 5.3 节参数传递）。Visual Basic 允许用户将这些操作定义为 Sub 过程（或称子过程）。

【例 5-1】 编写一过程，实现标签控件的向左或向右移动，其中标签的移动方向和距离由参数 Flag 决定。

代码如下：

```
Sub LbMove(ByVal Flag As Integer)
    Label1.Left = Label1.Left + Flag
End Sub
Private Sub Command1_Click()
    Call LbMove(-100)
End Sub
Private Sub Command2_Click()
    Call LbMove(100)
End Sub
```

程序运行后，单击 Command1 命令按钮，调用 LbMove 子过程，将实参-100 传递给形参 Flag，从而使 Label1 向左移动 100。同理，单击 Command2 命令按钮则使 Label1 向右移动 100。可见，LbMove 过程没有返回值，仅对标签 Label1 的左右移动进行处理。

5.1.2 建立 Sub 过程

建立 Sub 过程有两种方法：利用"工具"菜单下的"添加过程"命令定义，生成一个 Sub 过程的框架；或者利用代码窗口直接定义，即在窗体、模块等的代码窗口把插入点放在所有现有过程之外，直接输入 Sub 过程。

自定义 Sub 过程的形式如下：

```
[Private | Public] Sub 过程名([形参列表])
        局部变量或常数定义
        语句块
        [Exit Sub]
        语句块
    End Sub
```

说明：

1）Public 表示全局 Sub 过程，可被程序任何模块调用；Private 表示局部 Sub 过程，仅供本模块中的其他过程调用。默认为 Public。

2）Sub 过程名的命名规则与变量命名规则相同。

3）形参列表形式：形参 1 [As 类型], 形参 2 [As 类型],…

形参或称哑元，只能是变量名或数组名，仅表示参数的个数、类型，无值；形参列表两边的括号不能省略。

4）[Exit Sub]：表示退出 Sub 过程。

5.1.3 调用 Sub 过程

Sub 过程的调用是通过一句独立的调用语句实现的，有以下两种形式。

● Call 子过程名[(实参列表)]

● 子过程名[实参列表]

其中：

1）用 Call 关键字时，若有实参，则实参必须在圆括号内；用 Sub 过程名调用时，括号省略。

2）若实参要获得 Sub 过程的返回值，则实参只能是变量（与形参同类型的简单变量、数组名、结构类型），不能是常量、表达式，也不能是控件名。

【例 5-2】 编写一过程，实现两个数的交换。

代码如下：

```
'Swap 过程的定义
Sub Swap(ByVal x As Integer, ByVal y As Integer)
    Dim t As Integer
    t = x: x = y: y = t
    Print "调用后："; "a="; x; ",b="; y
End Sub
'调用 Swap 过程
Private Sub Form_Click()
    Dim a As Integer, b As Integer
    a = 3: b = 4
    Print "调用前："; "a="; a; ",b="; b
    Call Swap(a, b)
End Sub
```

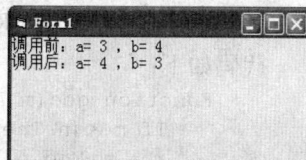

程序运行结果如图 5-1 所示。

图 5-1 例 5-2 的运行结果

5.1.4 通用过程与事件过程

通用过程是指由用户自定义，且必须由另一个或多个不同的事件过程或其他通用过程调用的程序段。通用过程分为 Sub 过程和函数过程两大类，其定义与调用方法如前所述。

事件过程是指当发生某个事件时，对该事件做出响应的程序代码。事件过程一般由一个发生在 Visual Basic 中的事件来自动调用，也可被同一模块中的其他过程调用。事件过程的框架由系统指定，不能被用户自定义，事件过程的一般格式如下：

    [Private | Public] Sub 对象名_事件名(参数列表)

        语句组

    End Sub

事件过程只能放在窗体模块，而通用过程既可放在窗体模块，也可放在标准模块中。不同模块中的过程可以互相调用，当过程名唯一时，直接通过过程名调用；若不同标准模块中含有相同的过程名，则在调用时必须用模块名做前缀，其一般格式如下：

    模块名.过程名(参数列表)

通用过程之间、事件过程之间、通用过程与事件过程之间，都可以相互调用。

5.2 函 数 过 程

5.2.1 建立函数过程

函数过程定义的方法同 Sub 过程，形式如下：

    [Public|Private] Function 函数过程名([形参列表]) [As 类型]

        局部变量或常数定义 ⎫

          语句块 ⎪

          函数名 = 返回值 ⎬ 函数体

          [Exit Function] ⎪

          语句块 ⎪

          函数名 = 返回值 ⎭

    End Function

说明：

1）函数过程名命名规则、形参列表形式同 Sub 过程中对应项的规定。

2）As 类型：函数返回值的类型。

3）函数名 = 返回值：在函数体内至少对函数名赋值一次。

【例 5-3】 编写一个求最大公约数的函数过程。

代码如下：

```
Function gcd(m As Integer, n As Integer) As Integer
    If m < n Then t = m: m = n: n = t
    r = m Mod n
    Do While r <> 0
```

```
        m = n: n = r: r = m Mod n
    Loop
    gcd = n
End Function
```

5.2.2 调用函数过程

函数过程的调用同内部函数调用，参与表达式运算，形式如下：

函数过程名([实参列表])

下面的事件过程调用了例 5-3 求最大公约数的函数过程。

```
Private Sub Form_Click()
    Dim x As Integer, y As Integer, z As Integer
    x = 36: y = 54
    Print Trim(Str(x)); "和"; Trim(Str(y));
    z = gcd(x, y)
    Print "的最大公约数是："; Trim(Str(z))
End Sub
```

【例 5-4】 编写一个函数 HuiWen，用于判断一个字符串是否 "回文"。所谓 "回文" 是指字符串顺读与倒读都是一样的，如 "abcba"。

```
'定义 HuiWen 函数过程
Function HuiWen (str1 As String) As String
    Dim L As Integer, k As Integer, Ls As String, Rs As String
    L = Len(str1):k = 1
    Do
        Ls = Mid(str1, k, 1)          '从左边起逐个取出一个字符
        Rs = Mid(str1, L - k + 1, 1)  '从右边起逐个取出一个字符
        If Ls <> Rs Then Exit Do
        k = k + 1
    Loop While k <= L / 2
    HuiWen = IIf(k > L / 2, "是回文", "不是回文")
End Function
'调用 HuiWen 函数过程
Private Sub Form_Click()
    Dim s As String
    s = InputBox("请输入任意字符串")
    Print s; HuiWen(s)
End Sub
```

程序运行后的测试结果如图 5-2 所示。

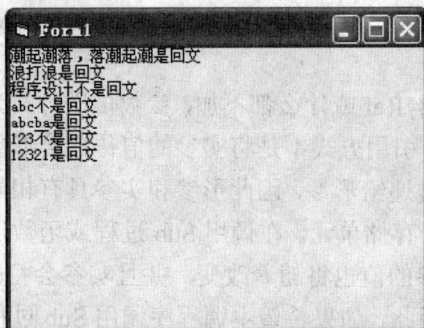

图 5-2 例 5-4 的运行结果

5.2.3 函数过程与 Sub 过程的区别

函数过程与 Sub 过程的区别有以下三点：

1）函数过程必须有返回值，函数名有类型，必须在函数过程体内对函数名赋值。

2）Sub 过程名没有值，过程名没有类型，不能在 Sub 过程体内对 Sub 过程名赋值。

3）把某功能定义为函数过程还是 Sub 过程，没有严格的规定。一般若程序有一个返回值时，函数过程直观；当无返回值或有多个返回值时，习惯用 Sub 过程。

参数问题：

1）形参是过程与主调程序交互的接口，从主调程序获得初值，或将计算结果返回给主调程序。不要将过程中所有使用过的变量均作为形参。

2）形参没有具体的值，只代表了参数的个数、位置、类型；只能是简单变量、数组名，不能是常量、数组元素、表达式。

对同一问题定义两种过程时，只要抓住函数过程和 Sub 过程的区别，即函数名有一个返回值、Sub 过程名无返回值的特点。当定义好函数过程后，要改为 Sub 过程，只要将函数过程的返回结果作为 Sub 过程的形参，即在 Sub 过程中增加一个参数，反之亦然。

5.3 参 数 传 递

参数传递，指的是主调过程的实参传递给被调过程的形参。

5.3.1 形参与实参

形式参数（简称形参）是在定义 Sub 或函数过程中过程名后圆括号中出现的变量名或数组名。实际参数（简称实参）则是在调用 Sub 或函数过程时，主调程序中过程名后的常数、变量、表达式或数组，用于传送数据给 Sub 或函数过程。

在 Visual Basic 中，参数一般按位置传送，即按实参的位置次序与形参的位置次序对应传送，与参数名没有关系。

5.3.2 引用与传值

参数有两种传递方式，即传地址（ByRef）和传值（ByVal），其中传地址习惯上称为引用。

在形参前加关键字 ByRef 或什么都不加，参数传送方式为引用。引用方式是实参为变量时的默认传送方式。引用方式不是将实参的值传递给形参，而是将存放实参值的内存中的存储单元的地址传递给形参，因此形参和实参具有相同的存储单元地址，也就是说，形参和实参共用同一存储单元。在调用 Sub 过程或函数过程时，如果形参的值发生了改变，那么对应的实参的值也将随着改变，并且实参会将改变后的值带回主调程序，即这种传递是双向的。因此，如果希望主调程序调用 Sub 过程得到多个返回值，只需在 Sub 过程中增加多个传地址的参数即可。

在形参前加关键字 ByVal，参数传送方式为传值。这种传递方式只能将实参的值传递给形参，而不能将运算后形参的值再传递给实参，即这种传递只能是单向的，即使形参的值发生了改变，此值也不会影响到调用然后将该值传递给对应的形参。如果实参是常量或表达式，则默认采用的是值传递。

【例5-5】 分别用传值和引用方式编写两个变量交换的过程，请注意区分调用结果。

代码如下：

```
Sub Swap1(ByVal x As Integer, ByVal y As Integer)
    Dim t As Integer
    t = x: x = y: y = t
End Sub
Sub Swap2(ByRef x As Integer, ByRef y As Integer)
    Dim t As Integer
    t = x: x = y: y = t
End Sub
Private Sub form_Click()
    Dim a As Integer, b As Integer
    a = 1: b = 2
    Swap1 a, b    '传值
    Print "A1="; a, "B1="; b
    a = 1: b = 2
    Swap2 a, b    '引用
    Print "A2="; a, "B2="; b
End Sub
```

两种传递方式的示意图及程序运行结果分别如图5-3和图5-4所示。

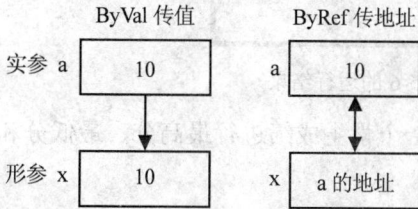

图 5-3 参数的两种传递方式

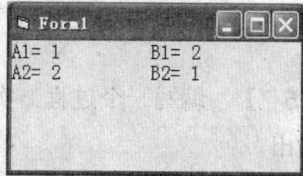

图 5-4 例 5-5 的运行结果

选用传值还是引用一般进行如下考虑：

1）要将被调过程中的结果返回给主调程序，则形参必须是引用方式。这时实参必须是同类型的变量名（包括简单变量、数组名、结构类型等），不能是常量、表达式。

2）不希望过程修改实参的值，则应选用传值方式，减少各过程间的关联。因为在过程体内对形参的改变不会影响实参。

5.3.3 数组参数的传递

Visual Basic 允许把数组作为实参传送到过程中。当数组作为参数传递时，均采用引用方式。因为系统将实参数组的起始地址传给过程，使形参数组也具有与实参数组相同的起始地址。

【例5-6】 编写 Change 过程改变数组 a 各元素值。

代码如下：

```
Public Sub Change(x () As Integer)
    Dim i As Integer
    For i = LBound(x) To UBound(x)
        x(i) = x(i) ^ 2
    Next i
End Sub
'主调程序如下
Private Sub Form_Click()
    Dim a(1 to 5) As Integer
    Form1.Print "调用前数据：";
    For i = 1 To 5
        a(i) = i
        Print a(i);
    Next i
    Change a
    Print
    Print "调用后数据：";
    For i = 1 To 5
        Print a(i);
    Next i
End Sub
```

程序运行结果如图 5-5 所示。

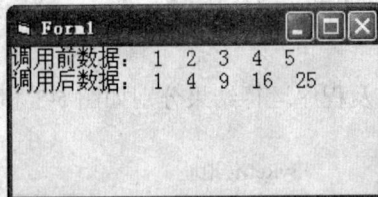

图 5-5　例 5-6 的运行结果

【例 5-7】　编写一个过程，实现对 5 个学生成绩进行最高分、最低分和平均分的统计及输出。

代码如下：

```
Sub Cnt(a() As Integer, m As Integer, n As Integer, Avg As Single)
    Dim i As Integer
    m = a(0)
    n = a(0)
    Avg = a(0)
    For i = 1 To 4
        Avg = Avg + a(i)
        If m < a(i) Then m = a(i)
        If n > a(i) Then n = a(i)
    Next i
    Avg = Avg / 5
End Sub
Private Sub Form_Click()
    Dim Score(4) As Integer, i As Integer, Max As Integer, Min As Integer
    Dim Average As Single
    For i = 0 To 4
        Score(i) = Int(Rnd * 101)
        Print Score(i)
```

```
            Next i
            Call Cnt(Score, Max, Min, Average)
            Print "Max="; Max
            Print "Min="; Min
            Print "Max="; Average
        End Sub
```
运行结果如图 5-6 所示。

图 5-6　例 5-7 的运行结果

数组参数的传递除遵守参数传递的一般规则外，还需要注意以下两点：

1）若形参是数组，则在形参列表中以数组名后加一对圆括号表示，并略去数组上下界，如例 5-6 中的 x () As Integer；对应的实参则只需给出数组名，圆括号可省略。

2）被调过程可通过 LBound 和 UBound 函数确定实参数组的下上界，其形式如下：

{L|U}bound(数组名[,维数])

其中，维数指明要测试的是第几维的下标值，默认是一维数组。

5.4　变量的作用范围

变量由于声明的位置不同，因此可被访问的范围也不同。变量可被访问的范围称为变量的作用范围。

5.4.1　变量的作用范围

根据变量作用范围的不同，可将变量分为局部变量、模块级变量以及全局变量。

局部变量是指在一个过程内用 Dim 或 Static 语句声明的过程级变量。局部变量只能在本过程中使用，因而使程序更安全且有利于调试。

模块级变量是指在窗体（Form）的通用声明段或标准模块（Module）中用 Dim 或 Private 语句声明的私有的模块级变量。模块级变量被本模块的任何过程访问，主要用于解决多个过程间数据的共享。

全局变量是指在模块级用 Public 语句声明的公有的模块级变量。全局变量可被应用程序的任何过程访问，其值可保留到程序结束。

【例 5-8】　下面是在一个标准模块文件中不同级的变量声明。
```
    Public Pa As Integer          '全局变量
    Private Mb As string *10       '窗体/模块级变量
    Sub F1( )
        Dim Fa As Integer          '过程级变量
        ...
```

```
End Sub
Sub F2( )
    Dim Fb As Single             '过程级变量
    For i=1 to 10
        ...
    Next i
End Sub
```

5.4.2 静态变量

用 Dim 声明的局部变量，每次调用过程时重新初始化静态变量。有时候可能不希望失去保存在局部变量中的值。如果把变量声明为全局变量或模块级变量，可解决这个问题，但如果变量只在一个过程中使用，则这种方法并不好。为此，Visual Basic 提供了一个 Static 语句，将变量声明为静态变量，在程序运行过程中可保留变量的值。

声明形式：

　　Static 变量名 [As 类型]

可以看出，Static 语句的格式与 Dim 语句完全一样，但 Static 语句只能出现在事件过程、Sub 过程或函数过程中。在过程中的 Static 变量只有局部的作用域，即只在本过程中可见，但可以和模块级变量一样，即使过程结束后，其值仍能保留。

在程序设计过程中，Static 语句常用于以下两种情况：

1）记录一个事件被触发的次数，即程序运行时事件发生的次数。

2）用于开关切换，即原来为开，将其改为关，反之亦然。

【例 5-9】　编写 sum 函数过程，求 1 到 n 之和。

代码如下：

```
Function sum(n As Integer) As Integer
    Static j As Integer
    j = j + n
    sum = j
End Function
'主调程序如下
Private Sub Form_Click()
    Dim i As Integer, x As Integer
    For i = 1 To 100
        x = sum(i)
    Next i
    Print x
End Sub
```

程序运行结果为 5050。请读者思考：若将 sum 函数过程中的"Static j As Integer"改为"Dim j As Integer"，结果将如何？

【例 5-10】　综合案例：学生成绩排序。随机产生 n 名学生 m 门课程的成绩，按每名学生的平均分从大到小排序后打印输出。

设计思路：

这是一个二维数组的存储与排序问题。由于学生人数 n 及课程数 m 事先不确定，故可将成绩和平均分分别定义为动态数组 Score()和 Avg()。利用随机数函数 Rnd()产生 $n*m$ 个 0～100 之间的成绩存入数组 Score(n,m)，其中第 0 行闲置，第 0 列存储学生序号 1～n，各行平均值存入数组 Avg()。采用选择法对成绩按平均分排序，注意在交换过程

Swap 中交换对象不仅是平均分，还应包括平均分所在的行，即该行所有成绩。

操作步骤如下：

1）初始化过程 Initdata，用于随机产生及存储 n 个学生的 m 门成绩。代码如下：

```
Sub Initdata(a()As Integer, n As Integer, m As Integer)
    Dim i As Integer,j As Integer
    Randomize
    For i = 1 To n
        a(i, 0) = i
        For j = 1 To m
            a(i, j) = Int(101 * Rnd)
        Next j
    Next i
End Sub
```

2）求平均值过程 Average，用于计算及存储每位学生的平均分。代码如下：

```
Sub Average(a()As Integer, n As Integer, m As Integer)
    Dim i As Integer,j As Integer
    Dim sum As Integer
    For i = 1 To n
        sum = 0
        For j - 1 To m
            sum = sum + a(i, j)
        Next j
        Avg(i) = sum / m
    Next i
End Sub
```

3）排序过程 Sort 及其交换过程 Swap，用于对学生成绩按平均分降序排列。代码如下：

```
Sub Sort(a()As Integer, n As Integer, m As Integer)
    Dim i As Integer, j As Integer
    For i = 1 To n - 1
        For j = i + 1 To n
            If Avg(j) > Avg(i) Then
                Call Swap(a, m, i, j)
            End If
        Next j
    Next i
End Sub
Sub Swap(a()As Integer, m As Integer, i As Integer, j As Integer)
    Dim k As Integer, temp As Integer
    For k = 0 To m
    temp = a(i, k)
    a(i, k) = a(j, k)
    a(j, k) = temp
    temp = Avg(i)
    Avg(i) = Avg(j)
    Avg(j) = temp
    Next k
End Sub
```

4）打印过程 PrintArray，用于打印输出学生成绩及平均分。代码如下：

```
Sub PrintArray(a()As Integer, n As Integer, m As Integer)
    Dim i As Integer
    Dim j As Integer
    For i = 1 To n
        Print "Stud"; Trim(a(i, 0)); ":";
        For j = 1 To m
```

```
            Print Tab(j * 8); a(i, j);
        Next j
        Print Tab(j * 8); Avg(i)
    Next i
End Sub
```

5）在窗体通用声明部分定义动态数组 Avg()，用于存储平均分，然后在事件过程中依次调用上述过程。程序运行后单击窗体，输入学生数 5、课程数 4，运行结果如图 5-7 所示。

代码如下：

```
Dim Avg() As Integer
Private Sub Form_Click()
    Dim Score() As Integer, n As Integer, m As Integer
    n = Val(InputBox("学生人数 n=", "输入 n", 5))
    m = Val(InputBox("课程数 m=", "输入 m", 4))
    ReDim Preserve Score(n, m) As Integer
    ReDim Preserve Avg(n) As Integer
    Initdata Score, n, m
    Average Score, n, m
    Print String(m * 5, "*"); "排序前";
    Print String(m * 3, "*"); "平均分"
    PrintArray Score, n, m
    Sort Score, n, m
    Print String(m * 5, "*"); "排序后";
    Print String(m * 3, "*"); "平均分"
    PrintArray Score, n, m
    Print String(m * 10 + 4, "*")
End Sub
```

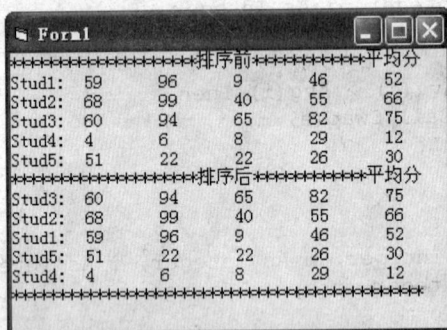

图 5-7　学生成绩排序运行结果

习　题　五

一、阅读下列程序，写出运行结果

【程序 1】

```
Private Sub Form_Click()
    Dim m As Integer, n As Integer
    m = 5
```

```
    n = 3
    Print nFac(m) / (nFac(n) * nFac(m - n))
End Sub
Function nFac(ByVal n As Integer) As Long
    Dim i As Integer, t As Long
    t = 1
    For i = 1 To n
        t = t * i
    Next i
    nFac = t
End Function
```

写出程序运行后，单击窗体，Form1 上的输出结果。

【程序 2】

```
    Public Sub f1(n As Integer, ByVal m As Integer)
        n = n Mod 10
        m = m \ 10
    End Sub
    Private Sub Form_Click()
        Dim x As Integer, y As Integer
        x = 12
        y = 34
        Call f1(x, y)
        Print x, y
    End Sub
```

写出程序运行后，单击窗体，Form1 上的输出结果。

【程序 3】

```
    Private Sub Command1_Click()
        Print p1(3, 7)
    End Sub
    Public Function p1(x As Single, n As Integer) As Single
        If n = 0 Then
            p1 = 1
        Else
            If n Mod 2 = 1 Then
                p1 = x * p1(x, n \ 2)
            Else
                p1 = p1(x, n \ 2) \ x
            End If
        End If
    End Function
```

写出程序运行后，单击 Command1 按钮，Form1 上的输出结果。

【程序 4】

```
    Dim a As Integer, b As Integer, c As Integer
    Public Sub p1(x As Integer, y As Integer)
        Dim c As Integer
        x = 2 * x: y = y + 2: c = x + y
    End Sub
    Public Sub p2(x As Integer, ByVal y As Integer)
        Dim c As Integer
        x = 2 * x: y = y + 2: c = x + y
    End Sub
    Private Sub Command1_Click()
```

```
        a = 2: b = 4: c = 6
        Call p1(a, b)
        Print "a="; a; "b="; b; "c="; c
        Call p2(a, b)
        Print "a="; a; "b="; b; "c="; c
    End Sub
```

写出程序运行后，单击 Command1 按钮，Form1 上的输出结果。

【程序 5】

```
    Public Sub proc(a() As Integer)
        Static i As Integer
        Do
            a(i) = a(i) + a(i + 1)
            i = i + 1
        Loop While i < 2
    End Sub
    Private Sub Command1_Click()
        Dim m As Integer, i As Integer, x(10) As Integer
        For i = 0 To 4: x(i) = i + 1: Next i
        For i = 1 To 2: Call proc(x): Next i
        For i = 0 To 4: Print x(i);: Next i
    End Sub
```

写出程序运行后，单击 Command1 按钮，Form1 上的输出结果。

【程序 6】

```
    Public Function f(m As Integer, n As Integer) As Integer
        Do While m <> n
            Do While m > n: m = m - n: Loop
            Do While n > m: n = n - m: Loop
        Loop
        f = m
    End Function
    Private Sub Command1_Click()
        Print f(24, 18)
    End Sub
```

写出程序运行后，单击 Command1 按钮，Form1 上的输出结果。

二、程序填空

1.【程序说明】Guess 过程是猜数游戏，由计算机产生一个[1，100]的任意整数，输入猜数后计算机给出提示，如果 5 次后还没有猜中就结束游戏并公布正确答案。

【程序】

```
    Private Sub Guess()
        Dim R As Integer, X As Integer, times As Integer
        Randomize
        R = Int(Rnd * 100) + 1        '产生一个[1,100]的任意整数
        times = 1
        Do
            X = Val(InputBox("输入猜数 X"))
            Select Case    (1)
                Case R
                    Form1.Print "猜中了"
```

```
                Exit Do
            Case    (2)
                Form1.Print "太大了,继续猜!"
            Case Else
                Form1.Print "太小了,继续猜!"
        End Select
        times = times + 1
    Loop While    (3)
    If times > 5 Then
        Form1.Print "猜数失败,游戏结束!"
        Form1.Print "正确答案为" & Str(X)
    End If
End Sub
```

2.【程序说明】如果一个整数的所有因子之和与自身相等,则称该数为完数。例如:
6=1+2+3,所以 6 是一个完数。以下程序输出 1000 之内的完数。

【程序】

```
Function IsWs(m As Integer) As Boolean
    Dim i As Integer, t As Integer
    For i = 1 To    (1)
        If m Mod i = 0 Then t = t + i
    Next i
    If    (2)    Then
        IsWs = True
    Else
        IsWs = False
    End If
End Function
Private Sub Form_Click()
    Dim i As Integer
    For i = 1 To 1000
        If    (3)    Then Print i
    Next i
End Sub
```

3.【程序说明】如下过程实现的是找出 1～1000 之间所有的同构数。所谓同构数是
指一个数出现在它的平方数的右端。如 25 在 25 的平方 625 的右端,则 25 为同构数。

【程序】

```
Private Function same(n As Integer) As Boolean
    Dim i As Integer, x1 As String, x2 As String
    x1 = Trim(Str(n))
    x2 =    (1)
        If    (2)    Then same = True
End Function
'主调过程
Private Sub Form_Click()
    Dim i As Integer, n As Integer
    For i = 1 To 1000
        If    (3)    Then Print i; "是同构数"
    Next i
End Sub
```

4.【程序说明】如下 HtoD(Hex, Dec)过程实现的是将十六进制整数 Hex 转换为十进

制整数 Dec。

【程序】

```vb
Private Sub HtoD(Hex As String, Dec As Long)
    Dim temp As String, i As Integer, n As Integer
    n = ___(1)___
    i = 0
    Do
      temp = ___(2)___
      Dec = Dec + Number(temp) * 16 ^ i
      i = i + 1
    Loop While i < n
End Sub
Function ___(3)___ (str as String) As Integer
    Select Case Str
        Case "a", "A"
          Number = 10
        Case "b", "B"
          Number = 11
        Case "c", "C"
          Number = 12
        Case "d", "D"
          Number = 13
        Case "e", "E"
          Number = 14
        Case "f", "F"
          Number = 15
        Case Else
          Number = ___(4)___
    End Select
End Sub
'主调过程
Private Sub Form_Click()
    Dim h As String, d As Long
    h = InputBox("输入一个十六进制整数")
    ___(5)___
    Print h + "转换为十进制数为" + Str(d)
End Sub
```

5.【程序说明】两质数的差为 2，称此对质数为质数对。下面程序实现的是查找 100 之内的质数对，并成对显示结果。其中 isp 函数用于判断参数 m 是否是质数。

【程序】

```vb
Public Function isp(m As Integer) As Boolean
    Dim i As Integer
    ___(1)___
    For i = 2 To Int(Sqr(m))
        If ___(2)___ Then isp = False
    Next i
End Function
Private Sub Command1_Click()
    Dim i As Integer
    p1 = isp(3)
    For i = 5 To 100 Step 2
        p2 = isp(i)
```

```
          If ____(3)____ Then Print i - 2, i
          p1 ____(4)____
      Next i
   End Sub
```

6.【程序说明】Sub 过程 Movestr( )是把字符数组移动 m 个位置，当 tag 为 true 左移，则前 m 个字符移到字符数组尾，如"abcdefghij"左移 3 个位置后为"defghijabc"，当 Tag 为 false 右移，则后 m 个字符移到字符数组前。

【程序】

```
Public Sub Movestr(a() As String, m As Integer, tag As Boolean)
    Dim i As Integer, j As Integer, t As String
    If ____(1)____ Then
       For i = 1 To m
            ____(2)____
          For j = 0 To ____(3)____
              a(j) = a(j + 1)
          Next j
            ____(4)____
       Next i
    Else
       For i = 1 To m
            ____(5)____
          For j = UBound(a) To ____(6)____
              a(j) = a(j - 1)
          Next j
            ____(7)____
       End If
   End Sub
```

三、程序设计

1. 编写一个 Sub 过程 DtoB(Dec, Bin)，实现将一个十进制正整数 Dec 转换成为一个二进制数 Bin。

2. 编写一个求素数的函数过程 Prime(x)，若 x 是素数返回 True，否则返回 False。主调程序调用 Prime(x)函数输出 100 之内的所有素数。

3. 编写一个过程 Find(S1,S2)，用于在字符串 S1 中查找子串 S2，并用消息框输出结果：未找到或找到的个数。（提示：利用 Mid 函数反复在字符串 S1 中查找 S2 子串。）

4. 编写一个过程 Upper(S1,S2)，实现将源字符串 S1 词首字母大写后得到目标字符串 S2，其中以空格作为单词的界定。例如：输入"i am a teacher."，输出为"I Am A Teacher."。

第6章 常用控件

Visual Basic 创建的应用程序界面主要是由各种控件构成的，所以，熟练掌握各种控件是学好 Visual Basic 的一个重要环节。Visual Basic 中的控件分为三类：标准控件、ActiveX 控件和可插入对象。标准控件又称为内部控件或常用控件，这类控件在工具箱中默认显示，而 ActiveX 控件和可插入对象则需要加载到工具箱。在前面的章节中已经简单地应用了按钮、标签等控件，本章将详细介绍 Visual Basic 中的各种常用控件。

6.1　标签、文本框和命令按钮

标签是用于显示（输出）文本信息的控件。

6.1.1　标签

1. 主要属性

1）名称（Name）：用于设置控件的名称。Name 属性是控件对象身份的唯一标识，只能在属性窗口中修改，不能在程序运行阶段改变。

2）Caption 属性：返回或设置标签的显示标题。

3）BackStyle 属性：背景样式。它有以下两个属性值。

0-Transparent：透明显示，若控件后面有其他控件可透明显示出来。

1-Opaque：不透明，默认为不透明样式。

4）BorderStyle 属性：边框样式。它有以下两个属性值。

0-None：控件周围无边框。

1-Fixed Single：控件周围有单边框。

5）AutoSize 属性：设置标签自动调整大小。它有以下两个属性值。

True：自动调整大小。

False：标签区域保持原来大小，若是正文字体太大或正文内容太长则会被遮盖掉。

6）Alignment 属性：控件上标题的对齐方式。它有以下三个属性值。

0-Left Justify：左对齐，默认值为左对齐。

1-Right Justify：右对齐。

2-Center：居中。

2. 标签事件

标签能响应单击（Click），双击（DblClick）等事件。不过在 Visual Basic 程序中，标签往往起着文本信息提示的作用，因此实际编程中，一般不需编写标签的事件过程。

6.1.2 文本框

文本框是一个文本编辑区域，可在文本框中输入、编辑和显示文本内容。

1. 主要属性

1）Text 属性：设置或返回文本框中的文本。Text 属性是文本框控件最重要的属性之一，可以在属性窗口中修改 Text 属性；也可在运行时，通过用户键盘输入文本信息，或使用赋值语句改变 Text 值。

2）MultiLine 属性：设置文本框是否允许多行显示，默认值为 False（单行显示）。当设置为 True 时，可以在需要换行时加入换行符使文本多行显示。该属性只能在设计阶段属性窗口设置，不能在运行时由代码改变。

换行符的添加方法有以下两种。

① 设计阶段：在属性窗口输入内容时按下 Ctrl+Enter 组合键。

② 赋值语句：Text1.Text = "第一行" + Chr(13) + Chr(10) + "第二行"或

　　　　　　　 Text1.Text = "第一行" + vbCrLf + "第二行"

其中，Chr()是 Visual Basic 内部函数，用于将 ASCII 码值转换为字符；vbCrLf 是 Visual Basic 内部常量。

3）ScrollBars 属性：当 MultiLine 为 True 时，ScrollBars 属性有效果，用于设置文本框的滚动条。该属性有以下 4 个属性值。

0-None：无滚动条。

1-Horizontal：水平滚动条。

2-Vertical：垂直滚动条。

3-Both：同时有水平和垂直滚动条。

4）Locked 属性：设置文本框是否被锁定。默认值为 False，即不锁定，可编辑。Locked 属性为 True 时，文本框不可编辑。此时，文本框功能上相当于标签。

5）PassWordChar 属性：密码字符，当文本框输入或显示的内容不想以明文的形式被人看到时（比如密码登录窗口），可为该属性设置一个字符，如"*"，此时在文本框输入的任何字符都以"*"显示。

6）MaxLength 属性：设置文本框能够输入的正文内容的最大长度。默认值为 0，表示可以输入任意多个字符。

7）SelStart、SelLength 和 SelText 属性：选中文本的相关属性。这 3 个属性分别介绍如下。

SelStart：选中文本在文本框中的开始位置，第一个字符位置为 0。

SelLength：选中文本的正文长度。

SelText：选中文本的正文内容。

2. 文本框常用事件

1）Change 事件：当文本框的内容发生改变时触发的事件。例如，用户输入"ABC"

时就会触发 3 次 Change 事件。

2）KeyPress 事件：当用户按下具有 ASCII 码值的键并释放时触发。

文本框的 KeyPress 事件的过程代码格式如下：

```
Private Sub Text1_KeyPress(KeyAscii As Integer)
        …
End Sub
```

其中，括号内的参数 KeyAscii 就是所按键的 ASCII 码值，比如按下 A 键，KeyAscii 为 65；按下回车键，KeyAscii 为 13；但如果按下 Ctrl 键（无 ASCII 码值）时，不会触发 KeyPress 事件。

注意：当 KeyAscii 值为 97 时，表示"a"键；当 KeyAscii 值为 48 时，表示"0"键；当 KeyAscii 值为 0 时，表示空操作（取消操作）。

3．文本框常用方法

文本框最常用的方法是 SetFocus，即设置焦点。实现的功能是将光标移到指定的文本框。该方法往往用在将若干个文本框清空后，希望重新输入内容时。可在清空文本框语句后，用上该方法。语法格式如下：

[对象.]SetFocus

【例 6-1】　建立一个加法器的应用程序，运行效果如图 6-1 所示。

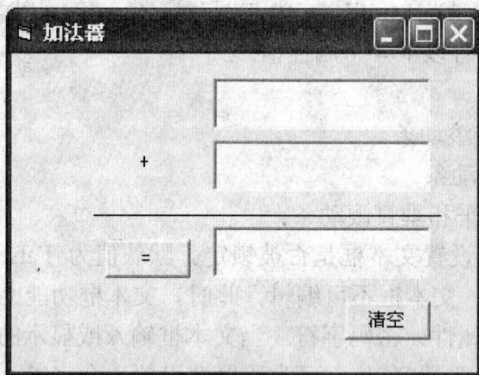

图 6-1　加法器

要求：

1）窗体上有三个文本框，上面两个用于输入加数，单击"="按钮，将两个数的和显示在下面一个文本框中。

2）三个文本框的对齐方式均为右对齐，设置相关属性使得最下面一个文本框不能进行编辑操作。

3）设置相关属性使得上面两个文本框均不接受非数字键。

4）单击"清空"按钮，三个文本框内容均被清空，同时第一个文本框获得焦点。

分析：文本框不接受非数字键，可在 KeyPress 事件中编程，当判断出输入的字符是非数字字符时，设置 KeyAscii 值为 0；要实现单击"清空"按钮后清空所有文本框，同时第一个文本获得焦点，可使用文本框的 SetFocus 方法。

程序代码如下：

```
Private Sub Form_Load()              '属性设置可在设计阶段属性窗口内完成
    Form1.Caption = "加法器"
    Text1.Text = ""
    Text2.Text = ""
    Text3.Text = ""
    Text1.Alignment = 1              '文本框右对齐
    Text2.Alignment = 1
    Text3.Alignment = 1
    Text3.Locked = True              '第三个文本框不能编辑
End Sub
Private Sub Command1_Click()
    ' Val()函数将文本类型转换为数值类型
    Text3.Text = Val(Text1.Text) + Val(Text2.Text)  End Sub
Private Sub Command2_Click()
    Text1.Text = ""
    Text2.Text = ""
    Text3.Text = ""
    Text1.SetFocus                   '文本框获得焦点
End Sub
Private Sub Text1_KeyPress(KeyAscii As Integer)
    '用户输入非数字，则取消输入操作
    If KeyAscii < 48 Or KeyAscii > 57 Then KeyAscii = 0
End Sub
Private Sub Text2_KeyPress(KeyAscii As Integer)
    If KeyAscii < 48 Or KeyAscii > 57 Then KeyAscii = 0
End Sub
```

6.1.3　命令按钮

命令按钮是 Visual Basic 程序开发中使用最多的控件之一，当用户单击某个命令按钮时就会执行相应的事件过程，完成诸如启动、中止、结束等操作。

1. 主要属性

1）Caption 属性：返回或设置标签的显示标题，若在某字符前加 "&" 符号，则该字符带有下划线。这样在程序运行的时候，同时按下 Alt 键和带下划线的字符，就相当于单击了命令按钮。

2）Style 属性：设置按钮的样式风格。该属性有以下两个属性值。

0-Standard：显示文字标题。

1-Graphical：可显示文字、图片。

3）Picture 属性：在 Style 属性为 1 的情况下，设置 Picture 属性可在按钮上显示图形（BMP 和 ICO 格式）。

4）ToolTipText：工具提示属性。

按钮若是图形显示的，可用 ToolTipText 属性给出文字提示。在运行时，将鼠标光标置于按钮上面，即会浮现出文字提示信息。

2. 命令按钮常用事件

命令按钮的常用事件是 Click 事件。注意按钮没有 DblClick 事件。

【例 6-2】　建立一个类似记事本的应用程序，运行界面如图 6-2 所示。

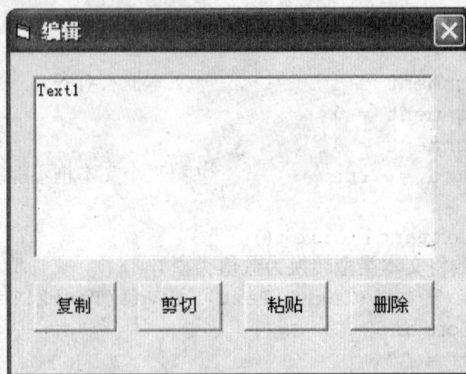

图 6-2　文本编辑器

要求：

1）设计 4 个命令按钮，分别实现对选中文本的"复制"、"剪切"、"粘贴"和"删除"功能。

2）文本框 Text1 可以多行显示文字。

代码如下：

```
Dim str1 As String                    '通用变量
Private Sub Command1_Click()          '复制
    str1 = Text1.SelText
End Sub
Private Sub Command2_Click()          '剪切
    str1 = Text1.SelText
    Text1.SelText = ""
End Sub
Private Sub Command3_Click()          '粘贴
    Text1.SelText = str1
End Sub
Private Sub Command4_Click()          '删除
    Text1.SelText = ""
End Sub
```

思考：

1）设置文本框多行显示，能否在 Form_Load 事件中用代码 Text1.MultiLine = True 实现？

2）请将程序中"复制"等 4 个按钮用图片形式显示。

【例 6-3】　设计一个类似电灯开关的程序，界面如图 6-3 所示。

要求：运行时，显示图 6-3 左图；当单击"打印"按钮，窗体打印输出"欢迎使用 VB"，同时按钮标题变为"清屏"，如图 6-3 右图所示；当单击"清屏"按钮时，清除窗体打印出的文字，按钮标题变"打印"，如图 6-3 左图所示。

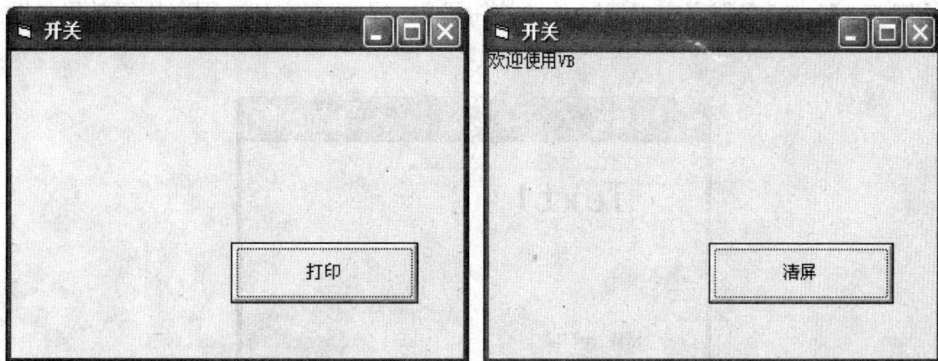

图6-3　开关

分析：此时，按钮相当于一个开关，单击一下打开，再单击一下关闭。

程序代码如下：

```
Private Sub Command1_Click()
    If Command1.Caption = "打印" Then
        Print "欢迎使用VB"
        Command1.Caption = "清屏"
    Else
        Cls
        Command1.Caption = "打印"
    End If
End Sub
Private Sub Form_Load()
    Form1.Caption = "开关"
End Sub
```

6.2　单选按钮、复选框和框架

6.2.1　单选按钮

单选按钮又称单项选择按钮，是对同一个容器里的所有单选按钮作唯一性选择的控件。当用户单击单选按钮时，在单选按钮的圆形框内会出现选中标志"·"，同时取消同一个容器里其他单选按钮的选中标志。

1. 主要属性

1) Caption 属性：单选按钮上显示的文本。

2) Value 属性：单选按钮的状态。该属性有以下两个属性值。

True：选中状态。

False：未选中。

2. 常用事件

单选按钮能响应 Click 事件，当用户单击时，单选按钮被选中，Value 值为 True。

【例 6-4】 编写程序实现通过单选按钮设置文本框的字体。程序执行效果如图 6-4 所示。

图 6-4 单选按钮实例

程序代码如下：

```
Private Sub Form_Load()              '属性设置可在设计阶段属性窗口完成
    Form1.Caption = "字体设置"
    Text1.FontSize = 24
    Option1.Caption = "黑体"
    Option2.Caption = "楷体_gb2312"
    Option3.Caption = "隶书"
End Sub
Private Sub Option1_Click()
    Text1.FontName = Option1.Caption
End Sub
Private Sub Option2_Click()
    Text1.FontName = Option2.Caption
End Sub
Private Sub Option3_Click()
    Text1.FontName = Option3.Caption
End Sub
```

思考：再加 3 个单选按钮，分别表示字号为"20"，"40"，"60"。程序怎么编写？会不会有错误？

6.2.2 复选框

复选框也可称做多项选择按钮。复选框列出可供用户选择的选项，用户根据需要选定其中一项或多项。

1. 主要属性

1）Alignment 属性：设置显示标题在复选框的哪一侧。

2）Value 属性：复选框的选中状态。与单选按钮不同，Value 属性有 3 个属性值。

0-vbUnchecked：未被选中。

1-vbChecked：被选中。

2-vbGrayed：灰色，并有一个选中标志，表示禁止选择。

2. 常用事件

复选框最基本的事件是 Click 事件, 当用户单击时, 复选框改变当前状态。即复选框为选中状态的, 单击时变成未选中状态; 再次单击, 重新变为选中状态。

复选框编程时, 要根据 Value 的值执行不同的语句, 所以复选框单击事件的程序结构一般如下:

```
Private Sub Check1_Click()
    If Check1.Value = 1 Then
        …   '选中要做的操作
    Else
        …   '未选中要做的操作
    End If
End Sub
```

【例 6-5】 编写程序实现通过复选框设置文本框的字形。程序执行效果如图 6-5所示。

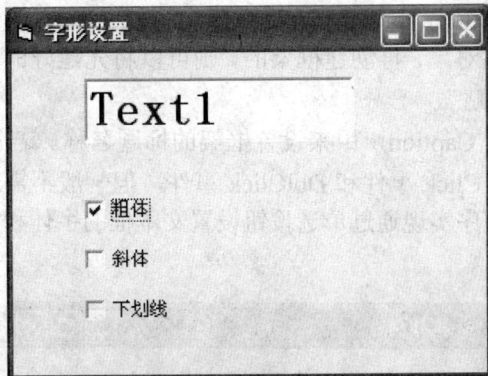

图 6-5 复选框实例

程序代码如下:

```
Private Sub Form_Load()        '属性设置可在设计阶段属性窗口内完成
    Form1.Caption = "字形设置"
    Text1.FontSize = 24
    Check1.Caption = "粗体"
    Check2.Caption = "斜体"
    Check3.Caption = "下划线"
End Sub
Private Sub Check1_Click()      '设置粗体
    If Check1.Value = 1 Then
        Text1.FontBold = True
    Else
        Text1.FontBold = False
    End If
End Sub
Private Sub Check2_Click()      '设置斜体
    If Check2.Value = 1 Then
        Text1.FontItalic = True
    Else
        Text1.FontItalic = False
```

```
        End If
    End Sub
```
分析：因为复选框每单击一下状态和原先状态相反，类似一个开关。所以可以把代码改为如下所示：
```
Private Sub Check3_Click()        '设置下划线
    Text1.FontUnderline = Not Text1.FontUnderline
End Sub
```

6.2.3　框架

例 6-4 思考题中提到要加 3 个单选按钮，分别表示 "20"，"40"，"60" 号字。当程序运行的时候会发现，这 6 个单选按钮只能选中一个。要是想同时选中 "20" 号字和 "黑体"，会发现无法实现这样的操作。这时，就需要将表示字体的 3 个单选按钮放一个容器中，表示字号的 3 个单选按钮放于另外一个容器里。框架就可以作为控件对象的容器。

将控件对象放于框架中的方法有以下两种：

1）先创建框架，再将控件对象放入框架中。

2）若是先建好控件对象，再创建框架的，则可以将先建好的控件对象进行 "剪切"，然后选定框架进行 "粘贴"。

框架的主要属性是 Caption，用来设置框架的标题名称。若该属性为空，则框架为封闭矩形。框架能响应 Click 事件和 DblClick 事件，但一般不需对框架编写程序。

【例 6-6】　编写程序实现通过单选按钮设置文本框的字体和字号。程序执行效果如图 6-6 所示。

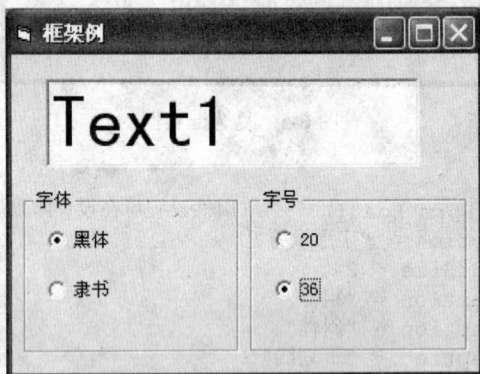

图 6-6　框架实例

程序代码如下：
```
Private Sub Form_Load()        '属性设置可在设计阶段属性窗口内完成
    Form1.Caption = "框架例"
    Text1.FontSize = 24
    Frame1.Caption = "字体"
    Frame2.Caption = "字号"
    Option1.Caption = "黑体"
    Option2.Caption = "隶书"
    Option3.Caption = "20"
    Option4.Caption = "36"
```

```
End Sub
Private Sub Option1_Click()
    Text1.FontName = Option1.Caption
End Sub
Private Sub Option2_Click()
    Text1.FontName = Option2.Caption
End Sub
Private Sub Option3_Click()
    Text1.FontSize = Option3.Caption
End Sub
Private Sub Option4_Click()
    Text1.FontSize = Option4.Caption
End Sub
```

【例6-7】 设计一个如图6-7所示的应用程序。窗体上有两个CheckBox，当这两个选项未被选定时，它们所在框架的其他控件不能使用；如果单击"确定"按钮，则在按钮下面的标签中显示用户所选择的信息。

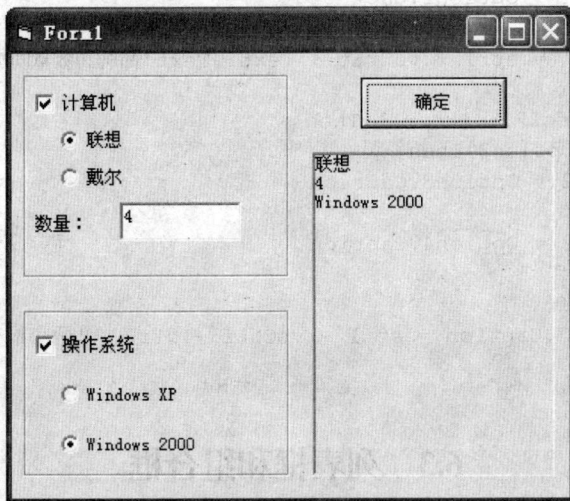

图6-7 单选按钮、复选框应用实例

分析：设置两个字符变量str1和str2，分别接受两个框架的选项。显示第一个框架中电脑品牌和数量的时候，中间要有换行符。显示第一个框架和第二个框架的信息的时候，之间也要有换行符。

根据以上分析，编写程序代码如下：

```
Private Sub Form_Load()   '属性设置可在设计阶段属性窗口内完成
    Option1.Caption = "联想"
    Option2.Caption = "戴尔"
    Option3.Caption = "Windows XP"
    Option4.Caption = "Windows 2000"
    Option1.Enabled = False
    Option2.Enabled = False
    Option3.Enabled = False
    Option4.Enabled = False
End Sub
```

```
Private Sub Check1_Click()    '复选框每单击一次，里面的控件对象有效性变化一次
    Option1.Enabled = Not Option1.Enabled
    Option2.Enabled = Not Option2.Enabled
    Text1.Enabled = Not Text1.Enabled
End Sub
Private Sub Check2_Click()
    Option3.Enabled = Not Option3.Enabled
    Option4.Enabled = Not Option4.Enabled
End Sub
Private Sub Command1_Click()
    Dim str1 As String, str2 As String   'str1 接受第一个框架的信息
    Label3.Caption = ""
    If Check1.Value = 1 Then
    If Option1 Then
      str1 = Option1.Caption
    Else
      str1 = Option2.Caption
    End If
      str1 = str1 + vbCrLf + Text1.Text '品牌和数量间加换行符 vbCrlf
    End If
    If Check2.Value = 1 Then
      If Option3 Then
      str2 = Option3.Caption
    Else
      str2 - Option4.Caption
    End If
    End If
    Label3.Caption = str1 + vbCrLf + str2    '两个框架之间有换行
End Sub
```

6.3 列表框和组合框

6.3.1 列表框

列表框控件通过列表形式为用户提供选项，用户可以在列表框控件所显示的列表项中选择一项或多项。

在列表项中，如果项目总数超出列表框的可显示项目数时，列表框会自动提供滚动条供用户进行列表项的定位选择。

1. 主要属性

1）List 属性：用于存放列表框中的项目，是一个字符数组，第一个项目下标为 0。在属性窗口添加多个项目时，每一个项目输入完毕后，可按下 Ctrl+Enter 组合键，以便添加下一个项目。

2）ListIndex 属性：程序运行时，被选中的项目的序号，未选中项目则该值为-1。

3）ListCount 属性：列表框中列表项目的总数。该属性只能在程序中设置和引用。

由该属性可以得出列表框中最后一个项目的下标为 ListCount－1。

4）Sorted 属性：设置列表框中的项目是否按顺序排列。该属性有以下两个属性值。

True：表示按字母顺序排列。

False：表示按加入的先后顺序排列。

5）Text 属性：选中的项目内容。该属性只能在程序中设置和引用。

思考：List1.List(List1.ListIndex)和 List1.Text 是否相等？

6）MultiSelect 属性：列表框默认情况下是单项选择的，通过设置该属性，则可以允许多项选择。该属性有以下三个属性值。

0-不允许复选。

1-简单复选，利用鼠标单击或按下空格键，可在列表中取消或选中多项。

2-扩展复选，可使用 Ctrl 或 Shift 功能键实现多选。

7）Selected 属性：可测试某一项是否被选中，同 List 属性一样，该属性也是数组类型的。Selected(i)表示第 i+1 个项目是否被选中，选中状态值为 True。

2. 常用事件

列表框能响应 Click 和 DblClick 事件。

3. 方法

1）AddItem 方法：将一个项目加入到列表框。

格式：对象. AddItem 项目字符串 [,index]

项目字符串指要加入的项目名称。index 是新增项目所在的位置，若省略，则项目添加到列表框最后。例如，List1.AddItem "中国",0 就是将"中国"加到列表框中，成为第一项，而原来的项目依次后移。

2）RemoveItem 方法：删除列表框中的一个项目。

格式：对象. RemoveItem index

index 指要删除项目的下标序号。删除指定的项目后，原来处于后面的项目依次前移。

3）Clear 方法：清除列表框中所有项目。

格式：对象. Clear

【例 6-8】 编写程序实现两个列表框中项目的移动。运行界面如图 6-8 所示。

要求：

1）在窗体上有两个列表框控件，程序运行时，给第一个列表框添加一些项目。

2）当单击">"按钮时，把 list1 中选中的一项放到 list2 中，并且在 list1 中删除该项。若没有选中项目就单击了">"按钮，则给出提示信息"请先选中项目"。

3）当单击">>"按钮时，把 list1 中所有的项放到 list2 中，并且清空 list1。

4）当单击"结束"按钮时，退出应用程序。

分析：列表框项目的移动，实际上是两步操作。一个是列表框 2 添加了一个项目，一个是列表框 1 删除了一个项目。而且，应该先做添加再做删除的操作。

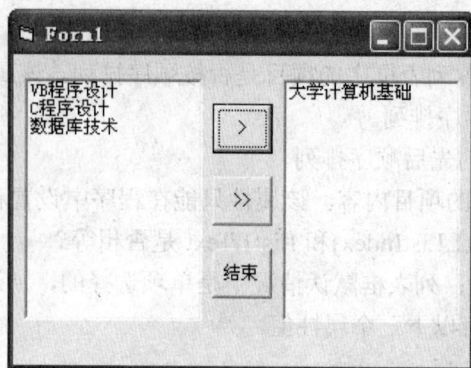

图 6-8 列表框项目移动

程序代码如下:

```
Private Sub Form_Load()                '属性设置可在设计阶段属性窗口内完成
    List1.AddItem "VB 程序设计"
    List1.AddItem "C 程序设计"
    List1.AddItem "大学计算机基础"
    List1.AddItem "数据库技术"
End Sub
Private Sub Command1_Click()
    If List1.ListIndex >= 0 Then       '未选中项目的话，ListIndex 为-1
        List2.AddItem List1.Text
        List1.RemoveItem List1.ListIndex
    Else
        MsgBox "请先选中项目"
    End If
End Sub
Private Sub Command2_Click()
    Dim i As Integer
    For i = 0 To List1.ListCount - 1'列表框1最后一个项目的序号为ListCount-1
        List2.AddItem List1.List(i)
    Next i
    List1.Clear
End Sub
Private Sub Command3_Click()
    End
End Sub
```

思考：本例中的两个移动项目按钮，第一个按钮是移动一个项目，第二个按钮是移动所有项目。但如果要求移动的项目个数既不是一个也不是全部，程序应该如何来编制？

【例 6-9】 编写程序实现移动列表框中的部分项目。运行界面如图 6-9 所示。

要求：

1）单击"产生"按钮，计算机随机产生 10 个两位正整数放入左边一个列表框，同时清空右边的列表框。

2）单击"-->"按钮，将左边列表框中所有偶数迁移到右边的列表框中。

分析：对列表框 1 中的每个数依次判断，看能否被 2 整除。如能被 2 整除，则列表框 2 添加该数；列表框 1 删除该数。

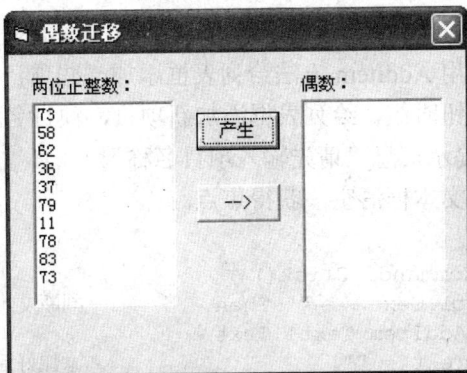

图 6-9 偶数迁移

代码如下:

```
Private Sub Command1_Click()
    Dim i As Integer
    List1.Clear
    List2.Clear
    Randomize
    For i = 0 To 9
        List1.AddItem Int(Rnd * 90 + 10)  '给列表框添加10~99的整数
    Next i
End Sub
Private Sub Command2_Click()
    Dim i As Integer, k As Integer
    Do While i <= List1.ListCount - 1    'Do 循环判断每一个符合条件的项目
        If Val(List1.List(i)) Mod 2 = 0 Then
            List2.AddItem List1.List(i)
            List1.RemoveItem i
        Else
            i = i + 1                    '不满足条件,则 i=i+1,判断下一个项目
        End If
    Loop
End Sub
```

思考: 本程序能否改用 For 循环实现。

【例 6-10】 编写程序实现列表框动态添加项目。运行界面如图 6-10 所示。

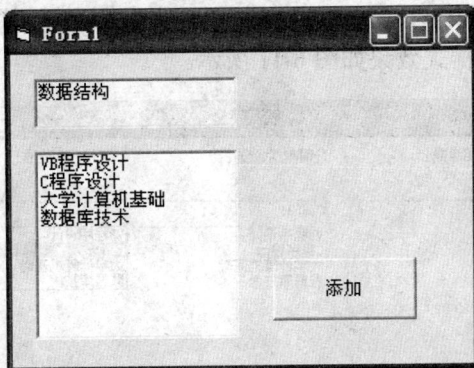

图 6-10 添加项目

要求：

1）程序运行时，使用 AddItem 方法给列表框添加一些项目。

2）单击"添加"按钮时候，给列表框添加新项目，项目名称在文本框 1 中输入，若文本框 1 为空，给出提示信息"请先输入项目名称"。

3）项目添加好后，文本框清空，获得焦点。

代码如下：

```
Private Sub Command1_Click()
        If Text1.Text <> "" Then          '判断文本是否为空
        List1.AddItem Text1.Text
        Text1.Text = ""                    '添加好后，文本框清空
        Text1.SetFocus
    Else
        MsgBox "请先输入项目名称"
    End If
End Sub
Private Sub Form_Load()    '属性设置可在设计阶段属性窗口内完成
    List1.AddItem "VB 程序设计"
    List1.AddItem "C 程序设计"
    List1.AddItem "大学计算机基础"
    List1.AddItem "数据库技术"
End Sub
```

思考：本例中，添加新项目时，为什么界面中要有文本框？如何实现添加不重复的项目，程序如何修改？

6.3.2　组合框

组合框是一种兼有文本框和列表框两者功能的控件。它允许用户像操作列表框一样选择项目。也可以在组合框中输入内容，再通过 AddItem 方法将内容添加到本控件中。

列表框中所列的大部分属性组合框都具有。但是，组合框任何时候只能单项选择。所以，组合框没有 MultiSelect 和 Selected 属性。

组合框的 Style 属性：组合框样式属性。

Style=0：下拉式组合框，有一个下拉按钮，文本框区域可输入内容。

Style=1：简单组合框，无下拉按钮，文本框区域可输入内容。

Style=2：下拉式列表框，有一个下拉按钮，文本框区域不可输入内容。

组合框的三种不同样式效果如图 6-11 所示。

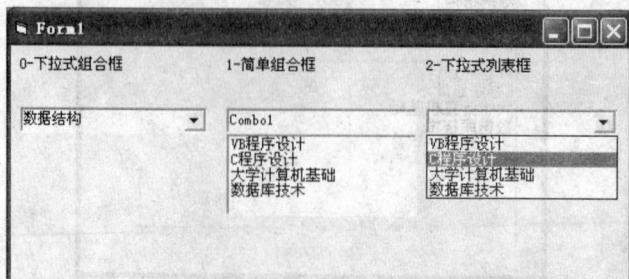

图 6-11　组合框 3 种样式

【例6-11】 利用组合框,设置文本框的对齐方式和字型,界面如图6-12所示。

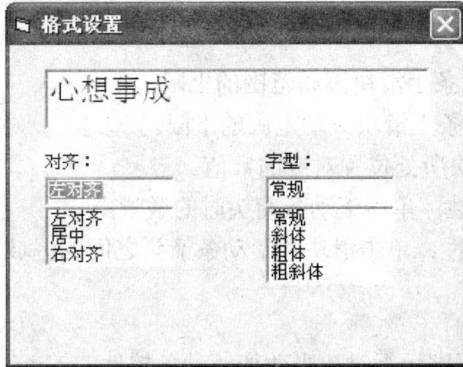

图 6-12 格式设置

分析:对齐和字型用了简单组合框。

程序代码如下:

```
Private Sub Combo1_Click()
    Select Case Combo1.ListIndex    '所选择的项目的序号
        Case 0
            Text1.Alignment = 0
        Case 1
            Text1.Alignment = 2      '居中
        Case 2
            Text1.Alignment = 1
    End Select
End Sub
Private Sub Combo2_Click()
    Select Case Combo2.ListIndex
        Case 0
            Text1.FontItalic = False '常规字型
            Text1.FontBold = False
        Case 1
            Text1.FontItalic = True
            Text1.FontBold = False
        Case 2
            Text1.FontBold = True
            Text1.FontItalic = False
        Case 3
            Text1.FontItalic = True
            Text1.FontBold = True
    End Select
End Sub
```

6.4 滚 动 条

滚动条控件用于信息和属性的调节。它不同于某些控件的内置滚动条属性。滚动条控件的操作不依赖其他控件。滚动条分为水平滚动条和垂直滚动条。

1. 主要属性

1）Max 属性：滚动条上滑块滚动范围的上限。

2）Min 属性：滚动条上滑块滚动范围的下限。

3）Value 属性：滑块所处位置对应的数值。

4）SmallChange 属性：单击滚动条箭头时的增量。

5）LangeChange 属性：单击滑块和滚动条箭头之间的区域时的增量。

2. 常用事件

1）Change 事件：程序运行时，当改变滚动条控件的 Value 值时触发 Change 事件。

2）Scroll 事件：程序运行时，拖动滑块时触发 Scroll 事件。此时，并不会触发 Change 事件，直到停止拖动并松开鼠标的时刻才触发 Change 事件。

【例 6-12】 设计一个滚动条，用来改变标签的字体大小。界面如图 6-13 所示。

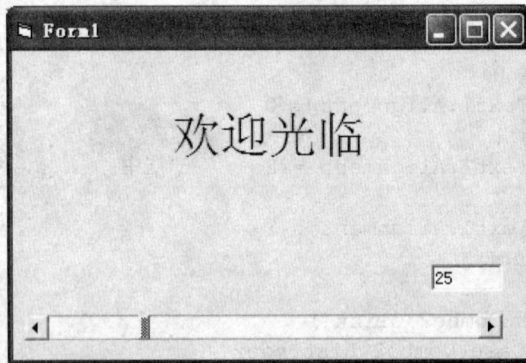

图 6-13 滚动条实例

要求：

1）水平滚动条的取值范围为[12，72]，改变滚动条可以控制标签文字的大小，并同时在文本框中显示标签的字号。

2）标签文字为"欢迎光临"，要求在改变字号时标签保持在窗体中水平居中。

3）文本框最多接受两个字符，当输入一个 ∈[12，72]的两位整数后，也可以改变标签文字的大小，并同时调整水平滚动条的滚动框位置。

程序代码如下：

```
Private Sub Form_Load()
    Label1.Caption = "欢迎光临"
    '使标签在窗体内水平居中
    Label1.Left = (Form1.ScaleWidth - Label1.Width) \ 2
End Sub
Private Sub HScroll1_Change()          '滚动条 Value 值发生改变时改变字号
    Label1.FontSize = HScroll1.Value
    Text1.Text = HScroll1.Value
    Form_Load                          '标签字体改变后，始终保持水平居中
```

```
End Sub
Private Sub HScroll1_Scroll()          '拖动滑块时改变字号
    Label1.FontSize = HScroll1.Value
    Text1.Text = HScroll1.Value
    Form_Load
End Sub
Private Sub Text1_Change()
    Dim a As Integer
    a = Val(Text1.Text)
    If a >= 12 And a <= 72 Then    '在文本框中输入12到72之间的数值时,改变字号
        Label1.FontSize = a
        HScroll1.Value = a
    End If
End Sub
```

【例6-13】 利用滚动条,设计一个调色板程序。界面如图6-14所示。

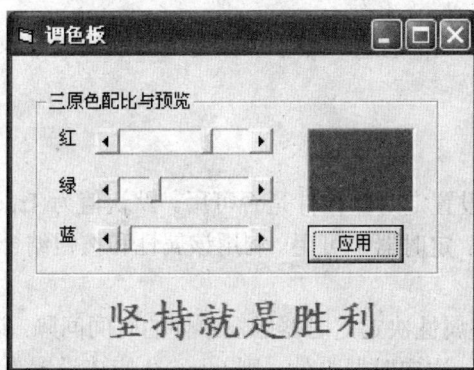

图6-14 调色板

要求:

1)在窗体上放置一个名称为"三原色配比与预览"的框架,框架内有三个水平滚动条,分别表示红、绿、蓝色的配色取值。

2)拖动滚动条的滚动框来选择红、绿、蓝三原色的配色取值,颜色通过文本框来显示。

3)单击"应用"按钮,将调配好的颜色作为标签文字"坚持就是胜利"的文字颜色。

4)标签文字"坚持就是胜利"在窗体中水平居中。

分析:本例中用到了三个滚动条表示颜色的分量,适合使用RGB()函数。所以滚动条的最大值应该设置为255,最小值应设置为0。

程序代码如下:

```
Private Sub Command1_Click()
    Label4.ForeColor = Text1.BackColor
End Sub
Private Sub Form_Load()
    Form1.Caption = "调色板"
    Label4.Caption = "坚持就是胜利"
    Label4.Left = (Form1.ScaleWidth - Label4.Width) / 2
```

```
    Call HScroll1_Change
End Sub
Private Sub HScroll1_Change()
    Text1.BackColor = RGB(HScroll1.Value, HScroll2.Value, HScroll3.Value)
End Sub
Private Sub HScroll2_Change()
    Call HScroll1_Change
End Sub
Private Sub HScroll3_Change()
    Call HScroll1_Change
End Sub
```

6.5 定 时 器

定时器又称计时器、时钟控件，用于以指定的时间间隔来执行程序段。定时器在程序运行阶段是不可见的。

1. 主要属性

1）Enabled 属性：设置定时器控件是否可用。默认值为 True，即定时器可用。当将 Enabled 设置为 False 时，定时器不可用。利用该属性和按钮结合可以灵活地启用或停用定时器控件。

2）Interval 属性：该属性决定定时器触发事件的时间间隔，该属性值以毫秒为单位。如果希望每 1 秒钟执行一次定时器事件，则 Interval 应该设置为 1000。该属性的默认值为 0，表示不产生定时器事件。

2. 常用事件

定时器就一个事件——Timer 事件。

【例 6-14】　利用定时器控件，设计一个字幕闪烁的程序。界面如图 6-15 所示。

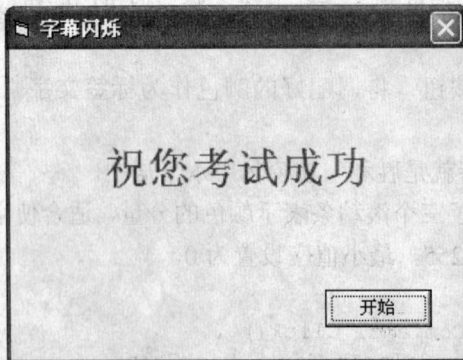

图 6-15　字幕闪烁

要求：

1）单击"开始"按钮，标签"祝您考试成功"文字在定时器控制下自动交替以红、蓝两种颜色显示。同时"开始"按钮变为"停止"按钮。

2）单击"停止"按钮，标签"祝您考试成功"文字停止闪烁。同时"停止"按钮变为"开始"按钮。

3）定时器的时间间隔为0.3秒。

分析：字幕要红、蓝交替显示，可设置一个逻辑类型模块变量或静态变量。当变量值为True时，颜色设置为蓝色，将变量值取反；当变量值为False时，颜色设置为红色，变量值取反。

程序代码如下：

```
Private Sub Command1_Click()
    If Command1.Caption = "开始" Then      '开关按钮
        Command1.Caption = "停止"
        Timer1.Enabled = True
    Else
        Command1.Caption = "开始"
        Timer1.Enabled = False
    End If
End Sub
Private Sub Form_Load()       '定时器的时间间隔为0.3秒
    Timer1.Interval = 300
End Sub
Private Sub Timer1_Timer()
    Static at As Boolean                   '静态变量a控制颜色交替显示
    If at Then
        Label1.ForeColor = RGB(255, 0, 0)  '设置为红色
        at = Not at
    Else
        Label1.ForeColor = RGB(0, 0, 255)  '设置为蓝色
        at = Not at
    End If
End Sub
```

【例6-15】 利用定时器控件，设计倒计时的程序。界面如图6-16所示。

图6-16 倒计时

要求：

1）框架"选择时间"内有一组单选按钮，分别用于选择不同的时间值。只有选择时间后，命令按钮才可以使用。

2）倒计时过程是将剩余的时间显示在标签Label1中，直到0分0秒为止，改为显

示"时间到!"。

3) 单击"计时开始"按钮后，程序根据选择的时间开始倒计时，命令按钮变为不可使用。

分析：定义一个模块级变量 a 表示分钟，变量 b 表示秒钟；定时器控件的 Interval 设置为 1000，每秒执行一次 Timer 事件。每执行一次 Timer 事件，秒数减 1，即变量 b 减 1。当 b 为 0 时，向分钟，即 a 变量借 1 当 60 秒。直到 a=0，b=0 表示时间到。

程序代码如下：

```
Dim a As Integer
Private Sub Option1_Click()
    a = 1
End Sub
Private Sub Option2_Click()
    a = 5
End Sub
Private Sub Option3_Click()
    a = 10
End Sub
Private Sub Timer1_Timer()
    If b = 0 And a <> 0 Then        '秒钟为0，向分钟借1
        a = a - 1
        b = 60
    End If
    b = b - 1
    Label1.Caption = a & "分" & b & "秒"
    If a = 0 And b = 0 Then         '时间到
        Frame1.Enabled = True
        Timer1.Enabled = False
        Label1.Caption = "时间到!"
    End If
End Sub
```

6.6 图 形 控 件

图形控件主要是指图片框、图像框、直线和形状控件。若要在程序中显示图形效果，可以使用图片框和图像框控件。另外，图片框还可以作为容器放置其他控件。直线控件可以在界面中画线。而形状控件用来创建指定的图形，如正方形、矩形、圆和椭圆等。

1. 图片框的主要属性

1）Picture 属性：指定控件中所要显示的图形文件。可以在属性窗口直接选择图形。或者在运行的时候，由 LoadPicture()函数装入得到。使用格式如下：

　　图片框.Picture=LoadPicture("[图形文件路径] ")

如果省略图形文件路径，则是删除图片框中的图片。

2）AutoSize 属性：将该属性值设为 True 时，图片框调节大小以匹配图形的大小；若为 False 时，图片框大小保持不变。而当图片太大，超过图片框范围时，超过的部分将被裁剪。

2. 图像框的主要属性

1）Picture 属性：图像框也有 Picture 属性，用于显示图形文件。

2）Stertch 属性：用于设置图像框和加载到图像框中图形的相互适应关系。该属性有以下两个属性值。

False：默认值。此时图像框自动改变大小，以适应其中的图形，相当于图片框的 AutoSize 属性为 True。

True：加载到图像框中的图形自动调节大小，以适应图像框的大小。但这样的操作，有可能导致图形失真。

3. 直线的主要属性

1）BorderWidth 属性：线的宽度。

2）BorderStyle 属性：直线的线型。比如实线、点划线等。

3）X1,Y1,X2,Y2：直线的起点坐标、终点坐标。

4. 形状的主要属性

1）Shape 属性：对象的形状。如正方形、圆等。

2）FillStyle 属性：图形的填充样式，其中默认值为 1，表示透明不填充。若设置为 0，则是实心填充。

3）FillColor 属性：图形填充的颜色。

4）BorderColor 属性：设置边框颜色。

【例 6-16】 用形状控件在窗体上显示各种图形形状、各种填充样式、各种填充色彩。界面如图 6-17 所示。

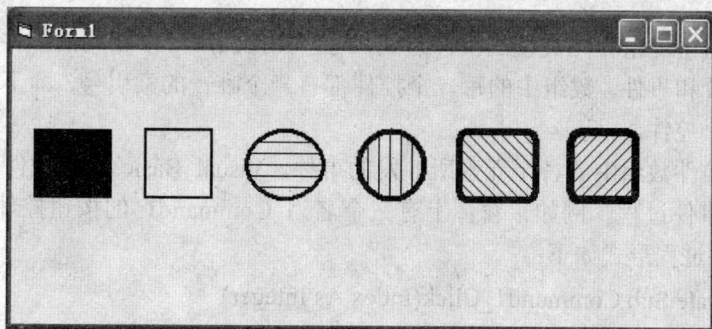

图 6-17 形状控件应用实例

分析：先在界面中绘制第一个形状 Shape1，再用复制、粘贴的方法产生后 5 个形状。粘贴的时候提示是否产生控件数组，选择"否"，不产生控件数组。

程序代码如下：

```
Private Sub Form_Click()
    Dim i As Integer
```

```
        Shape2.Shape = 1
        Shape2.FillStyle = 1
        Shape2.BorderWidth = 1
        Shape3.Shape = 2
        Shape3.FillStyle = 2
        Shape3.BorderWidth = 2
        Shape4.Shape = 3
        Shape4.FillStyle = 3
        Shape4.BorderWidth = 3
        Shape5.Shape = 4
        Shape5.FillStyle = 4
        Shape5.BorderWidth = 4
        Shape6.Shape = 5
        Shape6.FillStyle = 5
        Shape6.BorderWidth = 5
    End Sub
    Private Sub Form_Load()
        Shape1.FillStyle = 0
        Shape1.Shape = 0
    End Sub
```

思考：学习了下一节控件数组后，重做本题。

6.7　控　件　数　组

在处理大量的相同类型的数据时，引入了下标变量，产生了数组。在程序中使用数组给程序设计带来了极大的方便。同样地，如果在应用程序中用到一些功能相近的控件，则可以考虑使用控件数组。

6.7.1　控件数组的概念

控件数组由一组相同类型的控件组成，这些控件共用一个相同的控件名称，具有同样的属性设置和事件。数组中的每一个控件都有一个唯一的索引号，即下标，通过下标来访问每一个控件。

为区分控件数组中的各个元素所触发的事件，Visual Basic 会把控件数组元素的索引值传递给事件过程。例如，窗体上有三个名为 Command1 的按钮控件，Command1 的 Click 事件过程形式如下：

```
        Private Sub Command1_Click(Index As Integer)
            …
        End Sub
```

这样，不论单击了哪一个名为 Command1 的按钮，都会调用这一事件过程，同时该按钮的 Index 属性值作为 Index 参数传递给过程，可以通过判断 Index 的值确定用户到底单击了哪一个按钮。

在建立控件数组时，Visual Basic 需要给每一个控件数组的元素一个 Index 值，通过属性窗口的 Index 属性可以设置和查看这个值。一般情况下，第一个元素的 Index 值为 0，在设计阶段，可以改变控件数组元素的 Index 属性，但不能在运行时改变。

控件数组是针对控件建立的，因此与普通数组的定义不一样。可以通过下面两种方法来建立控件数组。

方法一：给控件起相同的名称，当第一次键入相同的名称时，Visual Basic 将弹出一个对话框（如图 6-18 所示），询问是否要建立控件数组。单击"是"按钮将建立控件数组。

图 6-18　询问对话框

方法二：将现有的控件复制并粘贴到窗体上面，选择要创建控件数组。选择"编辑"菜单中的"复制"命令，将控件放入到剪贴板中。再选择"编辑"菜单中的"粘贴"命令，此时将显示如图 6-18 所示的对话框，询问是否要建立控件数组。单击"是"按钮将建立控件数组。

6.7.2　控件数组的使用

【例 6-17】　按图 6-19 设计窗体，其中一组共 4 个按钮构成控件数组，要求当单击按钮时，能够改变文本框中文字的大小。

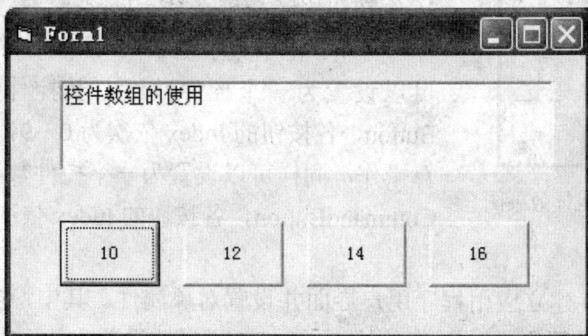

图 6-19　控件数组的使用

设计步骤如下：

1）画出第一个按钮控件，名称采用默认的 Command1。此时该控件处于选定状态。

2）单击工具栏上的"复制"按钮（或按 Ctrl+C 快捷键）。

3）单击工具栏上的"粘贴"按钮（或按 Ctrl+V 快捷键），此时系统弹出一个如图 6-18 所示的对话框。单击"是"建立控件数组。

通过鼠标拖放可以调整新控件的位置，画出文本框，设置相应属性。单击按钮编写代码如下：

```
Private Sub Command1_Click(Index As Integer)
    If Index = 0 Then
        Text1.FontSize = 10
    ElseIf Index = 1 Then
        Text1.FontSize = 12
    ElseIf Index = 2 Then
        Text1.FontSize = 14
    Else
        Text1.FontSize = 16
    End If
End Sub
```

上述过程根据 Index 属性值决定在单击某个命令按钮时所执行的操作。所建立的控件数组包含 4 个命令按钮，其下标（Index 属性）分别为 0、1、2、3。第一个命令按钮的 Index 属性为 0，因此，当单击第一个命令按钮时，执行的是下标为 0 的那个数组元素的操作；而当单击第二个命令按钮时，执行的则是下标为 1 的那个数组元素的操作，以此类推。

上述代码可进一步简化如下：

```
Private Sub Command1_Click(Index As Integer)
    Text1.FontSize = Command1(Index).Caption
End Sub
```

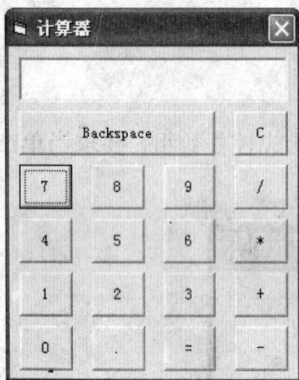

图 6-20　计算器程序运行效果图

【例 6-18】　利用控件数组创建一个计算器程序，要求能够实现简单的加、减、乘、除运算，设计界面如图 6-20 所示。要求当程序运行时，输入第一个运算数，然后单击运算符，如"+"按钮，则清屏，当用户输入第二个运算数再单击"="按钮后，则给出运算结果；"C"按钮用于清屏，"Backspace"按钮用于退格。

分析：由于数字键 0～9 具有相同的功能特性，所以可以设置为一个控件数组，其控件类型为 Command Button，各按钮的 Index 依次为 0～9；+、-、*、/均为运算操作，同样可以设置为一个控件数组，其控件类型为 CommandButton，各按钮的 Index 依次为 0～4。

设计步骤如下：

1）参照图 6-20 建立应用程序用户界面并设置对象属性。其中，窗体的 MinButton、MaxButton 属性都设置为 True，窗体的 BorderStyle 属性设置为 1，Caption 属性设置为计算器。其他各控件属性设置如下：

```
Label1.BackColor = &HFFFFFF        '标签背景为白色
Label1.Caption = ""
Label1.Alignment = 1               '标签右对齐显示
Command1.Caption = "Backspace"
Command2.Caption = "C"
Command3(0).Caption = "0"
Command3(1).Caption = "1"
Command3(2).Caption = "2"
Command3(3).Caption = "3"
```

```
Command3(4).Caption = "4"
Command3(5).Caption = "5"
Command3(6).Caption = "6"
Command3(7).Caption = "7"
Command3(8).Caption = "8"
Command3(9).Caption = "9"
Command4.Caption = "."
Command5.Caption = "="
Command6(0).Caption = "+"
Command6(1).Caption = "-"
Command6(2).Caption = "*"
Command6(3).Caption = "/"
```

2）编写程序代码。

程序代码如下：

```
Dim OldValue As Double                          '存放第一个运算数的值
Dim c As String                                 '存放运算符号
Private Sub Command1_Click()
    If Label1.Caption <> "" Then                '退格
        Label1.Caption = Left(Label1.Caption, Len(Label1.Caption) - 1)
    End If
End Sub
Private Sub Command2_Click()
    Label1.Caption = ""                         '删除所有运算数
End Sub
Private Sub Command3_Click(Index As Integer)
    '把每次单击 Command3 的 Caption 连接形成运算数，先存在 Label1 的 Caption 里
    Label1.Caption = Label1.Caption & Command3(Index).Caption
End Sub
Private Sub Command4_Click()
    '利用 InStr 函数查找是否已经存在小数点
    If InStr(Label1.Caption, ".") = 0 Then
        Label1.Caption = Label1.Caption + "."
    End If
End Sub
Private Sub Command5_Click()
    '根据运算符号进行相应的计算
    If c = "+" Then
        OldValue = OldValue + Val(Label1.Caption)
    ElseIf c = "-" Then
        OldValue = OldValue - Val(Label1.Caption)
    ElseIf c = "*" Then
        OldValue = OldValue * Val(Label1.Caption)
    ElseIf c = "/" Then
        If Val(Label1.Caption) = 0 Then
            MsgBox ("除数不能为零！")
        Else
            OldValue = OldValue / Val(Label1.Caption)
        End If
    End If
```

```
    Label1.Caption = OldValue
End Sub
Private Sub Command6_Click(Index As Integer)
    OldValue = Val(Label1.Caption)    '将第一个运算数存入到变量 OldValue
    Label1.Caption = ""
    c = Command6(Index).Caption        '记录运算符号
End Sub
```

习 题 六

一、阅读下列程序，写出运行结果

【程序 1】

写出程序运行后窗体上显示的结果。

```
Dim t As Integer
Private Sub Form_Load()
    Timer1.Interval = 1000: Timer1.Enabled = True
End Sub
Private Sub Timer1_Timer()
    Call xj(t)
    t = t + 2
    If t > =7 Then Timer1.Enabled = False:Print "运行结束"
End Sub
Public Sub xj(n As Integer)
    n = 2*n
    Print "n="; n
End Sub
```

【程序 2】

请写出在 Text1、Text2 中输入 48、72 并单击 Command1 按钮后，窗体上的显示结果。

```
Private Sub Command1_Click()
    Dim m As Long, n As Long, r As Long
    m = Text1.Text: n = Text2.Text
    Do While m <> n
      Do While m > n
        m = m - n
      Loop
      Do While n > m
        n = n - m
      Loop
    Loop
    Print m
End Sub
```

【程序 3】

请写出在文本框中输入"321"（3 个字符）并按回车键后标签控件上的显示结果。

```
Private Sub Text1_KeyPress(KeyAscii As Integer)
    Dim a As String * 1, b As String, n As Byte, i As Integer
    If KeyAscii = 13 Then
      b = Text1.Text: n = Len(b)
      For i = 1 To n \ 2
        a = Left(b, 1)
        b = Right(b, n - 1) + a
        Label1.Caption = Label1.Caption + b + vbCrLf
      Next i
    End If
End Sub
```

【程序 4】

请写出在文本框中输入"ABCD"（4 个字符）并按下回车键后，窗体上显示的结果。

```
Private Sub Text1_Change()
    Print Text1.Text
End Sub
```

【程序 5】

写出程序运行后窗体上显示的结果。

```
Private Sub Command1_Click()
    Dim b(8) As Integer, i As Integer, j As Integer
    b(1) = 9: b(2) = 10: b(3) = 15: b(4) = 2
    b(5) = 16: b(6) = 9: b(7) = 7: b(8) = 15
    For i = 1 To 8
      For j = 1 To 8
        If i <> j And b(i) = b(j) Then Exit For
      Next j
      If j > 8 Then Print b(i)
    Next i
End Sub
```

【程序 6】

已知水平滚动条 HScroll1 的有关属性已经在属性窗口进行了如下的设置：

HScroll1.Min 为 1   HScroll1.Max 为 10   HScroll1.SmallChange 为 1

HScroll1.LargeChange 为 2   HScroll1.Value 为 1

写出连续 3 次单击水平滚动条 HScroll1 右端箭头后，窗体上显示的结果。

```
Private Sub HScroll1_Change()
    Static y As Integer
    If HScroll1.Value Mod 2 = 0 Then
      y = y + HScroll1.Value
      Print "y="; y
    End If
End Sub
```

二、程序填空

1. **【程序说明】** 下面程序用于实现在用户按下回车键后将一个组合框（Cbo）中没有的项目添加到组合框中。

【程序】

```
Sub Cbo_Keypress(KeyAscii As Integer)
    Dim Flag as Boolean
    If KeyAscii = 13  Then
        Flag = False
        For i = 0  to Cbo.ListCount - 1
            If _____(1)_____  Then
                Flag = True
                Exit For
            End If
        Next i
        If _____(2)_____  Then
            _____(3)_____
        Else
            MsgBox ("组合框中已有该项目")
        End If
    End If
End Sub
```

2.【程序说明】在一维数组中利用移位的方法显示如图 6-21 所示的结果。

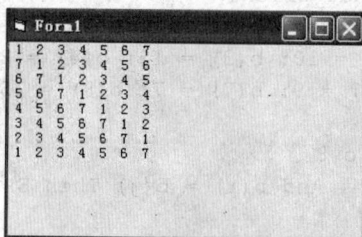

图 6-21　数组移位

【程序】

```
Private Sub Form_Click()
    Dim a(1 To 7)
    For i = 1 To 7
        a(i) = i
        Print a(i);
    Next i
    Print
    For i = 1 To 7
        T = _____(1)_____
        For j = 6 to 1 _____(2)_____
            _____(3)_____
        Next j
        a(1) = T
        For j = 1 To 7
            Print a(j);
        Next j
        Print
    Next i
End Sub
```

3.【程序说明】以下程序可以将列表框中同时选中的多个列表项删除。

【程序】

```
Private Sub cmdDel_Click()
    i = 0
    Do While i<_____(1)_____
        If List1.Selected(i) = True Then
            _____(2)_____
        Else
            _____(3)_____
        End If
    Loop
End Sub
```

4.【程序说明】利用 1 个定时器、1 个标签和 2 个命令按钮制作一个动态秒表。

各控件名称取默认值,控件 Command1、Command2 标题分别为"开始"、"结束"。运行时,单击"开始"按钮后秒表开始计时,并在标签上显示总秒数;单击"结束"按钮后,计时结束,在窗体上显示出运行的时间(折算成小时、分钟和秒数)。

【程序】

```
Dim x As Long
Private Sub Form_Load()
    Timer1.Interval = 1000: Timer1.Enabled = False
End Sub
Private Sub Command1_Click()
    Cls
    x = 0
    _____(1)_____
End Sub
Private Sub Command2_Click()
    Dim h As Integer, m As Integer, s As Integer
    Timer1.Enabled = False
    h = x\3600
    m = _____(2)_____
    s = _____(3)_____
    Print "运行了" + Str(h) + "小时" + Str(m) + "分" + Str(s) + "秒"
End Sub
Private Sub Timer1_Timer()
    _____(4)_____
    Label1.Caption = x
End Sub
```

三、程序设计

1. 设计一个字体修饰程序,界面如图 6-22 所示。要求:框架 1 中有一个复选框数组,可以选择粗体和斜体对标签中的文字进行修饰;框架 2 中有一个单选按钮数组,可以选择宋体或楷体对标签中的文字进行修饰;标签 Label1 的文字内容为"Visual Basic 程序设计",文字格式为"宋体,常规,三号",文字对齐方式为居中。

2. 设计一个点菜的程序,界面如图 6-23 所示。要求:框架中的复选框是控件数组,提供可选择的三种套餐;右边的文本框数组中可以输入数量,输入时文本框只接受数字键,并且只有选取了相应的套餐后才可以进行输入;如果没有选取套餐,那么文本框不能编辑并清空；单击"确定"按钮，统计点餐的金额，并用消息框显示出来。

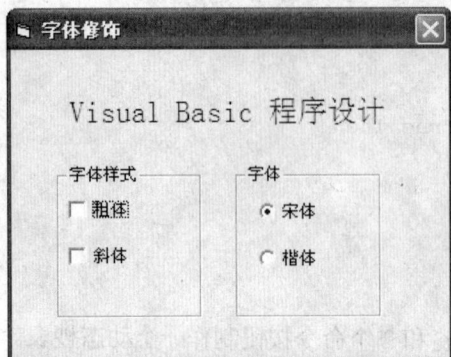

图 6-22　字体修饰

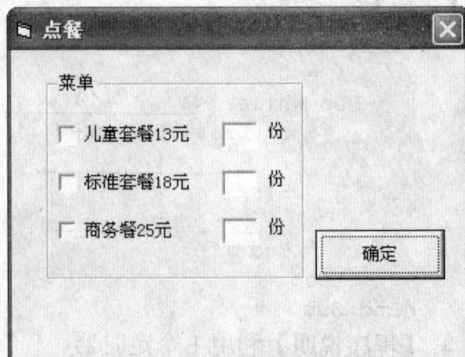

图 6-23　点菜

3．编写利用组合框对文本的字体和大小进行设置的程序，界面如图 6-24 所示。要求：左边一个简单组合框，项目内容为"宋体"，"黑体"和"楷体_GB2312"；右边一个简单组合框，对文本框的文字大小进行设置，字号为 12、14、16 直到 72 号；文本框中文字为"心想事成"。

4．编制一个用于进制转换的应用程序，运行时的界面如图 6-25 所示。

5．编写一个登录界面程序。要求：建立一个文本框用于输入口令（显示为"*"，按回车键作为结束）、一个命令按钮（标题为"进入"）。运行时，"进入"按钮不能响应，直到输入的口令正确时才响应。输入口令时，有相应的提示信息。当单击"进入"按钮时，在窗体上显示"欢迎进入！"。

6．设计一个拨号盘的程序，界面如图 6-26 所示。要求：命令按钮数组构成数字键，单击数字键按钮，将拨号的内容显示在文本框 Text1 中；单击"重拨"按钮，再现原来的拨号过程（提示：再现过程由定时器实现，定时器的时间间隔为 0.5 秒）；设置文本框最多接受 10 个字符。

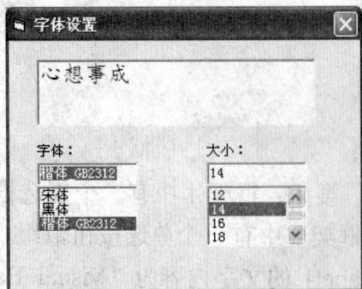

图 6-24　组合框设置

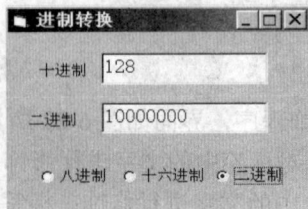

图 6-25　进制转换

图 6-26　拨号盘

第 7 章 绘 图 方 法

在 Visual Basic 中，提供了丰富的图形图像处理功能，我们在设计程序的过程中，可以使用图形控件，也可以使用绘图方法进行绘图。本章将从 Visual Basic 的坐标系统、绘图属性、绘图方法等方面介绍 Visual Basic 图形设计方面的基本绘图方法。

7.1 坐 标 系 统

在 Visual Basic 中，容器都有一个自己默认的坐标系，坐标系中的坐标原点在容器里的左上角，X 轴向右为正、Y 轴向下为正，如图 7-1 所示为窗体容器的默认坐标系。

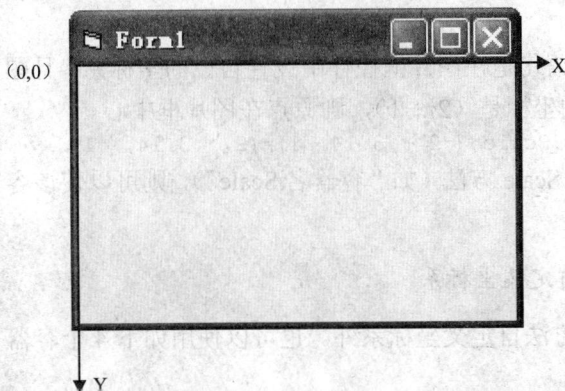

图 7-1　窗体默认的坐标系

7.1.1　坐标刻度

在 Visual Basic 中，容器的默认坐标系其默认的坐标刻度是 Twip（缇）。我们在程序设计中，也可以使用其他的刻度单位，如磅和毫米等。可通过设置容器的 ScaleMode 属性来选择改变坐标系统的刻度单位。ScaleMode 的属性值如表 7-1 所示。

表 7-1　ScaleMode 的属性值

属性值	刻度单位	常 量
0	用户自定义	vbUser
1	缇（默认）	vbTwis
2	磅	vbPoints
3	像素	vbPixels
4	字符	vbCharacters

续表

属性值	刻度单位	常　量
5	英寸	vbInches
6	毫米	vbMillimeters
7	厘米	vbCentimeters

7.1.2　自定义坐标系

在 Visual Basic 中，可以不使用系统默认的坐标系，而定义自己所需要的坐标系统，此时就相当于已经把 ScaleMode 的属性设置为 0 了。自定义坐标系统通常用一个方法 Scale 或 4 个属性（ScaleLeft、ScaleTop、ScaleWidth、ScaleHeight）来进行定义。

1. 自定义坐标系的 Scale 方法

格式：[容器名.]Scale [(x1,y1)-(x2,y2)]
功能：定义容器（省略容器名指窗体）左上角的坐标为(x1,y1)，右下角的坐标值为 (x2,y2)。
例如：用下列语句是在图片框控件中设置自己的坐标系，且图片框左上角的坐标为 (-2π,1)，右下角的坐标是（2π,-1），则原点在图片框中心。

```
Picture1.Scale (-2 * 3.14, 1)-(2 * 3.14, -1)
```

使用无参数的 Scale 方法（如"容器名.Scale"），则可以使该容器的坐标还原为系统默认的坐标系。

2. 使用属性自定义坐标系

除了用 Scale 方法自定义坐标系外，也可以使用如下 4 个容器类对象的属性来定义坐标系，效果一样。
1）ScaleLeft：容器左上角的横坐标，默认值为 0。
2）ScaleTop：容器左上角的纵坐标，默认值为 0。
3）ScaleWidth：容器自身的宽度值。
4）ScaleHeight：容器自身的高度值。
若容器左上角的坐标为(x1,y1)，右下角的坐标值为(x2,y2)，则：

```
[容器名.]ScaleLeft=x1
[容器名.]ScaleTop=y1
[容器名.]ScaleWidth=x2-x1
[容器名.]ScaleHeight=y2-y1
```

故上述例子也可这样来自定义坐标系：

```
Picture1.ScaleLeft = -2 * 3.14
Picture1.ScaleTop = 1
Picture1.ScaleWidth = 4 * 3.14
Picture1.ScaleHeight = -2
```

7.2 绘图属性

7.2.1 当前坐标

当前坐标是指在坐标系中的当前位置。在容器的某一特定位置要输出一结果时，就要用到当前坐标。下面是与当前坐标有关的两个属性。

1）CurrentX 属性：当前点在容器内的横坐标（数值类型）。

2）CurrentY 属性：当前点在容器内的纵坐标（数值类型）。

在设置 CurrentX、CurrentY 属性后，所设值就是下一个输出方法的当前位置。

如执行下列程序，则在图片框的中心输出"0"。

```
Private Sub Picture1_Click()
    Picture1.Scale (-2 * 3.14, 1)-(2 * 3.14, -1)
    Picture1.CurrentX = 0
    Picture1.CurrentY = 0
    Picture1.Print "0"
End Sub
```

在使用 Cls 方法后，CurrentX、CurrentY 属性值为 0。

7.2.2 使用颜色

在使用图形方法绘图时要使用不同的颜色，Visual Basic 中使用的颜色用一个长整型数（通常用十六进制）表示，如&HFFFF00&。其数值由 3 部分组成：右边的两位（十六进制数，下同）代表红色的值，中间的两位代表绿色的值，左边的两位代表蓝色的值。

每个值都可以取 0 到 255 之间的数值，因此共有 256 的立方种不同的颜色取值。

一是在设计阶段，可以通过在对象的属性窗口中选择需要设置的颜色属性，用打开的"调色板"对话框进行颜色设置。

二是程序运行阶段，可以使用颜色函数、使用系统预定义好的颜色常量、直接赋值或使用通用对话框中的"颜色"对话框来选取颜色。

1. 颜色函数

Visual Basic 提供了两个专门处理颜色的函数：RGB 和 QBColor。

（1）RGB 函数

格式：RGB(Red,Green,Blue)

其中，Red、Green、Blue 分别代表红色的值、绿色的值和蓝色的值。取值范围都是 0 到 255。

例如：语句 Form1.BackColor = RGB(255,255,0)，用来将窗体 Form1 的背景色设置为黄色。

RGB 函数采用红、绿、蓝三色原理，返回一个 Long 整数，用来表示一个颜色值。表 7-2 列出了一些常见的颜色以及这些颜色的三色值。

表 7-2 常见颜色的 RGB 值

颜色	红	绿	蓝
白色	255	255	255
黄色	255	255	0
洋红色	255	0	255
红色	255	0	0
青色	0	255	255
绿色	0	255	0
蓝色	0	0	255
黑色	0	0	0

（2）QBColor 函数

格式：QBColor(Color)

其中，Color 参数是一个介于 0 到 15 的整数，如表 7-3 所示。

例如：语句 Form1.BackColor=QBColor(6)，也是用来将窗体 Form1 的背景色设置为黄色。

表 7-3 Color 参数值及对应的颜色

参数值	颜色	参数值	颜色
0	黑色	8	灰色
1	蓝色	9	亮蓝色
2	绿色	10	亮绿色
3	青色	11	亮青色
4	红色	12	亮红色
5	洋红色	13	亮洋红色
6	黄色	14	亮黄色
7	白色	15	亮白色

2. 颜色常量

颜色常量是在 Visual Basic 系统内部预定义好的常量，程序设计时可以不需要声明就可以直接使用。如：Form1.BackColor = vbYellow。

Visual Basic 定义的常用颜色常量如表 7-4 所示。

表 7-4 常用颜色常量

颜色常量	颜色	颜色常量	颜色
vbBlack	黑色	vbYellow	黄色
vbRed	红色	vbMagenta	洋红色
vbGreen	绿色	vbCyan	青色
vbBlue	蓝色	vbWhite	白色

3. 直接赋值

如果知道具体的颜色值，也可以直接给颜色属性赋值。

例如，语句 Form1.BackColor=&HFFFF00&，也是将窗体的背景色设置为黄色。

7.2.3 线宽和线型

（1）线宽

DrawWidth 属性：用以设置点的大小或线的宽度。以像素为单位，最小值为 1。

（2）线型

DrawStyle 属性：设置所画线的形状。

7.2.4 填充

在绘图中，如果图形是封闭的，就可以进行填充。在 Visual Basic 中，与填充有关的两个属性介绍如下。

（1）填充图案

FillStyle 属性：设置填充的图案样式，可在 0～7 之间取值。

（2）填充颜色

FillColor 属性：设置填充的颜色。

7.3 绘 图 方 法

7.3.1 画点方法 Pset

Pset 方法用于在对象的指定位置用某一颜色画点。

格式：[容器名.]Pset [step](x,y)[,颜色]

其中，(x,y)为画点的坐标；[step]表示用当前画点位置的相对值；[颜色]为画点的颜色值，若省略则使用容器对象的前景色（ForeColor）画点。该方法所画点的大小，取决于容器对象的 DrawWidth 属性值。

【例 7-1】 单击窗体，用 Pset 方法画出[-2π，2π]上的正弦曲线和余弦曲线。

分析：

1）由于正弦曲线和余弦曲线的取值都在-1 和 1 之间，且要求画出[-2π，2π]区间上的，因此可以先用 Scale 方法定义坐标系，使窗体对象的左上角坐标为[-2π，1]，而右下角的坐标为[2π，-1]，然后再用 Pset 方法画出该坐标系。

2）单击窗体时，根据 x 从[-2π，2π]的不断取值，用 y=sin(x)和 y=cos(x)求出 y，然后在(x,y)点用 Pset 画出即可（用循环实现）。

依据以上分析，可编写程序代码如下：

```
Const pi = 3.1416
Private Sub Form_Click()
    Dim x As Single
```

```
    For x = -2 * pi To 2 * pi Step 0.01
        Form1.Pset (x, Sin(x)), vbBlue
        Form1.Pset (x, Cos(x)), vbRed
    Next x
End Sub
Private Sub Form_Load()
    Dim x As Single, y As Single
    Form1.Scale (-2 * pi, 1)-(2 * pi, -1)
    For x = -2 * pi To 2 * pi Step 0.01
        Form1.Pset (x, 0)
    Next x
    For y = -1 To 1 Step 0.001
        Form1.Pset (0, y)
    Next y
    Form1.CurrentX = 0.1
    Form1.CurrentY = -0.01
    Print "0"
End Sub
```

运行界面如图 7-2 所示。

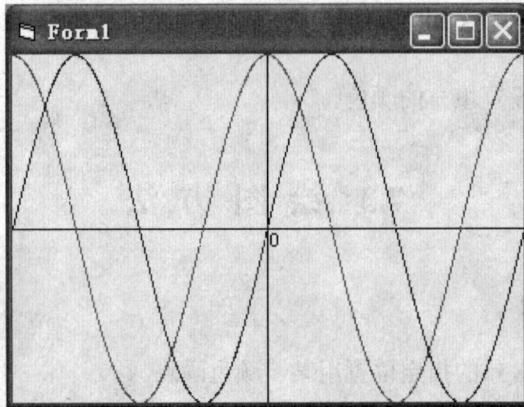

图 7-2　在窗体上画正弦和余弦曲线

如要把某点的颜色值取出，则可用到 Point 函数。

格式：[容器.]Point(x,y)

功能：返回(x,y)点的颜色值。

【例 7-2】　将图片框 Picture1 中图像复制到图片框 Picture2，要求保持色彩、纵横比例不变。

分析：

1）当程序运行时，图片框 Picture1 中已加载图像，且"复制"按钮可用，"结束"按钮不可用。其运行界面如图 7-3 所示。

2）当单击"复制"按钮后，Picture1 中的图像按要求保持色彩、纵横比例不变后复制到 Picture2，同时"复制"按钮不可用，"结束"按钮可用；单击"结束"按钮退出程序。

图7-3 图像复制运行界面

依据以上分析，可编写程序代码如下：

```
Private Sub Command1_Click()
    Dim i As Integer, j As Integer, x As Integer, y As Integer
    Dim c As Long
    For i = 1 To Picture1.ScaleWidth
        For j = 1 To Picture1.ScaleHeight
            c = Picture1.Point(i, j)
            x = Picture2.ScaleWidth * i / Picture1.ScaleWidth
            y = Picture2.ScaleHeight * j / Picture1.ScaleHeight
            Picture2.Pset (x, y), c
        Next j
    Next i
    Command1.Enabled = False
    Command2.Enabled = True
End Sub
Private Sub Command2_Click()
    End
End Sub
```

7.3.2 画线、矩形方法 Line

Line 方法用于在指定对象上画直线和矩形。

格式：[容器名.]Line [[step](x1,y1)]-[step](x2,y2)[,颜色][,B[F]]

其中，容器可以是窗体、图片框等，默认为窗体；(x1,y1)为直线的起点坐标或矩形的左上角坐标，(x2,y2)为直线的终点坐标或矩形的右下角坐标；B 为画矩形；F 为填充的矩形，F 必须和 B 一起使用。

如例 7-1 中坐标系是用画点来完成的，现在用 Line 来画线，则可改为如下简单的代码：

```
Private Sub Form_Load()
    Form1.Scale (-2 * pi, 1)-(2 * pi, -1)
    Form1.Line (-2 * pi, 0)-(2 * pi, 0)
    Form1.Line (0, 1)-(0, -1)
    Form1.CurrentX = 0.1
    Form1.CurrentY = -0.01
    Print "0"
End Sub
```

例如，执行下列程序，在窗体上输出结果如图 7-4 所示。

```
Private Sub Form_Click()
    Form1.FillStyle = 2
    Form1.FillColor = vbBlue
    Form1.ForeColor = vbGreen
    Line (100, 100)-(1500, 1000), vbRed, B   '红色外框，蓝色水平填充线
    Line (1600, 100)-(2500, 1000), ,B        '绿色外框，蓝色水平填充线
    Line (2800, 100)-(3800, 1000), vbRed, BF '红色实心矩形
End Sub
```

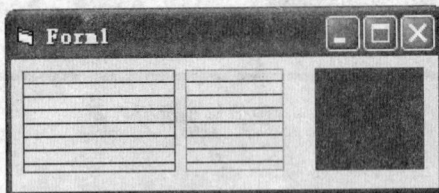

图 7-4　矩形与填充矩形

7.3.3　画圆、圆弧和椭圆方法 Circle

Circle 方法用于在指定对象上画圆、椭圆、圆弧和扇形。

格式：[容器名.] Circle [[Step] (x,y),半径[,颜色][,起始角][,终止角][,长短轴比率]]]

其中，(x,y)为圆心坐标；关键字 Step 表示采用当前作图位置的相对值；圆弧和扇形通过参数起始角、终止角控制。当起始角、终止角取值在 0~2π 时为圆弧；当在起始角、终止角取值前加一负号时，画出扇形，负号表示画圆心到圆弧的径向线。椭圆通过长短轴比率控制，默认值为 1，即画圆。

【**例 7-3**】　单击窗体后，画一系列圆心在窗体中心，半径随机，且窗体所能容纳的同心圆。运行后效果如图 7-5 所示。

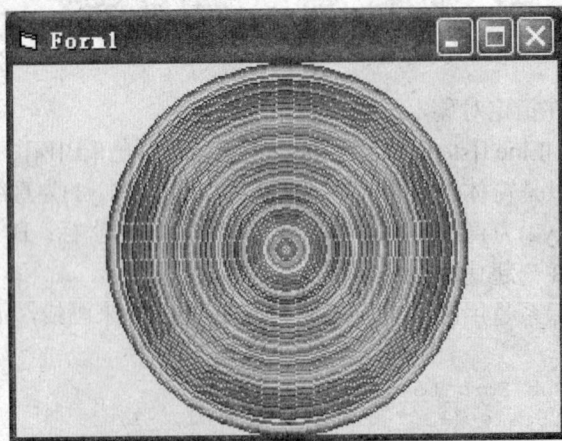

图 7-5　一组同心圆运行界面

分析：

1）根据题意每一个圆的圆心固定在窗体中心，即(x,y)确定；画的圆要在窗体内，

则要求判断窗体的高度和宽度的大小，然后，半径是最小者的一半；同时画出的圆颜色是各不相同的，是随机的，则可用到 Rnd。画这样一个圆可用一个过程来完成。

2）单击窗体后，要画一系列这样的圆，则可在一个循环中调用过程就可以了。

依据以上分析，可编写程序代码如下：

```
Public Sub circledemo()
    Dim r As Integer,g As Integer,b As Integer
    Dim r1 As Single
    r = Int(Rnd * 255)
    g = Int(Rnd * 255)
    b = Int(Rnd * 255)
    If Form1.ScaleHeight < Form1.ScaleWidth Then
        r1 = Rnd * Form1.ScaleHeight / 2
    Else
        r1 = Rnd * Form1.ScaleWidth / 2
    End If
    x = Form1.ScaleWidth / 2
    y = Form1.ScaleHeight / 2
    Form1.Circle (x, y), r1, RGB(r, g, b)
End Sub
Private Sub Form_Click()
    Dim i As Integer
    Form1.Cls
    For i = 1 To 10000
        Call circledemo
    Next i
End Sub
```

【例7-4】 在窗体上画出一个红、绿、蓝各占 1/3 的圆饼图，如图 7-6 所示。

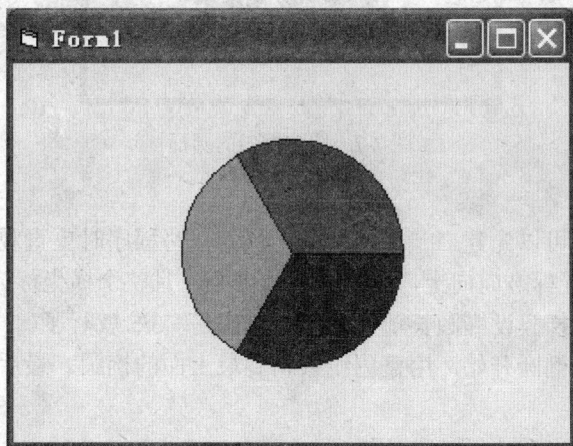

图 7-6 圆饼图

分析：

1）根据题意，可以先建立一个坐标系，从而在写程序时更直观，如使窗体的横坐标方向向右，纵坐标方向向上，原点在窗体中心，且整个横坐标为 10 个单位，纵坐标为 8 个单位。这样半径假设为 2 就行了。

2）每次用 Circle 画 1/3 个圆弧，且在画之前要先设置填充样式和填充颜色，同时还要连接圆弧和圆心的线，即在起始角、终止角前加负号。

依据以上分析，可编写程序代码如下：

```
Const pi = 3.14156
Private Sub Form_Click()
    Dim x As Integer,y As Integer
    Form1.Scale (-5, 3)-(5, -3)
    x = 0
    y = 0
    Form1.FillStyle = 0
    Form1.FillColor = vbRed
    Form1.Circle (x, y), 2, , -2 * pi, -2 * pi / 3
    Form1.FillColor = vbGreen
    Form1.Circle (x, y), 2, , -2 * pi / 3, -4 * pi / 3
    Form1.FillColor = vbBlue
    Form1.Circle (x, y), 2, , -4 * pi / 3, -2 * pi
End Sub
```

【例 7-5】 在图片框中画一个如图 7-7 所示的圆桶。

图 7-7　图片框中的圆桶

分析：

1）根据题意，可以先建立一个坐标系，从而在写程序时更直观，如使图片框的横坐标方向向右，纵坐标方向向上，原点在窗体中心，且整个横坐标为 16 个单位，纵坐标为 20 个单位。这样假设椭圆长轴为 8，长短轴比率 3/5 就行了。

2）从最底下的椭圆开始，用蓝色线条画到最上面的椭圆。最后在最上面画一个用白色填充了的椭圆。

依据以上分析，可编写程序代码如下：

```
Private Sub Form_Click()
    Dim r As Single,y As Single,y1 As Single,y2 As Single
    Picture1.Scale (-8, 10)-(8, -10)
    r = 8
    y1 = -r * 3 / 5
    y2 = 10 - r * 3 / 5
    For y = y1 To y2 Step 0.01
        Picture1.Circle (0, y), r, vbBlue, , , 3 / 5
    Next y
```

```
        Picture1.FillColor = vbWhite
        Picture1.FillStyle = 0
        Picture1.Circle (0, y), r, , , , 3 / 5
End Sub
```

7.4 绘图应用实例

【例 7-6】 编写程序，实现输入不同的抛物线方程 $y=ax^2+bx+c$ 的三个系数 a、b、c，在窗体上画出相应的抛物线。程序运行界面如图 7-8 所示。

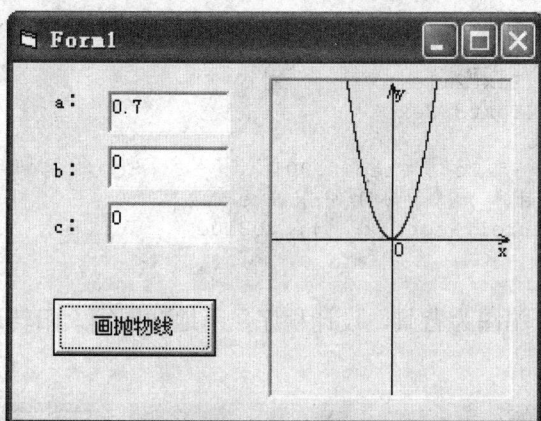

图 7-8 画抛物线

分析：

1）根据题意，可以先建立一个坐标系，如使图片框的横坐标方向向右，纵坐标方向向上，原点在窗体中心，整个横坐标为 20 个单位，纵坐标为 20 个单位，且用 Line 方法画出坐标轴。同时建立三个文本框用于输入 a、b、c 的值。

2）单击"画抛物线"按钮，根据输入的 a、b、c 的值，在图片框中用 Pset 方法画出该抛物线。

依据以上分析，可编写程序代码如下：

```
Private Sub Form_Load()
    '定义坐标系
    Picture1.Scale (-10, 10)-(10, -10)
    '画 X 坐标轴
    Picture1.Line (-10, 0)-(10, 0)
    Picture1.Line (9, 0.3)-(10, 0)
    Picture1.Line (9, -0.3)-(10, 0)
    Picture1.CurrentX = 9
    Picture1.CurrentY = 0
    Picture1.Print "x"
    '画 Y 坐标轴
    Picture1.Line (0, -10)-(0, 10)
    Picture1.Line (-0.3, 9)-(0, 10)
    Picture1.Line (0.3, 9)-(0, 10)
```

```
            Picture1.CurrentX = 0.4
            Picture1.CurrentY = 10
            Picture1.Print "y"
            '画原点
            Picture1.CurrentX = 0.3
            Picture1.CurrentY = 0
            Picture1.Print "0"
    End Sub
    Private Sub Command1_Click()
            Dim a As Single, b As Single, c As Single
            Dim x As Single,y As Single
            Picture1.Cls
            Form_Load
            '输入三个系数
            a = Val(Text1.Text)
            b = Val(Text2.Text)
            c = Val(Text3.Text)
            '画抛物线
            For x = -5 To 5 Step 0.001
               y = a * x * x + b * x + c
               Picture1.Pset (x, y), vbBlue
            Next x
    End Sub
```

【例 7-7】 以一幅图为背景,设计程序显示地球围绕太阳转动的画面,如图 7-9 所示。

图 7-9 地球围绕太阳转动

分析:

1)根据题意,加入背景图片,可以先建立一个坐标系,使窗体的横坐标方向向右,纵坐标方向向上,原点在窗体中心,且整个横坐标为 4000 个单位,纵坐标为 2000 个单位。

2)当单击窗体时,画出一个太阳,同时画出地球的运行轨道,同时启动定时器。设置 DrawMode 为 7,用于在相同的位置绘制相同的图形时,可以擦除原图。

3)设置一个静态变量 flag 控制在两个时间段内在同一位置重复画地球,当 flag 为 True 时,改变地球在运行轨道上的圆心角。地球运行轨道的椭圆方程如下:

X=r$_x$*cos(alfa)

Y= r$_y$*sin(alfa)

其中 r$_x$ 为椭圆 X 轴上半径，r$_y$ 为椭圆 Y 轴上半径，alfa 为圆心角。

依据以上分析，可编写程序代码如下：

```
Private Sub Form_Click()
    Form1.Scale (-2000, 1000)-(2000, -1000)
    Form1.FillStyle = 0
    Form1.FillColor = vbRed
    Form1.Circle (0, 0), 200, vbRed
    Form1.FillStyle = 1
    Form1.Circle (0, 0), 1600, vbBlue, , , 0.5
    Form1.DrawMode = 7
    Form1.FillStyle = 0
    Timer1.Enabled = True
End Sub
Private Sub Timer1_Timer()
    Static alfa As single, flag As Boolean
    Dim x As Single,y As single
    flag = Not flag
    If flag Then
        alfa = alfa + 0.314
    End If
    If alfa > 6.28 Then
        alfa = 0
    End If
    x = 1600 * Cos(alfa)
    y = 800 * Sin(alfa)
    Form1.Circle (x, y), 80
End Sub
```

习 题 七

一、选择题

1．Visual Basic 常见的颜色设置中，表示红色的是_____。

    A．VbBlue   B．VbRed   C．VbBlack   D．VbCyan

2．当使用 Line 方法画直线后，当前坐标在_____。

    A．(0,0)   B．直线起点   C．直线终点   D．容器的中心

3．语句 Circle(500,500),300,8,-6,-3 将绘制_____。

    A．圆   B．椭圆   C．圆弧   D．扇形

4．对象的边框类型属性_____设置。

    A．DrawStyle   B．DrawWidth   C．BorderStyle   D．ScaleMode

5．坐标度量单位可通过_____来改变。

    A．Drawstyle 属性   B．DrawWidth 属性

    C．Scale 方法   D．ScaleMode 属性

6. 以下的属性和方法中_____可重定义坐标系。
    A．Drawstyle 属性　　　　　　　　　　B．DrawWidth 属性
    C．Scale 方法　　　　　　　　　　　　D．ScaleMode 属性
7. 执行语句 Line (1200,1200)-Step(1000,500), B 后，CurrentX=_____。
    A．2200　　　B．1200　　　C．1000　　　D．1700
8. 当窗体的 AutoRedraw 属性采用默认值时，若在窗体装入时要使用绘图方法绘制图形，则应将程序放在_____。
    A．Paint 事件　　B．Load 事件　　C．Initialize 事件　D．Click 事件
9. 当使用 Line 方法时，参数 B 与 F 可组合使用，下列组合中_____不允许。
    A．BF　　　　B．F　　　　C．B　　　　D．不使用 B 与 F
10. 当对 DrawWidth 进行设置后，将影响_____。
    A．Line、Circle、Pset 方法
    B．Line、Shape 控件
    C．Line、Circle、Point 方法
    D．Line、Circle、Pset 方法和 Line、Shape 控件
11. 以下的属性和方法中_____可用于重新定义新的坐标系。
    A．DrawStyle 属性　　　　　　　　　　B．DrawWidth 属性
    C．Scale 方法　　　　　　　　　　　　D．ScaleMode 属性
12. Cls 命令可清除窗体或图形框中_____的内容。
    A．Picture 属性设置的背景图案　　　　B．设计时放置的图片
    C．程序运行时产生的图形和文字　　　　D．以上全部 A～C

二、填空题

1. 在 Visual Basic 中可以通过_____和_____来自定义容器对象左上角的坐标。
2. 封闭图形的填充方式由_____、_____这两个属性决定。
3. RGB 函数通过红、绿、蓝三基色混合产生某种颜色，其语法格式为：_____。
4. 当 Scale 方法不带参数时，采用_____坐标系。
5. Visual Basic 提供的图形方法有：_____清除所有图形和 Print 输出；画圆、椭圆或圆弧；_____画线、矩形或填充框；_____画点；_____返回指定点的颜色值。
6. 设 Picture1.ScaleLeft=200、Picture1.ScaleTop=250、Picture1.ScaleWidth=500、Picture1.ScaleHeight=400，则 Picture1 右下角坐标为_____。
7. 窗体 Form1 的左上角坐标为(200,250)，窗体 Form1 的右下角坐标为(300,150)，则 X 轴的正向向_____，Y 轴的正向向_____。
8. 使用 Circle 方法画扇形，起始角、终止角取值范围为_____。
9. Circle 方法正向采用_____时针方向。

三、程序设计题

1. 编写一个运行界面如图 7-10 所示的作图程序。要求：单击"坐标系"按钮，将图片框的坐标系设置为原点在中央，X 轴范围为[-10，10]，Y 轴范围为[-10，10]，并画出该坐标系；单击"扇形"按钮，在图片框中画出一个圆心在原点，半径为 5，圆周为红色，线宽为 2，内部为绿色，起始角为 30°，终止角为 150° 的扇形；单击"退出"按钮，结束程序运行。

2. 编写程序，实现在窗体上画出如图 7-11 所示的两个小精灵。

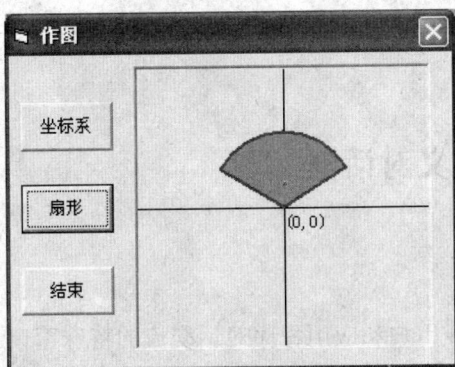

图 7-10 "作图"运行界面

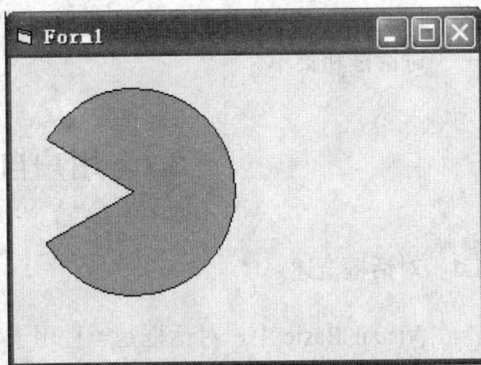

图 7-11 两个小精灵

3. 编写程序绘制 x 在[-10，10]区域内，由方程 $y=2x^2+x+1$ 所确定的曲线。

4. 编写程序，实现单击窗体，在窗体上绘制如图 7-12 所示的 Sin(x)正弦曲线，x 的取值范围为[-2π，2π]。

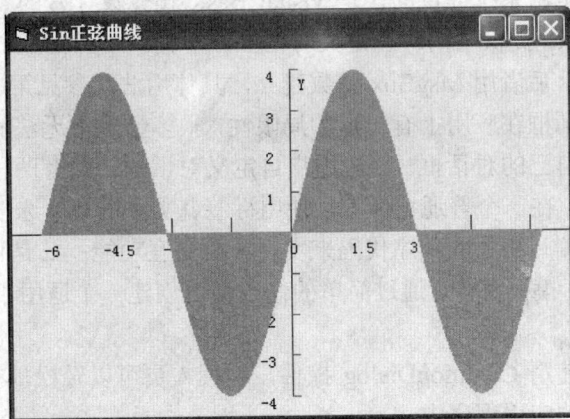

图 7-12 Sin 正弦曲线

第8章　对话框和菜单

　　程序界面是应用程序的一个重要组成部分，对用户而言，界面就是应用程序，它使用户感觉不到在后台运行的代码程序。应用程序的可用性和友好性，在很大程度上取决于界面的设计。利用 Visual Basic 语言能够十分方便快捷地设计出标准的 Windows 界面，这也是 Visual Basic 的一大特色。事实上，Windows 环境下开发应用程序的一个主要任务之一，就是设计出友好的人机交互界面。Windows 应用程序通常提供两种人机交互工具——对话框和菜单。

8.1　用户自定义对话框

8.1.1　对话框概述

　　在 Visual Basic 中，对话框是一种用于实现用户和应用程序对话交流的特殊窗口。尽管对话框有自己的特性，但从结构上来说，对话框与窗体是类似的。

　　1. 对话框的分类

　　Visual Basic 中的对话框分为 3 种类型，即系统预定义对话框、用户自定义对话框和通用对话框。

　　预定义对话框是由系统提供的，是 Visual Basic 预先设计好的、以函数形式提供的对话框。Visual Basic 提供了两种预定义对话框，即输入对话框和消息对话框，前者用 InputBox 函数建立，后者用 MsgBox 函数建立，具体用法请参见第 2 章。

　　系统预定义对话框在应用上有一定的局限性，很多情况下无法满足需要，用户可以根据具体需要建立自己的对话框。创建用户自定义对话框一般有两种方法：一是用户根据应用程序的需要，在一个普通窗体上，使用标签、文本框、单选按钮、复选框和命令按钮等控件，通过编写相关的程序代码来实现人机交互功能；二是使用 Visual Basic 系统提供的"对话框"模板窗体，通过简单的修改便可创建一个适用于自己程序的自定义对话框。

　　通用对话框是使用 CommonDialog 控件，编程人员可以轻松地把 Windows 的标准对话框加入到自己的应用程序中。

　　2. 对话框的特点

　　1）在一般情况下，对话框的边框是固定的，用户不能改变其大小。

　　2）为了退出对话框，必须单击其中的某个按钮，不能通过单击对话框外部的某个地方关闭对话框。

3）在对话框中不能有最大化按钮（MaxButton）和最小化按钮（MinButton）。

4）对话框不是程序的主要工作区，只是临时使用，使用完毕就关闭。

5）对话框中控件的属性可以在设计阶段设置，也可以在运行时通过代码设置或修改。

8.1.2 由普通窗体创建自定义对话框

在 Visual Basic 中，用户可以通过创建包含控件的窗体来自己设计对话框。实际上，创建一个自定义对话框就是创建一个窗体，读者可以将以前学习的设计窗体的方法直接应用到自定义对话框的设计过程中。但是，作为一种特殊的窗体，自定义对话框的设计方法又有其独特的一面，这中间主要涉及一些窗体对象的相关属性设置。

对话框窗体与一般窗体在外观上是有区别的，需要通过设置以下属来自定义窗体外观。

1. BorderStyle 属性

BorderStyle 属性决定了窗体的边框样式，在运行时是只读的。该属性决定了窗体的主要特征，这些特征从外观上就能确定窗体是通用窗口还是对话框，属性设置值及含义见本书第 2 章。

作为对话框的窗体，必须将窗体的 BorderStyle 属性值设置为 3-Fixed Dialog。此时窗体包含控制菜单栏和标题栏，不包含"最大化"和"最小化"按钮，不能改变窗体尺寸。

2. ControlBox 属性

属性值为 True 时窗体显示控制菜单栏，为 False 时不显示。

8.1.3 使用对话框模板窗体创建对话框

Visual Basic 6.0 系统提供了多种不同类型的对话框模板窗体，选择"工程"菜单中的"添加窗体"命令，即可打开"添加窗体"对话框。用户可以选择的对话框有"'关于'对话框"、"对话框"、"登录对话框"、"日积月累"、"ODBC 登录"、"选项对话框"等 6 类，如图 8-1 所示。例如，当用户选择"登录对话框"并单击"打开"按钮，即可创建一个如图 8-2 所示的"登录"对话框。

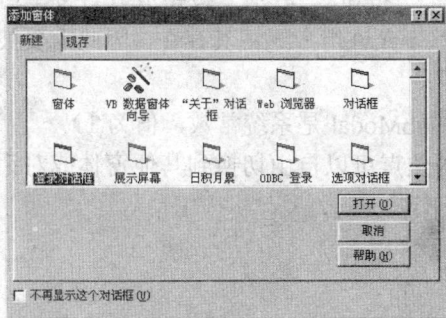

图 8-1 "添加窗体"对话框   图 8-2 "登录"对话框

在该登录窗口的模块中，系统已添加了一段程序代码，下面便是选择建立"登录"对话框的程序代码：

```
Option Explicit
Public LoginSucceeded As Boolean
Private Sub cmdCancel_Click()
    '设置全局变量为 false
    '不提示失败的登录
    LoginSucceeded = False
    Me.Hide
End Sub
Private Sub cmdOK_Click()
    '检查正确的密码
    If txtPassword = "password" Then
        '将代码放在这里传递
        '成功到 calling 函数
        '设置全局变量时最容易的
        LoginSucceeded = True
        Me.Hide
    Else
        MsgBox "无效的密码，请重试!", , "登录"
        txtPassword.SetFocus
        SendKeys "{Home}+{End}"
    End If
End Sub
```

从上面的程序代码不难看出，用户只需要将口令"password"改为自己想用的口令，如果口令输入正确，只要将调用的程序或启动的应用程序的主窗体写在 If txtPassword="password" Then 语句下面即可。

程序中的 SendKeys 语句是将一个或多个按键消息发送到时活动窗口，就如同在键盘上进行输入一样。有关该语句的使用，读者可参阅 Visual Basic 的系统帮助。

8.1.4　显示与关闭自定义对话框

1. 显示自定义对话框

可使用窗体对象的 Show 方法显示"自定义"对话框，通过设置不同的参数可以显示两种不同类型的对话框。

1）模式对话框。模式对话框在焦点可以切换到其他窗体或对话框之前要求用户必须作出响应以关闭对话框，如单击"确定"按钮、"取消"按钮或者直接单击"关闭"按钮。一般来说，显示重要信息的对话框不允许用户无视其存在，因此需要被设置成模式对话框，其显示方法如下：

<窗体名>.Show vbModal（其中 vbModal 是系统常数，值为 1）

2）无模式对话框。无模式对话框的焦点可以自由切换到其他窗体或对话框，而无需用户关闭当前对话框，其显示方法如下：

<窗体名>.Show

2. 关闭自定义对话框

可使用 Hide 方法或 UnLoad 语句来关闭自定义对话框，其格式如下：

Me.Hide 或<窗体名>.Hide

UnLoad <窗体名>

这里的"Me"是一个关键字，Me 代表正在执行的地方提供引用具体实例，一般指当前窗体。显示或关闭的操作会涉及多重窗体编程，有关的设计问题请参见本书第 2 章第 2.1 节。

8.2　通用对话框控件 CommonDialog

8.2.1　通用对话框控件

当要定义的对话框功能较为复杂时，将会花费较多的时间和精力。为此，Visual Basic 还提供了一组基于 Windows 的通用对话框控件（CommonDialog），用户可以利用通用对话框控件在窗体上创建 6 种对话框，分别为"打开"（Open）、"另存为"（Save Λs）、"颜色"（Color）、"字体"（Font）、"打印"（Printer）和"帮助"（Help）对话框。

通用对话框是一种 ActiveX 控件。在一般情况下，启动 Visual Basic 后，在工具箱中没有通用对话框控件。为了把通用对话框控件添加到工具箱中，可按如下步骤操作。

1）选择"工程"菜单中的"部件"命令，或者用鼠标右键单击工具箱，在弹出的快捷菜单中选择"部件"命令，打开"部件"对话框，如图 8-3 所示。

2）在对话框中切换到"控件"选项卡，然后在控件列表框中勾选"Microsoft Common Dialog Control 6.0"复选框。

3）单击"确定"按钮，通用对话框控件即被添加到工具箱中。

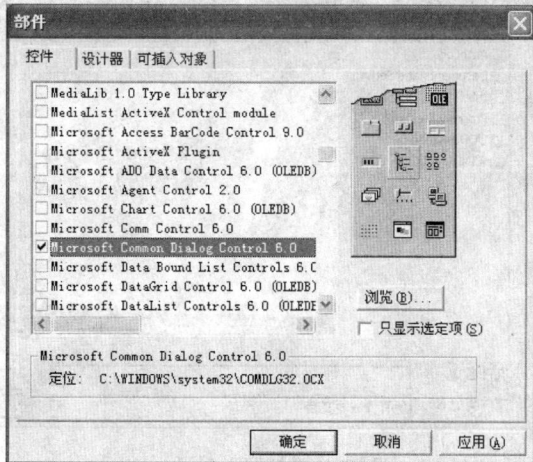

图 8-3　"部件"对话框

把通用对话框控件添加到工具箱以后，就可以像使用标准控件一样把它添加到窗体

Visual Basic 程序设计

上。默认情况下通用对话框控件的名称为 CommonDialogn（n 为 1、2、3…）。

通用对话框控件可以被设计为显示 6 种不同的对话框，每一种对话框对应一个不同的 Action 属性值和一个 Show 方法，其对应关系如表 8-1 所示。

表 8-1 Action 属性与 Show 方法的对应关系

Action 属性值	Show 方法	说　明
1	ShowOpen	显示文件"打开"对话框
2	ShowSave	显示"另存为"对话框
3	ShowColor	显示"颜色"对话框
4	ShowFont	显示"字体"对话框
5	ShowPrinter	显示"打印"对话框
6	ShowHelp	显示"帮助"对话框

在设计状态，将 CommonDialog 控件添加到窗体上，它以图标显示在窗体上，其大小不能改变；在程序运行时，控件本身被隐藏。值得注意的是，Action 属性只能在程序中赋值，而不能在属性窗口进行设置，与此同时，通用对话框控件仅提供了一个用户和应用程序的信息交互界面，具体功能的实现还需编写相应的程序。

下面将介绍如何建立 Visual Basic 提供的几种主要的通用对话框，即"打开"对话框、"另存为"对话框、"颜色"对话框、"字体"对话框。

8.2.2 "打开" / "另存为" 对话框

使用通用对话框控件的 ShowOpen 方法，或将 Action 属性赋值为 1，可以在运行时显示"打开"对话框，如图 8-4 所示。使用通用对话框控件的 ShowSave 方法，或将 Action 属性赋值为 2，可以在运行时显示"另存为"对话框，如图 8-5 所示。

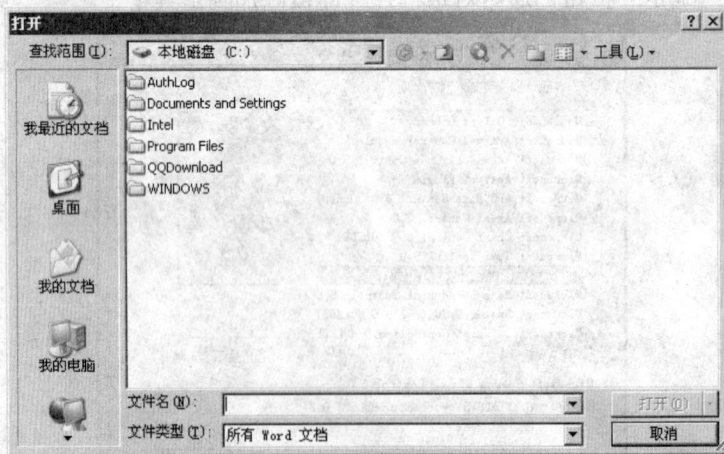

图 8-4 "打开"对话框

"打开"对话框与"另存为"对话框为用户提供了一个标准的文件打开与保存的界面。因为这两种对话框具有许多共同的属性，故放在一起介绍。

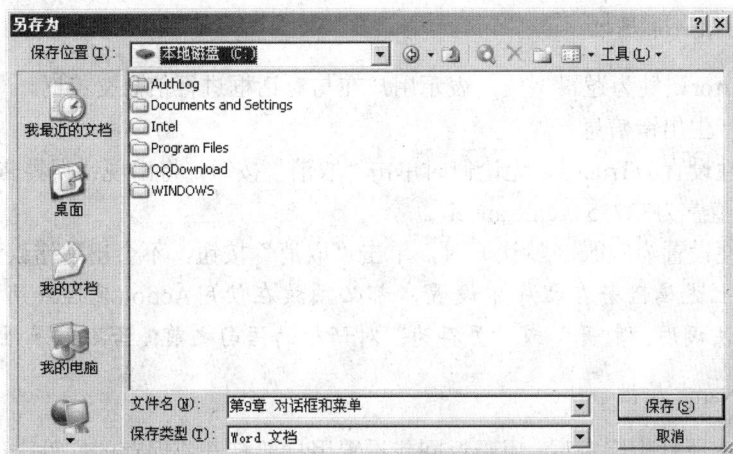

图 8-5　"另存为"对话框

1. 对话框标题（DialogTitle）

设置对话框的标题。在默认情况下"打开"对话框的标题是"打开"，"另存为"对话框的标题是"另存为"。

2. Filter 属性

用来指定在对话框中显示的文件类型，用该属性可以设置多个文件类型，供用户在对话框的"文件类型"或"保存类型"下拉列表中选择。Filter的属性值由一对或多对文本字符串组成，每对字符串用管道符"|"隔开，在"|"前面的部分称为描述符，后面的部分一般为通配符和文件扩展名，称为"过滤器"，如*.txt等，各对字符串之间也用管道符隔开。其格式如下：

文件说明字符|类型描述|文件说明字符|类型描述

例如，为 CommonDialog1. Filter 赋值如下：

```
CommonDialogl. Filter = "Word文档(*.doc)|*.doc|文本文件(*.txt)|*.txt|
    所有文件(*.*)|*.*"
```

3. FilterIndex 属性

FilterIndex属性为整型，用于确定选择了何种文件类型，默认设置为0，系统取Filter属性设置中的第一项，相当于FilterIndex属性值设置为1，在上例中，如选择"Word文档(*.doc)"可以不设置，也可将FilterIndex属性值设置为1。

4. InitDir 属性

用来指定对话框的起始目录。如果没有设置 InitDir，则显示当前目录。例如：

```
CommonDialog1.InitDir ="C:\zjicmFile"
```

5. DefaultExt 属性

设置对话框中默认文件扩展名。

6. CancelError 属性

CancelError属性为逻辑型值，表示用户在与对话框进行信息交换时，单击"取消"按钮时是否产生出错信息。

当该属性设置为True时，无论何时单击"取消"按钮，将出现错误警告；Err对象的Number属性值置为32755（cdlCancel）。

当该属性设置为False（默认）时，单击"取消"按钮，不会出现错误警告。

注意：上述属性若在程序中设置，都必须放在使用Action属性或用ShowOpen和ShowSave方法调用"打开"或"另存为"对话框的语句之前；否则该属性无效。

7. FileName 属性

FileName 属性为字符型，用于返回或设置用户要打开或保存的文件全名（含路径），运行时用户在通用对话框中选择的文件或输入的文件就保存在该属性中，关闭对话框后，可用 FileName 属性得到文件全名。

8. FileTitle 属性

FileTitle 属性为字符型，用于返回或设置用户要打开或保存的文件名（不含路径）。运行时，用户选定的文件名或在"文件名"文本框中输入文件名后，FileTitle 属性为该文件名（而 FileName 属性则由文件名及其路径共同组成）。

【例 8-1】 设计一个图片浏览器。要使该浏览器既可以加载显示图片，也可保存图片。

（1）界面设计

在窗体上建立一个Picture1 控件，用于显示图片；建立通用对话框控件CommonDialog1；再建立两个命令按钮，如图 8-6 所示。

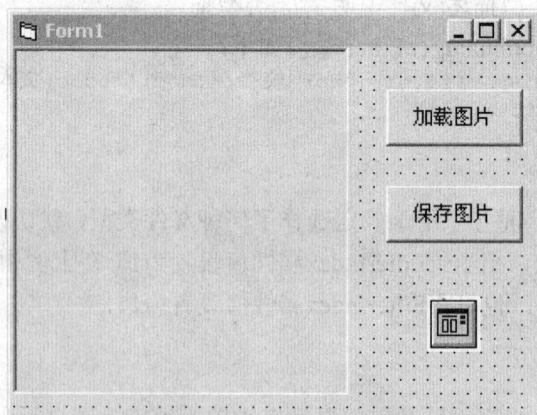

图 8-6 界面设计

（2）过程设计

```
Private Sub Command1_Click()
    CommonDialog1.dialogtitle = "打开图片文件"      '设置对话框标题
    CommonDialog1.InitDir = "C:\winnt\"           '设置打开目录
```

```
            '设置过滤器属性
            CommonDialog1.Filter = "所有文件(*.*)|*.*|bmp 文件|*.bmp|gif 文件|*.gif"
            CommonDialog1.FilterIndex = 2          '设置过滤器索引默认属性为 2
            CommonDialog1.Action = 1               '调用打开文件对话框
            '加载所选择的图片
            Picture1.Picture = LoadPicture(CommonDialog1.FileName)
    End Sub
    Private Sub Command2_Click()
            CommonDialog1.DialogTitle = "图片另存为"      '设置对话框标题
            CommonDialog1.InitDir = "C:\winnt\"           '设置打开目录
            '设置过滤器属性
            CommonDialog1.Filter = "所有文件(*.*)|*.*|bmp 文件|*.bmp|gif 文件|*.gif"
            CommonDialog1.Defaulttext = "bmp"            '设置默认属性为 2
            CommonDialog1.Action = 2                     '调用另存为文件对话框
            SavePicture Picture1.Picture, CommonDialog1.FileName
    End Sub
```

（3）调试运行

运行时，单击"加载图片"按钮，因设置了 CommonDialog1 控件的 Filter 属性为"
所有文件（*.*）|*.*|bmp 文件|*.bmp|gif 文件|*.gif"，并且设置过滤器索引属性为 2，所
以在"文件类型"的组合框中显示"bmp 文件"选项，"打开"对话框中只显示文件夹
和扩展名为 bmp 的文件，过滤其他类型的文件。运行结果的界面如图 8-7 所示。

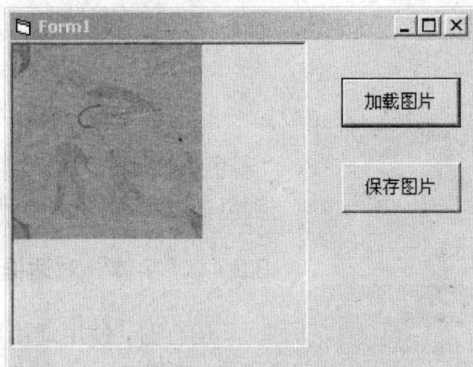

图 8-7　程序运行结果

单击"保存图片"按钮时的情况请读者自己上机运行查看结果。

8.2.3　"颜色"对话框

使用通用对话框控件的 ShowColor 方法，或将 Action 属性赋值为 3，可显示"颜色"
对话框，它为用户提供了一个标准的调色板界面，如图 8-8 所示，用户可以使用其中的
基本颜色，也可以自己调色。当用户选中某一种颜色后，即将该颜色值（长整型）赋给
Color 属性。

【例 8-2】　设计一形状程序，通过"颜色"对话框对形状进行着色。

（1）界面设计

在窗体上建立一个形状控件 Shape1，用于显示各种形状；建立通用对话框控件
CommonDialog1；再建立框架，并在其中建立单选按钮控件数组，如图 8-9 所示。

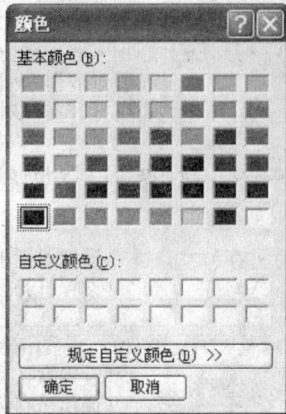

图 8-8 "颜色"对话框

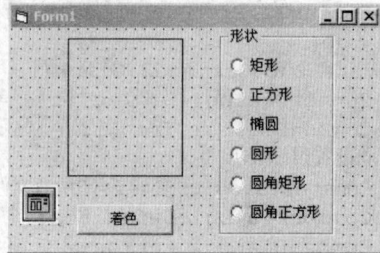

图 8-9 界面设计

（2）过程设计

```
Private Sub Command1_Click()
    CommonDialog1.ShowColor              '打开"颜色"对话框
    Shape1.FillStyle = 0                 '实心填充
    Shape1.FillColor = CommonDialog1.Color
End Sub
Private Sub Option1_Click(Index As Integer)
    Shape1.Shape = Index                 '选择形状
End Sub
```

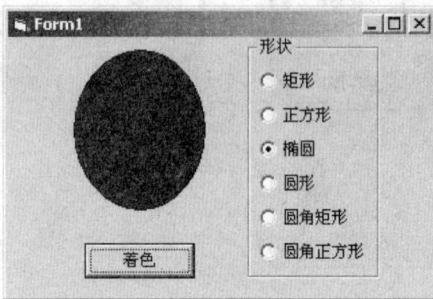

图 8-10 例 8-2 运行结果

（3）调试运行

运行时，单击某一形状，如椭圆，并单击"着色"按钮，弹出"颜色"对话框，选择某一颜色，结果如图 8-10 所示。

8.2.4 "字体"对话框

运行时，使用通用对话框控件的 ShowFont 方法，或将 Action 属性赋值为 4，可以显示"字体"对话框。在"字体"对话框中选定设置并关闭对话框，读者可以通过使用以下属性得到所需要的设置对象的字体属性。

1. 字体格式属性

1）Font Name：选定字体的名称。

2）FontBold：是否选定了粗体。

3）FontItalic：是否选定了斜体。

4）FontStrikethru：是否选定了水平删除线。

5）FontUnderline：是否选定了下划线。

6）FontSize：选定字体的大小。

7）Color：选定的颜色。

"字体"对话框为用户提供了一个标准的进行字体设置的界面，如图 8-11 所示，通过该对话框用户可以选择字体、字体样式、字体大小、字体效果以及字体颜色。

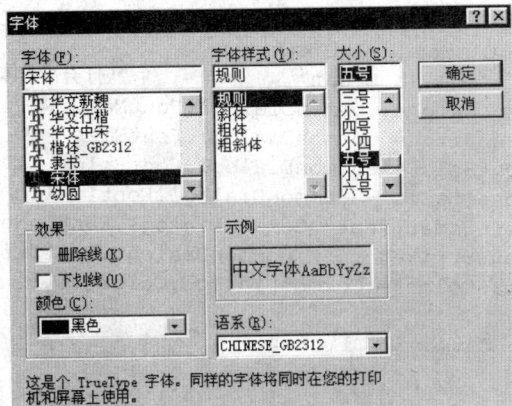

图 8-11 "字体"对话框

2. Flags 属性

Flags 属性用于确定对话框中显示字体的类型，在显示"字体"对话框前必须设置该属性，否则会产生不存在字体的错误。Flags 属性常用设置如表 8-2 所示。使用 Or 运算符可以为一个对话框设置多个标志，如 cdlCFScreenFonts Or cdlCFEffects。

表 8-2 "字体"对话框的 Flags 属性

系统常数	值	说 明
cdlCFScreenFonts	1	使对话框只列出系统支持的屏幕字体
cdlCFPrinterFonts	2	使对话框只列出打印机支持的字体
cdlCFBoth	3	使对话框列出可用的打印机和屏幕字体
cdlCFEffects	256	指定对话框允许删除线、下划线以及颜色效果

其中，要使用 FontStrikethru、FontUnderline 和 Color 这 3 个属性，必须先将通用对话框控件的 Flags 属性设置为 cdlCFEffects 或 256。

【例 8-3】 "字体"对话框示例。在文本框上显示文字，利用"字体"对话框来设置所显示文字的字体、字型、大小、颜色等。

（1）界面设计

在窗体上添加一个通用对话框 CommonDialog1、一个文本框 Text1、两个命令按钮 Command1 和 Command2，并设置属性如下：

```
Text1.Multiline=True                    '多行文本
Text1.ScrollBars=2                      '具有垂直滚动条
Command1.Caption="选择字体"
Command2.Caption="结束"
```

在 Text1 的属性窗口内设置 Text 属性，输入若干行要在文本框内显示的文字。

（2）过程设计

编写 Form_Load、Command1 和 Command2 的 Click 事件过程代码如下：

```
Private Sub Form_Load()
    CommonDialog1.FontName = "宋体"          '设置初始字体为宋体
    ' Flags 为 256+1，使用屏幕字体；出现颜色、效果等选项
    CommonDialog1.Flags = 257
End Sub
Private Sub Command1_Click()
    CommonDialog1.ShowFont                  '打开"字体"对话框
    Text1.FontName = CommonDialog1.FontName
    Text1.FontSize = CommonDialog1.FontSize
    Text1.FontBold = CommonDialog1.FontBold
    Text1.FontItalic = CommonDialog1.FontItalic
    Text1.FontUnderline = CommonDialog1.FontUnderline
    Text1.FontStrikethru = CommonDialog1.FontStrikethru
    Text1.ForeColor = CommonDialog1.Color
End Sub
Private Sub Command2_Click()
    End
End Sub
```

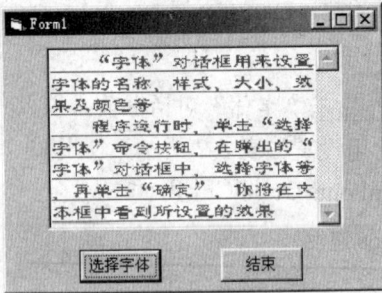

（3）调试运行

程序运行时，单击"选择字体"按钮，在打开的"字体"对话框（与在属性窗口设置 Font 属性打开的对话框完全相同）中选择设置，文本框中所显示设置后的效果，如图 8-12 所示。

图 8-12　运行结果

8.2.5　其他对话框

在 Visual Basic 6.0 中除了以上介绍的 4 种通用对话框外，还提供了"打印"和"帮助"对话框。

"打印"对话框可以设置打印输出的方法，如打印范围、打印份数以及当前安装的打印机信息等。"帮助"对话框则通过使用 ShowHelp 方法调用 Windows 的系统的帮助引擎。这两种对话框的使用方法与前面介绍的类似，读者可以参考 Visual Basic 的有关资料，得到进一步的说明。

8.3　菜　单　设　计

8.3.1　菜单概述

在 Windows 环境中，几乎所有的应用软件都提供菜单，通过这些菜单便可方便地实现各种操作。菜单一方面提供了人机对话的接口，以便让用户选择应用系统的各种功能；同时借助菜单能有效地组织和控制应用程序各功能模块的运行。

Windows 环境下的应用程序一般为用户提供 3 种菜单：窗体控制菜单、下拉式菜单与快捷菜单。例如，启动 Visual Basic 后，单击"运行"菜单所显示的就是下拉式菜单，而用鼠标右键单击窗体时所显示的菜单就是快捷菜单，如图 8-13 所示。

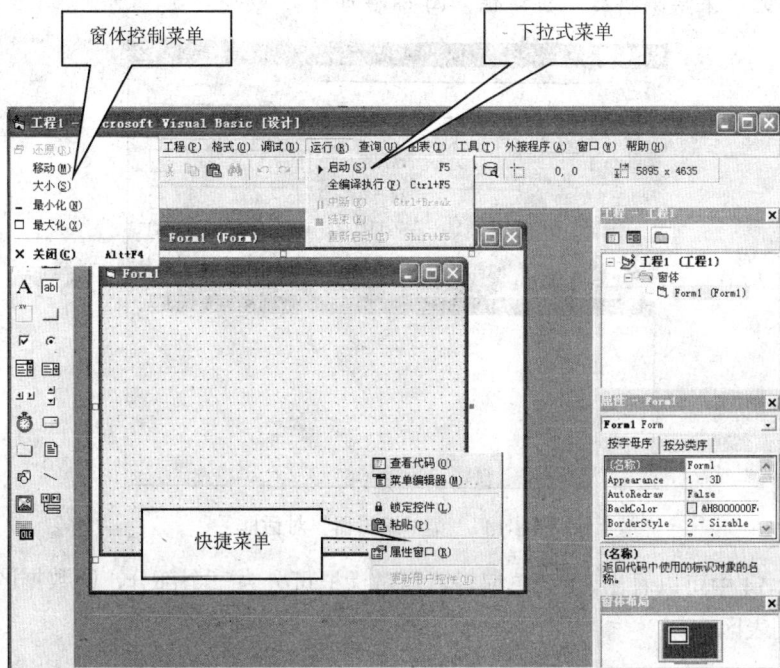

图 8-13　窗体控制菜单、下拉式菜单与快捷菜单

菜单的一般结构如图 8-13 所示。包括菜单栏（或主菜单行），它是菜单的常驻行，位于窗体的顶部（窗体标题栏的下面），由若干个菜单标题组成；子菜单区，这一区域为临时性的弹出区域，只有在用户选择了相应的主菜单项后才会弹出子菜单，以供用户进一步选择菜单的子项，子菜单中的每一项是一个菜单命令或分隔条，称为菜单项。而弹出式菜单也称为快捷菜单或右键菜单，通过单击鼠标右键，菜单会在对应的位置出现。

在 Visual Basic 中，每一个菜单项就是一个控件，与其他控件一样，菜单具有定义它的外观和行为的属性。在设计或运行时可设置 Caption 属性、Enabled 属性、Visible 属性和 Checked 属性等。菜单控件只能识别一个事件，即 Click 事件，当用鼠标或键盘选中某个菜单控件时，将引发该事件。

8.3.2　菜单编辑器

Visual Basic 6.0 没有菜单控件，但提供了建立菜单的菜单编辑器。在 Visual Basic 6.0 集成开发环境中，可以通过以下 4 种方式进入菜单编辑器：

1）执行"工具"菜单中的"菜单编辑器"命令。

2）使用快捷键 Ctrl＋E。

3）单击工具栏中的"菜单编辑器"按钮。

4）在要建立菜单的窗体上单击鼠标右键，在弹出的快捷菜单中选择"菜单编辑器"命令。

注意：只有当某个窗体为活动窗体时，才能用上面的方法打开"菜单编辑器"对话框。打开后的"菜单编辑器"对话框如图 8-14 所示。

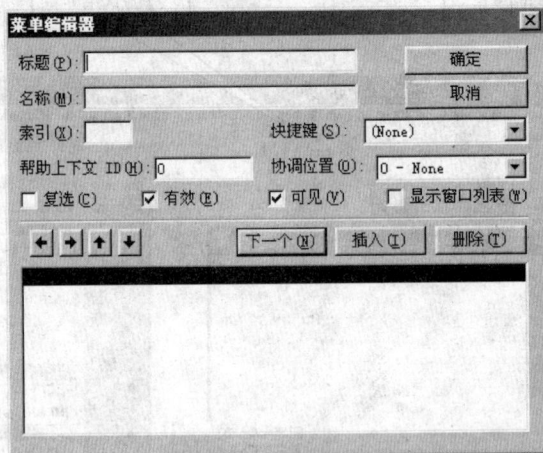

图 8-14 "菜单编辑器"对话框

从图 8-14 中可以看出,"菜单编辑器"对话框可分为三个部分,即数据区、编辑区和菜单项列表区。

1. 数据区

数据区为窗口标题栏下面的 5 行,用来输入或修改菜单项,设置属性。其中的主要项目的作用如表 8-3 所示。

表 8-3 菜单控件的主要属性

属　性	说　明
标题	相当于控件的说明属性,这些名称出现在菜单栏或菜单之中。分隔符条的标题为一个连字符(-)。
名称	为菜单项的标识符,相当于控件的名称属性,仅用于访问代码中的菜单项,不会出现在菜单中
索引	设置菜单控件数组的下标。相当于控件数组的索引属性
快捷键	允许为每个命令选定快捷键,即通过键盘来选择某个菜单项
复选	当"复选"属性设置为 True 时,在相应的菜单项旁加上"√"以表明该菜单项处于活动状态
有效	用来设置菜单项的操作状态,当该属性设置为 False 时,相应的菜单项呈灰色,表明不会响应用户事件
可见	设置该菜单项是否可见。不可见的菜单项是不能被执行的
协调位置	NegotiatePosition 属性决定是否及如何在容器窗体中显示菜单
"显示窗口列表"	在 MDI 应用程序中,确定菜单控件是否包含一个打开的 MDI 子窗体列表

2. 编辑区

编辑区由 7 个按钮组成。单击右箭头将把选定的菜单向右移一个等级;单击左箭头将把选定的菜单向上移一个等级;单击上箭头将把选定的菜单项在同级菜单内向上移动一个位置;单击下箭头将把选定的菜单项在同级菜单内向下移动一个位置;单击"下一个"按钮将开始一个新的菜单项；单击"插入"按钮将在某个菜单项前插入一个新的同级空白菜单项；单击"删除"按钮将删除选定的菜单项。

3. 菜单项列表区

菜单项列表区为编辑区下面的列表框，该列表框显示菜单项的分级列表。将子菜单项缩进以指出它们的分级位置或等级，如图8-15所示。

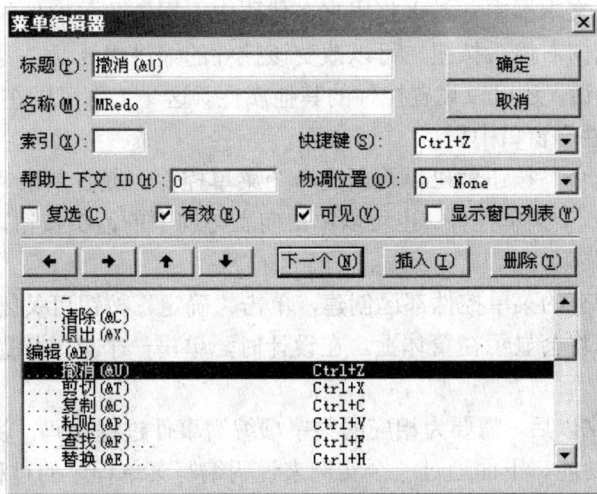

图8-15 菜单项列表区

在使用 Windows 应用程序时经常会发现，某些菜单项会呈灰色显示，此时单击该菜单项没有任何反应，有时菜单项的标题会发生改变。这些都可以通过在菜单设计和程序代码中加以控制。

（1）有效性控制

一个菜单项是否正常显示，即该菜单项是否"有效"，是由该菜单项的"有效"属性来控制的。只有该属性设置为 True 时，单击该菜单项才会执行相应的操作。可以在设计时设置该属性值（勾选图8-14中的"有效"复选框），也可以在运行时通过执行代码加以改变。

（2）可见性控制

只有将菜单项的 Visible 属性设置为 True，该菜单项才显示。可以在设计时设置该属性值（勾选图8-14中的"可见"复选框），也可以在运行时通过执行代码加以改变。

（3）菜单项标记

菜单项标记就是在菜单项左边加上标记表明该菜单项处于选中状态。设计时该属性可以由菜单编辑器中的"复选"（Checked）属性设置，也可以在属性窗口的"Checked"栏内设置。通常情况下，该属性是在程序运行时动态地进行设置的。

8.3.3 下拉式菜单

任何复杂的菜单程序都遵循相同的设计方法，在窗体中添加菜单的一般方法如下：

1）选取菜单控件出现的窗体。

2）从"工具"菜单中选取"菜单编辑器"命令；或者在工具栏上单击"菜单编辑器"按钮，打开"菜单编辑器"对话框。

3）在"标题"文本框中，为第一个菜单标题键入希望在菜单栏上显示的文本。如果希望某一字符成为该菜单项的访问键，则可以在该字符前面加上一个"&"字符。在菜单中，这一字符会自动加上一条下划线。菜单标题文本显示在菜单控件列表框中。

4）在"名称"文本框中，键入将用来在代码中引用该菜单控件的名称。

5）单击向左或向右箭头按钮，可以改变该控件的缩进级。

6）如果需要的话，还可以设置控件的其他属性。这一工作可以在菜单编辑器中做，也可以以后在"属性"窗口中做。

7）单击"下一个"按钮就可以再新建一个菜单控件。或者单击"插入"可以在现有的控件之间增加一个菜单控件。也可以单击向上与向下的箭头按钮，在现有菜单编辑器的列表框中移动菜单。

8）如果窗体所有的菜单控件都已创建，单击"确定"按钮可关闭菜单编辑器。

9）创建的菜单将会显示在窗体上。在设计时，单击一个菜单标题可展开其相应的菜单项。

下拉式菜单建立以后，需要为相应的菜单项编写事件过程代码，以便程序运行时选择菜单实现具体的功能。下面通过一个实例来说明编写菜单程序的过程。

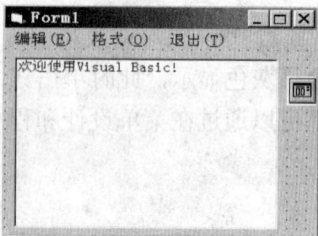

图 8-16　界面设计

【例 8-4】　利用菜单和对话框设计一个文本编辑器。

（1）界面设计

在窗体上建立通用对话框控件 CommonDialog1，以及一个文本框控件 Text1，设置 Text1.Text 属性值为"欢迎使用 Visual Basic!"，窗体界面如图 8-16 所示。

在 Visual Basic 的菜单栏中选择"工具"下拉菜单中的"菜单编辑器"命令，然后按照如表 8-4 所示完成各项的设置。

表 8-4　各级菜单设置

菜单分类	菜单标题	菜单名称	快捷键
主菜单 1	编辑（&E）	Edit	
1 级子菜单	剪切（&U）	Cut	Ctrl+X
1 级子菜单	复制（&C）	Copy	Ctrl+C
1 级子菜单	粘贴（&P）	Paste	Ctrl+V
主菜单 2	格式（&O）	Format	
1 级子菜单	字体（&F）	Font	
1 级子菜单	颜色（&C）	Color	
主菜单 3	退出（&T）	Exit	

（2）过程设计

```
Private Sub Color_Click()          '单击子菜单 Color 时执行该事件过程
    CommonDialog1.Action = 3       '打开"颜色"对话框
```

```
        Text1.ForeColor = CommonDialog1.Color    '改变Text1的文本颜色
    End Sub
    Private Sub Copy_Click()              '单击子菜单Copy时执行该事件过程
        Clipboard.Clear                   '剪贴板先清空
        Clipboard.SetText Text1.SelText        '将选中的文本加入到剪贴板中
    End Sub
    Private Sub cut_Click()               '单击子菜单"Cut"时执行该事件过程
        Clipboard.Clear
        Clipboard.SetText Text1.SelText
        Text1.SelText = ""                '文本框选中部分清空
    End Sub
    Private Sub Exit_Click()              '单击子菜单"Exit"时执行该事件过程
        End
    End Sub
    Private Sub Font_Click()              '单击子菜单"Font"时执行该事件过程
        CommonDialog1.flags = 257
        CommonDialog1.Action = 4       '打开"字体"对话框
        Text1.FontName = CommonDialog1.FontName
        Text1.FontSize = CommonDialog1.FontSize
        Text1.FontBold = CommonDialog1.FontBold
        Text1.FontItalic = CommonDialog1.FontItalic
        Text1.FontUnderline = CommonDialog1.FontUnderline
        Text1.FontStrikethru = CommonDialog1.FontStrikethru
    End Sub
    Private Sub Paste_Click()             '单击子菜单"Paste"时执行该事件过程
        Text1.SelText = Clipboard.GetText      '将剪贴板中文本加入到文本框中
    End Sub
```

（3）调试运行

运行时，可对文本框中的文本进行多项操作。如
选择"格式"菜单中的"字体"命令，将文字设置为
楷体、粗体、三号字，并加下划线，选择"颜色"，
将其设置为红色，显示效果如图 8-17 所示。

图 8-17　运行结果

8.3.4　弹出式菜单

弹出式菜单是独立于菜单栏显示在窗体或指定
控件上的浮动菜单，菜单的显示位置与鼠标光标当前
位置有关。实现步骤如下：

1）在菜单编辑器中建立该菜单。

2）设置其顶层菜单项（主菜单项）的 Visible 属性为 False（不可见）。

3）在窗体或控件的 MouseUp 或 MouseDown 事件中调用 PopupMenu 方法显示该
菜单。PopupMenu 的使用方法如下：

    PopupMenu <菜单名>[,flags[,x[,y[,Boldcommand]]]]

其中，关键字 PopupMenu 可以前置窗体名称，但不可前置其他控件名称；<菜单名>
是指通过菜单编辑器设计的，至少有一个子菜单项的菜单名称（Name）；Flags 参数为
常数，用来定义显示位置与行为。

Flags 属于内部参数，用于进一步定义弹出菜单的位置和鼠标左右键对某单项的响

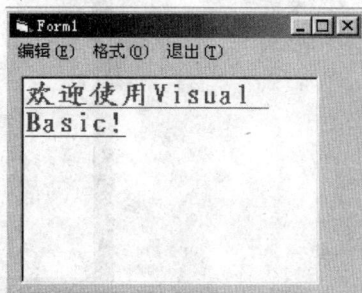

应性能。Flags 参数的功能如表 8-5 所示。内部常数中前面 3 个为位置常数，后 2 个是行为常数。这两组常数可以相加和用 Or 连接。

表 8-5　Flags 参数的功能

内部常数	值	功　　能
vbPopupMenuLeftAlign	0	（默认值）弹出式菜单以 x 坐标为左边界
vbPopupMenuCenterAlign	4	弹出式菜单以 x 坐标为中心
vbPopupMenuRightAlign	8	弹出式菜单以 x 坐标为右边界
vbPopupMenuLeftButton	0	（默认值）单击鼠标左键显示弹出式菜单
vbPopupMenuRightButton	2	单击鼠标左键或右键显示弹出式菜单

Boldcommand 是可选的。用于指定弹出式菜单中的菜单控件的名称，用以显示其黑体正文标题。如果该参数省略，则弹出式菜单中没有以黑体字出现的控件。

【例 8-5】　修改上个例题，要求在文本框 Text1 中单击鼠标右键，能弹出 Pp 菜单，并以鼠标指针坐标 x 为弹出菜单的左边界。Pp 菜单的属性如表 8-6 所示，运行界面如图 8-18 所示。

图 8-18　运行结果

表 8-6　弹出式菜单属性

菜单分类	菜单标题	菜单名称	快捷键	Visible 属性
主菜单 1	Pp	Pp		False
1 级子菜单 1	编辑（&E）	Edit		True
2 级子菜单	剪切（&U）	Cut	Ctrl+X	True
2 级子菜单	复制（&C）	Copy	Ctrl+C	True
2 级子菜单	粘贴（&P）	Paste	Ctrl+V	True
1 级菜单 2	格式（&O）	Format		True

续表

菜单分类	菜单标题	菜单名称	快捷键	Visible 属性
2 级子菜单	字体（&F）	Font		True
2 级子菜单	颜色（&C）	Color		True
1 级菜单 3	退出（&T）	Exit		True

程序代码如下：

```
Private Sub Text1_MouseDown(Button As Integer, Shift As Integer, _
X As Single, Y As Single)
    If Button = vbRightButton Then
        PopupMenu pp, vbPopupMenuLeftAlign, X, Y
    End If
End Sub
```

说明：这里仅给出了弹出式菜单的程序代码，弹出式菜单项的执行代码可参见例 8-4。

习 题 八

一、判断题

1．在设计时可以改变通用对话框的大小。

2．在"打开"对话框内过滤文件类型的属性是 Filter 属性。

3．在使用"字体"对话框之前必须设置 Flag 属性。

4．每个菜单都必须有 Name 属性。

5．显示弹出菜单的方法是 PopupMenu。

6．在一个窗体的程序代码中不可以访问另一个窗体上控件的属性。

7．每一个创建的菜单至多有 4 级子菜单。

8．设计菜单中每一个菜单项分别是一个控件，每个控件都有自己的名称和事件。

9．一个菜单也是一个对象，它不能和当前窗体中的其他控件同名。

10．CommonDialog 对象的 showsave 方法能保存用户指定的文件。

11．如果创建的菜单标题是一个减号"–"，则该菜单显示为一个分隔线，此菜单项也可以识别单击事件。

12．当一个菜单项不可见时，其后的菜单项就会往上填充留下来的空位。

13．如果一个菜单项的 visible 属性为 false，则它的子菜单也不会显示。

14．通用对话框的 filename 属性值为字符串类型，只用于存放所选文件的文件名，不含路径。

15．弹出式菜单只能设置成右键菜单。

二、选择题

1. 要使窗体在运行时不可改变窗体的大小，并且没有最大化和最小化按钮，要对下列_____属性进行设置。

    A. MaxButton　　　　B. Width　　　　C. MinButton　　　D. BorderStyle

2. 在用菜单编辑器设计菜单时，必须输入的项有_____。

    A. 快捷键　　　　　　B. 索引　　　　　C. 标题　　　　　D. 名称

3. 在下列关于通用对话框的叙述中，错误的是_____。

    A. CommonDialogl.Showfont 显示字体对话框

    B. 在打开或另存为对话框中，用户选择的文件名可以通过 FileTitle 属性返回

    C. 在打开或另存为对话框中，用户选择的文件名及其路径可以经 FileTitle 属性返回

    D. 通过对话框可以用来制作和显示帮助对话框

4. 使用通用对话框控件打开"字体"对话框时，如果要在"字体"对话框中列出可用的屏幕字体和打印机字体，必须设置通用对话框控件的 Flags 属性为_____。

    A. cdlCFScreenFonts　　　　　　　　B. cdlCFPrinterFonts

    C. cdlCFBoth　　　　　　　　　　　D. cdlCFEffects

5. 以下叙述中错误的是_____。

    A. 在同一窗体的菜单项中，不允许出现标题相同的菜单项

    B. 在菜单的标题栏中，"&"所引导的字母指明了访问该菜单的访问键

    C. 程序运行过程中，可以重新设置菜单的 Visible 属性

    D. 弹出式菜单不可在菜单编辑器中编辑

6. 菜单编辑器中，同层次的_____设置为相同，才可以设置索引值。

    A. caption　　　　　B. name　　　　C. index　　　　D. shortcut

7. 编写如下两个事件过程：

```
Private Sub Form_KeyDown(KeyCode As Integer, Shift As Integer)
  Print Chr(KeyCode)
End Sub
Private Sub Form_KeyPress(KeyAscii As Integer)
  Print Chr(KeyAscii)
End Sub
```

一般情况下（即不按住 Shift 键和锁定大写键时），运行程序，如果按"a"键，则程序输出的是_____。

    A. AA　　　　　　　B. aa　　　　　C. aA　　　　　D. Aa

8. 某顶级菜单项的热键字母为 F，以下_____操作等同于单击该菜单项。

    A. 同时按下 Ctrl 和 F 键　　　　　　B. 按下 F 键

    C. 同时按下 Alt 和 F 键　　　　　　D. 同时按下 Shift 和 F 键

9. 用户可以通过设置菜单项的_____属性值为 false 来使该菜单项无效。

    A. hide　　　　　　B. visible　　　　C. enabled　　　D. checked

10. 菜单项（find），其访问键为 Alt+F，则在设计时应_____。

    A. 将其 Caption 属性设为 F&ind　　　　B. 将其 Caption 属性设为 &Find

　　C. 将其 Name 属性设为 F_&ind　　　　　　D. 将其 Caption 属性设为 F_ind

三、填空题

1. 如果要将某个菜单项设计为分隔线，则该菜单的标题应设置为_____。

2. 在菜单编辑器中，菜单项前面 4 个小点的含义是_____。

3. 建立弹出式菜单所使用的方法是_____。

4. 菜单编辑器中建立了一个菜单，名为 pmenu，用_____语句可以把它作为弹出式菜单弹出。

5. 将通用对话框的类型设置为"字体"对话框可以使用_____方法。

6. 如果工具箱中还没有 CommonDialog 控件，则应从_____菜单中选定_____，并将控件添加到工具箱中。

7. 菜单项可以响应的事件为_____。

8. 设计时，在 VB 主窗口上只要选取一个没有子菜单的菜单项，就会打开_____，并产生一个与这一菜单项有关的_____事件过程。

9. 菜单一般有_____和_____两种基本类型。

10. 通用对话框控件可显示的常用对话框有：_____、_____、_____、和_____。

四、程序阅读题

在 Form1 窗体上画一个命令按钮 Command1 和一个通用对话框 CommonDialog1，然后编写如下代码：

```
Private Sub Command1_Click()
   CommonDialog1.FileName=""
   CommonDialog1.Filter="AllFiles|*.*|*.exe|*.exe|*.txt|*.txt|*
    .doc|*.doc"
   CommonDialog1.FilterIndex=3
   CommonDialog1.DialogTitle="Open File(*.EXE)"
   CommonDialog1.Action=1
   If CommonDialog1. FileName="" Then
        MsgBox"No File Selectd",5+VbExclamation,"Checking"
   Else
        MsgBox "您打开的文件是" & CommonDialog1.FileName
   End If
End Sub
```

程序运行后单击命令按钮，将显示一个对话框。

① 该对话框是_____。

② 该对话框"文件类型"框中显示的内容是_____。

③ 单击"文件类型"框右边的箭头，下拉列表框显示的内容是_____。

④ 如果在对话框中不选择文件，直接单击"确定"按钮，则显示信息框中的标题是_____，显示在信息框中的信息是_____，该信息框中的按钮是和_____。

五、程序填空题

以下程序是利用通用对话框功能为窗体中的图片框添加图片。要求将 "C:\winnt" 设置为初始目录，打开文件的默认文件扩展名为.bmp。

```
Private sub command1_click()
commonDialog1.initdir=_____
commonDialog1.filter="所有文件（*.*）|*.*|bmp 文件(*.bmp)|*.bmp|gif 文
 件（*.gif）|*.gif"
commonDialog1.filterindex=2              '打开通用对话框
picture1.picture=_____
End sub
```

六、程序设计题

1. 编制 Command1 的 Click 事件过程：调用打开文件对话框选择文件，将所选的文件名追加到列表框控件 list1 中。

2. 设计一个菜单，使它能改变文本框中文字的字体、颜色、大小。设计后的界面如图 8-19 所示。

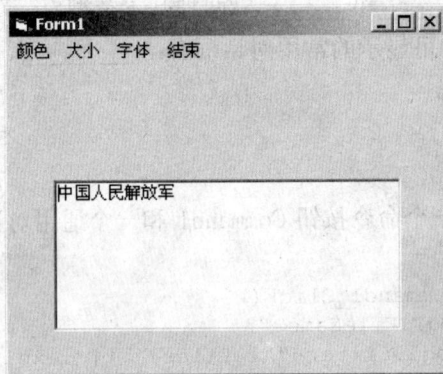

图 8-19 菜单

第9章 文　　件

在前面各章的学习中，我们通常在应用程序设计时，将所要处理的数据存储在变量或数组中，这样在退出程序时，数据不能长期保存。如果要保存这些数据，则可用到文件，因文件可以永久地存储信息。应用程序中如果想长期保存访问数据，就必须将数据存储到文件中。

本章将介绍有关的数据文件操作。

9.1 文　　件

文件是存储在外部存储介质上的信息（数据或程序等）的有序集合。

9.1.1 文件的结构

计算机系统中的不同文件以不同的文件标识符进行区分，文件标识符即文件全名，由存储路径、主名、扩展名3部分组成。

文件可以分成不同的类别，根据不同的分类方法可得到不同的类型。

按文件的存储格式，可以把文件分为以下两种。

1）ASCII（字符、正文）文件：按字符的ASCII码存储，每个字符占一个字节。

2）二进制文件：按数据的机内码存储，每个数据所占存储空间为该类型数据的字节数。

按文件的存取方式，可以把文件分为以下两种。

1）顺序文件：必须在顺序访问文件中某个数据前（物理位置）的所有数据后，才可以访问该数据。

2）随机文件：可以直接访问文件中的任何一个数据。

9.1.2 文件的存取类型

在Visual Basic中有3种文件存取类型，即顺序、随机、二进制。

1）顺序存取：适用于普通的纯文本文件。文件中的数据以ASCII码的方式存储，不管读或者写操作都要求按顺序进行访问。这种存取访问简单，处理方便，但查找数据必须按顺序进行，读和写操作不能同时进行。

2）随机存取：适用于有固定长度记录结构的文件。随机文件由一些记录构成，每个记录有多个字段，不同的字段有不同的数据类型。通过记录号可以快速找到所需的记录，但所用存储空间相对较大，且其严格的文件结构也增加了编程工作量。

3）二进制存取：适用于读写任意结构的文件。整个文件可以当作一个长的字节序列进行处理，二进制存取的文件中的数据也是顺序的，成块地被读取。

由于用户可以直接识别，并可以用任何文字处理软件编辑 ASCII 文件中的数据，使用较为普遍；而顺序文件的存取相对其他文件较为方便，因此下面就介绍 ASCII 文件的顺序操作。

9.2 顺 序 文 件

顺序文件就是按顺序进行存取。读写数据时从文件头部到文件尾部按顺序读写，不能从文件的中间进行数据的读写操作。顺序文件进行存取时，一般是先打开文件，然后进行读或写操作，最后关闭文件，如图 9-1 所示。

9.2.1 顺序文件的打开与关闭

文件在使用时必须先打开它，然后才可以对其进行访问。结束访问后则应当关闭文件，当然应用程序终止运行时也会自动关闭文件。

（1）打开顺序文件

顺序文件的打开要使用 Open 语句，其语法结构如下：

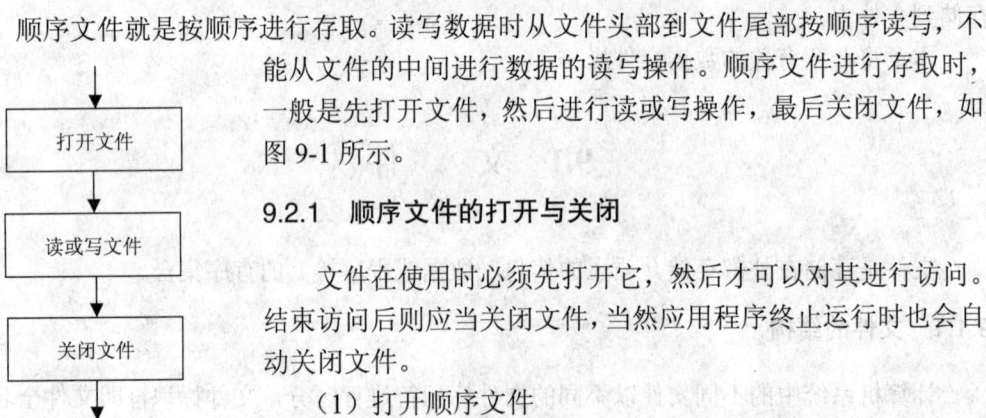

图 9-1 顺序文件操作流程

Open<文件名>For<打开方式>As[#]<文件号>

1）<文件名>：为字符串表达式，是所打开文件的文件标识符（包括路径和文件名）。

2）<打开方式>：为[Input|Output|Append]。

Input：以只读方式打开文件，当文件不存在时，则显示出错信息。

Output：以只写方式打开文件，当文件不存在时，则新建文件；如文件存在，则删除原文件所有数据，重新开始写入数据。

Append：以追加数据方式打开文件，当文件不存在时，则新建文件。如文件存在，则保留原文件所有数据，从文件最后添加数据到文件中。

3）<文件号>：为打开文件后使用的通道号，是一个 1～511 之间的正整数值，一般应从小到大使用。

例如，要打开 E 盘下 Visual Basic L 文件夹中的 a1.txt 文件，用来从中读取数据，其语句如下：

```
Open "E:\Visual Basic L\a1.txt" For Input As #1
```

例如，要在 E 盘下 Visual Basic L 文件夹中创建 a2.txt 文件，用来写入数据，其语句如下：

```
Open "E:\Visual Basic L\a2.txt" For Output As #2
```

例如，要打开 E 盘下 Visual Basic L 文件夹中的 a2.txt 文件，用来在文件的末尾添加数据，其语句如下：

```
Open "E:\Visual Basic L\a2.txt" For Append As #3
```

（2）关闭顺序文件

访问文件操作结束后，应关闭该文件以保证其正确和完整，关闭文件要使用 Close 语句，其语法结构如下：

　　　　Close [[#]<文件号列表>]

其中，<文件号列表>是包括一个或多个已打开的文件的文件通道号，若全部省略，则关闭所有用 Open 语句打开的文件。

例如，要关闭已打开文件通道号为 1 的文件，其语句如下：

```
Close #1
```

例如，要关闭已打开文件通道号为 1 和 3 的文件，其语句如下：

```
Close #1,3
```

例如，要关闭所有已打开的文件，其语句如下：

```
Close
```

9.2.2　顺序文件的写操作

对于将数据写入到顺序文件，Visual Basic 提供了 Print #语句或 Write #语句。

（1）Print #语句

格式：**Print #<文件号>,[输出列表]**

功能：将输出列表的数据写入到指定的文件中。

说明：用 Print#语句写到文件的内容和格式，同 Print 语句在窗体上输出的内容和格式相似，就是输出的地方不同。

【例 9-1】　用 Print #语句写入数据文件。

代码如下：

```
Private Sub Command1_Click()
    Open "E:\Visual Basic L\a1.txt" For Output As #1
    Print #1, "0910101", "单温然", 98
    Print #1, "0910103"; "白俊伟"; 73
    Print #1,
    Print #1, "0910106"; "王海涛"; #1/2/1990#,
    Print #1, True
    Close #1
End Sub
```

程序运行后的结果如图 9-2 所示。

（2）Write #语句

格式：**Write #<文件号>,[输出列表]**

功能：将输出列表的数据写入到指定的文件中。

说明：数据以紧凑格式存放，都是在写入的数据间加入逗号作为分隔符。输出列表末尾无分隔符，则输出回车、换行符到文件。字符串写入文件时字符串两端自动加双引号，其他非数值类型数据写入文件时两端加"#"号。

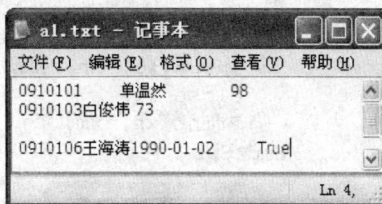

图 9-2　Print#语句运行结果

【例 9-2】　用 Write #语句写入数据文件。

代码如下：

```
Private Sub Command1_Click()
    Open "E:\Visual Basic L\a2.txt" For Output As #1
```

```
        Write #1, "0910101", "单温然", 98
        Write #1, "0910103"; "白俊伟"; 73
        Write #1,
        Write #1, "0910106"; "王海涛"; #1/2/1990#,
        Write #1, True
        Close #1
    End Sub
```

程序运行后的结果如图 9-3 所示。

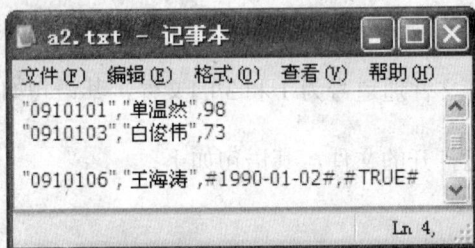

图 9-3   Write#语句运行结果

9.2.3   顺序文件的读操作

对于将数据从顺序文件中读出，Visual Basic 提供了 Input #语句或 Line Input #语句。

（1）Input #语句

格式：Input #<文件号>,<变量名列表>

功能：从打开的顺序文件中读取数据存放到变量列表的各变量中。

说明：读顺序文件时，由数据间的分隔符区分哪段字符与哪个变量对应，具体规则包括文件中各数据之间用逗号隔开；字符型数据用双引号括起来；读取的数据类型要与变量的类型相一致。Input #语句通常与 Write #语句配合使用，用来读取由 Write #语句写入文件的数据。

【例 9-3】   用 Input #语句读取例 9-2 中的"a2.txt"文件中的数据。

代码如下：

```
    Private Sub Command1_Click()
        Dim xh As String, xm As String
        Dim cj As Single
        Open "E:\Visual Basic L\a2.txt" For Input As #1
        Input #1, xh, xm, cj
        Close #1
        Print xh, xm, cj
    End Sub
```

程序运行后的结果如图 9-4 所示。

（2）Line Input #语句

格式：Line Input #<文件号>,<字符串变量名>

功能：将文件的当前读写位置起至换行符前的所有字符读入到字符串变量中。

说明：Line Input #语句通常与 Print #语句配合使用，用来读取由 Print #语句写入文件的数据。

图 9-4   用 Input #语句读取数据

【**例9-4**】 用 Line Input #语句读取例 9-1 中的"a1.txt"文件中的数据。

代码如下：

```
Private Sub Command1_Click()
    Dim sj As String
    Open "E:\Visual Basic L\a1.txt" For Input As #1
    Line Input #1, sj
    Close #1
    Print sj
End Sub
```

程序运行后的结果如图9-5 所示。

在上述两例中，输出结果一样，请大家注意两个程序的第 2 行与第 5 行，就可知道两个读取语句的相同与不同了。

在程序中，利用 Input #或 Line Input #语句读取数据时，常用 EOF 函数来测试是否到了文件末尾，其格式如下：

EOF(<文件号>)

功能：函数返回逻辑值 True 表示读取位置已到达文件末尾，False 表示读取位置未到达文件末尾。文件刚打开时，读写位置位于文件开始处。

【**例9-5**】 找出 1000 之内的所有素数，并写入到文件"E:\Visual Basic L\su.txt"中。然后输入一个数，通过在该文件中查找该数是否存在的方法来判断它是否为素数。

分析：

1）根据题意，可设计如图 9-6 所示的界面，其中 Command1 为"素数存盘"，Command2 为"判断"，Text1 用于显示判断信息。

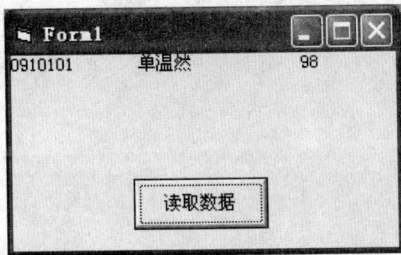

图 9-5 用 Line Input #语句读取数据   图 9-6 用文件中数据判断是否素数界面

2）在程序运行时，"素数存盘"按钮可用，而"判断"按钮不可用；当单击"素数存盘"按钮后，把 1000 以内的所有素数全部写到"E:\Visual Basic L\su.txt"中，此时，"素数存盘"按钮不可用，而"判断"按钮可用；单击"判断"按钮后，用输入对话框输入一个小于 1000 的正整数，判断是否为素数，并在文本框中输出有关的信息。

依据以上分析，可编写程序代码如下：

```
Private Sub Command1_Click()
    Dim n As Integer, x As Integer, k As Integer
    Open "E:\Visual Basic L\su.txt" For Output As #1
    n = 0
    For x = 2 To 1000
        For k = 2 To x - 1
            If x Mod k = 0 Then
```

```
            Exit For
         End If
      Next k
      If k >= x Then
         Print #1, x;
         n = n + 1
         If n Mod 5 = 0 Then Print #1,
      End If
   Next x
   Close #1
   Command1.Enabled = False
   Command2.Enabled = True
End Sub
Private Sub Command2_Click()
   Dim x As Integer, flag As Boolean
   Do
      x = Val(InputBox("请输入一个小于 1000 的正整数！", "判断是否素数"))
   Loop Until x > 1 And x < 1000
   flag = True
   Open "E:\Visual BasicL\su.txt" For Input As #1
   Do While Not EOF(1)
      Input #1, n
      If x = n Then
         flag = False
         Exit Do
      End If
   Loop
   If flag = True Then
      Text1.Text = x & "不是素数！"
   Else
      Text1.Text = x & "是素数！"
   End If
   Close #1
End Sub
```

9.3　常用文件操作语句和函数

在 Visual Basic 中，提供了一些语法简单的语句和函数，用来对文件和文件夹进行一些最基本的操作，下面我们就对这些语句和函数进行简单的介绍。

（1）ChDrive 语句

格式：**ChDrive** <盘符>

功能：改变当前的盘符。

其中，盘符就是指驱动器名，它是一个字符串表达式。如有多个字符，则只有第一个字符有效。

例如，改变当前盘符为"E:"，则语句如下：

```
ChDrive "E: "
```

（2）ChDir 语句

格式：ChDir　<路径名>

功能：改变当前文件夹。

其中，路径名是指要改变当前文件夹的一条路径，它是一个字符串表达式。如该文件夹不存在，则出错。

例如，假设此时的文件夹在"C:\Windows"，现想改变当前文件夹为"E:\Visual Basic L"，则可用如下语句实现：

```
ChDir  "E:\Visual Basic L"
```

（3）MkDir 语句

格式：MkDir　<文件夹名>

功能：创建一个新的文件夹。

其中，文件夹名是一个字符串表达式，也可能含路径在内。

例如，假设当前路径为"E:\Visual Basic L"，则下面两条语句中任意一语句都是在"E:\Visual Basic L"中创建文件夹"MyDir"。

```
MkDir  "MyDir"
MkDir  "E:\Visual Basic L\MyDir"
```

（4）RmDir 语句

格式：RmDir　<文件夹名>

功能：删除一个存在的文件夹。

其中，文件夹名是一个字符串表达式，用来指定要删除的文件夹，也可能含路径在内。

例如，假设当前路径为"E:\Visual Basic L"，则下面两条语句中任意一语句都是把"E:\Visual Basic L"中的文件夹"MyDir"删除。

```
RmDir  "MyDir"
RmDir  "E:\Visual Basic L\MyDir"
```

（5）FileCopy 语句

格式：FileCopy　<源文件名>,<目标文件名>

功能：复制文件。

其中，<源文件名>是指要被复制的源文件名，<目标文件名>是指要被复制到的目标文件名，二者都为字符串表达式。

例如，要将"E:\Visual Basic L\a1.txt"复制到"D:"中，可用如下语句实现。

```
FileCopy  "E:\Visual Basic L\a1.txt","D:\a1.txt"
```

（6）Kill 语句

格式：Kill　<文件名>

功能：删除指定的文件。

其中，<文件名>是指要删除的文件名，为字符串表达式。

例如，要将"D:\a1.txt"文件删除，可用如下语句实现。

```
Kill  "D:\a1.txt"
```

（7）Name 语句

格式：Name　<旧文件名> As <新文件名>

功能：将文件进行改名或移动文件。

其中，旧文件名指已经存在的文件，或将其改成新文件名，或将其移到新的文件夹中，同时也可进行改名操作。

例如，要将"E:\Visual Basic L\a1.txt"改名为"E:\Visual Basic L\a2.txt"，可用如下语句实现。

```
Name "E:\Visual Basic L\a1.txt" As "E:\Visual Basic L\a2.txt"
```

例如，要将"E:\Visual Basic L\a2.txt"移到并改名为"D:\a3.txt"，可用如下语句实现。

```
Name "E:\Visual Basic L\a2.txt" As "D:\a3.txt"
```

（8）SetAttr 语句

格式：SetAttr <文件名>,<属性>

功能：设置文件的属性。

其中，属性值如表 9-1 所示。

表 9-1　文件属性值表

属　　性	属　性　值
常规属性	0
只读属性	1
隐藏属性	2
系统属性	4
文件夹	16
上次备份后已改变	32
指定的文件名是别名	64

例如，设置"D:\a3.txt"为只读文件，实现语句如下。

```
SetAttr "D:\a3.txt",1
```

（9）GetAttr 函数

格式：GetAttr(<文件名>)

功能：获取文件的属性。

其中，获取的属性是一个整数，对应的值见表 9-1。

例如，x=GetAttr("D:\a3.txt")，则 x 的值为 1。

（10）FileDateTime 函数

格式：FileDateTime(<文件名>)

功能：返回文件最后一次修改的日期和时间。

例如，dt= FileDateTime("D:\a3.txt")，则 dt 的值为最后一次修改的日期和时间。若 dt 的值为"2009-09-29 14:33:18"，则表示该文件最后一次修改的日期和时间是 2009 年 9 月 29 日 14 点 33 分 18 秒。

（11）FileLen 函数

格式：FileLen(<文件名>)

功能：返回文件的长度。

其中，长度是指文件的字节数，是一个长整型的数据。

例如，MySize=FileLen("D:\a3.txt")，则 MySize 的值为文件 a3.txt 的字节数。

9.4　文件管理控件

在 Visual Basic 中，可以使用驱动器列表框（DriveListBox）、目录列表框（DirListBox）以及文件列表框（FileListBox）三个文件管理控件进行组合，创建类似于 Windows 资源管理器的文件操作对话框，用于文件的选择等。

9.4.1　驱动器列表框

驱动器列表框控件用于显示驱动器列表，在工具箱中该控件图标如图 9-7 所示。该控件默认的名称为 Drive1、Drive2、……

图 9-7　工具箱中的驱动器列表框控件

1. 属性

1）Drive 属性：用来设置或返回驱动器的名称。Drive 属性只能在程序运行时赋值，而不能通过属性窗口设置。为驱动器列表框的 Drive 属性赋值的语句格式如下：

　　　　<盘驱动器列表框名>.Drive[=驱动器名]

格式中的"驱动器名"为指定的驱动器，也就是说使该驱动器成为当前驱动器；如果省略，则不改变当前驱动器。如果所指定的驱动器在系统中不存在，则产生错误；驱动器名是一个有效的字符串表达式，该字符串的第一个字符为有效的。如 Drive1.Drive="ECD"，就是把当前驱动器设置为 E:盘。

程序运行时若选择驱动器，则 Drive 属性值改写为所选择的驱动器名。如运行时单击驱动器列表框控件 Drive1 中 E:盘图标，则 Drive1.Drive 的值为"E:"。

2）List 属性：数组下标从 0 开始存放系统的每一个驱动器名称。

3）ListCount 属性：系统中驱动器的个数。

2. 事件

在程序运行时，当单击驱动器列表框中某一驱动器名称时，该驱动器名就赋值给控件的 Drive 属性，同时触发 Change 事件。

图 9-8　工具箱中的目录列表框控件

9.4.2　目录列表框

目录列表框控件用于显示当前驱动器中的目录（文件夹）列表，其在工具箱中的图标如图 9-8 所示。该控件默认的名称为 Dir1、Dir2、……

1. 属性

1）Path 属性：设置或返回目录列表框当前的工作目录（包含盘符的完整路径）。为

Visual Basic 程序设计

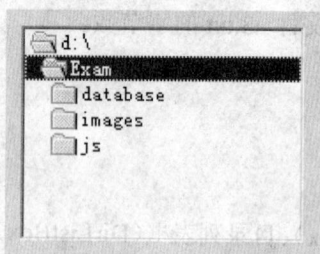

图 9-9 目录列表框运行状态

目录列表框的 Path 属性赋值的语句格式为<目录列表框名>.Path[=目录路径名]。

在用 Path 属性返回工作目录时，只有打开的目录才是它要返回的值，同时要注意是否是根目录，如图 9-9 所示，则 Path 为"d:\Exam"，若再双击 d:盘，则 Path 为"d:\"。

在实际使用中，如把目录列表框与驱动器列表框联系起来，实现同步，通常使用下面的代码：

```
Private Sub Drive1_Change()
    Dir1.Path = Drive1.Drive
End Sub
```

2）List 属性：数组下标从-n 开始存放当前目录状态下的每一个目录名。n 由当前目录状态下所选目录的索引号决定，当前目录的索引号为-1，它的父目录为-2，父目录的父目录为-3，依此类推，而当前目录的子目录的索引值从 0 到子目录总数-1，该数组由系统自动生成。如图 9-9 中，Dir1.List(-2)为"d:\"、Dir1.List(-1)为"d:\Exam"、Dir1.List(0)为"d:\Exam\database"、Dir1.List(2)为"d:\Exam\js"。

3）ListCount 属性：当前目录下子目录的数量。

4）ListIndex 属性：当前目录列表框状态下的索引值。当前目录所对应的 ListIndex 属性值为-1。

2. 事件

1）Change 事件：当设置或选择改变目录列表框的 Path 属性时，将触发 Change 事件。

2）Click 事件：单击目录列表框控件 Dir1 的某个目录时，选择该目录，将触发 Click 事件。但 Dir1.Path 属性值并没有改变，可以在事件过程 Dir1_Click 中写入语句"Dir1.Path = Dir1.List(Dir1.ListIndex)"，则可以在选择该目录的同时改变 Dir1.Path 属性为所选目录的当前目录。

9.4.3 文件列表框

文件列表框控件用于显示当前目录中的文件列表，其在工具箱中的图标如图 9-10 所示。该控件默认的控件名称为 File1、File2、……

图 9-10 工具箱中的文件列表框控件

1. 属性

1）Path 属性：设置或返回当前文件列表框内所显示文件的当前目录。只能在运行时设置，不能在属性窗口中设置。

在实际使用中，如把文件列表框与目录列表框联系起来，实现同步，通常使用下面的代码：

```
Private Sub Dir1_Change()
```

```
    File1.Path = Dir1.Path
End Sub
```

2）Filename 属性：设置或返回所选文件的文件名。

3）Pattern 属性：设置文件列表框中文件的显示类型，即对文件进行过滤，只显示满足条件的文件。默认值为"*.*"。此属性可以在属性窗口中设置，也可以在程序中通过赋值设置。

若过滤的文件类型为若干个，用分号间隔文件名，且文件名中可以含有通配符。

例如：语句 File1.Pattern="*.frm"，使 File1 列表框中只显示所有扩展名为.frm 的窗体文件；语句 File1.Pattern="*.vbp;*.exe"，使 File1 列表框中只显示所有扩展名为.vbp 和文件扩展名为.exe 的文件。

2．事件

1）Click 事件：单击文件列表框控件中的某个文件时，触发 Click 事件。

2）DbClick 事件：双击文件列表框控件中的某个文件时，触发 DbClick 事件。

【例 9-6】　在窗体上放置驱动器列表框、目录列表框和文件列表框三个控件，且使得三个控件能够联动；设置文件列表框只显示*.bmp 和*.jpg 类型的图片文件；使得单击文件列表框上的图片文件名时，则相应的图片显示在图像框中。

分析：

1）根据题意，可设计如图 9-11 所示的界面，其中左边为驱动器列表框、目录列表框和文件列表框三个控件，右边图片处为图像框控件。

图 9-11　图片欣赏界面

2）在程序运行时，先选择驱动器，再选择该驱动器下的文件夹，后单击该文件下的某个图片文件，在右边的图像框中显示该图片。

依据以上分析，可编写程序代码如下：

```
Private Sub Form_Load()
    Drive1.Drive = "e:"                  '设置驱动器列表框的初始驱动器为 E 盘
    File1.Pattern = "*.bmp;*jpg"         '设置文件列表框只显示*.bmp 和*.jpg 类型
                                          的文件
End Sub
Private Sub Drive1_Change()
```

```
        Dir1.Path = Drive1.Drive            '改变驱动器名使目录同步改变
    End Sub
    Private Sub Dir1_Change()
        File1.Path = Dir1.Path              '改变目录使文件列表框中的文件同步改变
    End Sub
    Private Sub File1_Click()
        Image1.Picture = LoadPicture(File1.Path + "\" + File1.FileName)
    End Sub
```

习　题　九

一、选择题

1. 根据文件的存取方式，文件可分为_____。
   A. 程序文件和数据文件　　　　　　　　B. ASCII 文件和二进制文件
   C. 顺序文件和随机文件　　　　　　　　D. 顺序文件和二进制文件

2. 在顺序文件中，当使用 Write #语句时，文件打开的方式必须是_____。
   A. Input　　　　　B. Output 或 Append　C. Output　　　　　D. Append

3. Line Input #语句可以从文件中读出_____，并将读出的数据赋给指定的字符串变量。
   A. 换行符　　　　　B. 回车符　　　　　C. 单个字符　　　　D. 一行数据

4. 下面关于顺序文件的说法中，正确的是_____。
   A. 每条记录的长度必须相同
   B. 可通过编程对文件中的某条记录方便地修改
   C. 数据只能以 ASCII 码形式存放在文件中，所以可通过文本编辑软件显示
   D. 文件的组织结构复杂

5. 下列_____语句或函数不能读出顺序文件中内容。
   A. Input()　　　　B. Get #　　　　　C. Line Input #　　　D. Input #

6. KILL 语句在 VB 语言中的功能是_____。
   A. 清内存　　　　B. 清病毒　　　　C. 删除磁盘上的文件　D. 清屏幕

7. 要读出 "E:\a1.txt" 文件中的内容，下列_____是正确的。
   A. F = " E:\a1.txt "　　　　　　　　B. F = " E:\a1.txt "
   　　Open F For Input As #1　　　　　　　Open "F" For Input As #2
   C. Open " E:\a1.txt " For Output As #1　D. Open E:\a1.txt For Input As #2

8. 文件号最大可取的值为_____。
   A. 255　　　　　B. 511　　　　　C. 512　　　　　D. 256

9. Print #1，Str$中的 Print 是_____。
   A. 文件的写语句　　　　　　　　　　　B. 在窗体上显示的方法
   C. 子程序名　　　　　　　　　　　　　D. 文件的读语句

10. 要从磁盘上新建一个文件名为"E:\a1.txt"的顺序文件，下列_____是正确的语句。

    A．F = " E:\a1.txt "　　　　　　　　　　　B．F = " E:\a1.txt "

       Open F For Append As #1　　　　　　　　　Open "F" For Output As #1

    C．Open E:\a1.txt For Output As #1　　　D．Open "E:\a1.txt" For Output As #1

11. 以下能判断是否到达文件尾的函数是_____。

    A．BOF　　　　　　B．LOC　　　　　　C．LOF　　　　　　D．EOF

12. 在窗体上有一个文本框，代码窗口中有如下代码，则下述有关该段程序代码所实现的功能的说法错误的是_____。

```
Private Sub Form_load()
    Open "E:\Data.txt" For Output As #1
    Text1.Text = ""
End Sub
Private Sub Text1_keypress(keyAscii As Integer)
    If keyAscii = 13 Then
        If UCase(Text1.Text) = "END" Then
            Close #1
            End
        Else
            Write #1, Text1.Text
            Text1.Text = ""
        End If
    End If
End Sub
```

    A．在 E 盘当前目录下建立一个文件

    B．打开文件并输入文件的数据

    C．打开顺序文件并从文本框中读取文件的数据，若输入 End 则结束读操作

    D．在文本框中输入的数据按回车键存入，然后文本框内容被清除

13. 执行语句 Open"C:StuData.dat"For Input As #2 后，系统_____。

    A．将 C 盘当前文件夹下名为 StuData.dat 的文件的内容读入内存

    B．在 C 盘当前文件夹下建立名为 StuData.dat 的顺序文件

    C．将内存数据存放在 C 盘当前文件夹下名为 StuData.dat 的文件中

    D．将某个磁盘文件的内容写入 C 盘当前文件夹下名为 StuData.dat 的文件中

14. 如果在 C 盘当前文件夹下已存在名为 StuData.dat 的顺序文件，那么执行语句 Open"C：StuData.dat"For Append As #1 之后将_____。

    A．删除文件中原有的内容

    B．保留文件中原有的内容，可在文件尾添加新内容

    C．保留文件中原有内容，在文件头开始添加新内容

    D．以上均不对

15. 以下关于文件的叙述中，错误的是_____。

    A．使用 Append 方式打开文件时，文件指针被定位于文件尾

    B．当以输入方式（Input）打开文件时，如果文件不存在，则建立一个新文件

C．顺序文件各数据的长度可以不同

D．使用 Output 方式打开文件时，建立一个新文件

16．以下程序的功能是：把 E:目录下的顺序文件 smtext1.txt 的内容读入内存，并在文本框 Text1 中显示出来。括号内应填写_____。

```
Private Sub Command1_Click()
    Dim inData As String
    Text1.Text = ""
    Open "E:\smtext1.txt" (     ) As #1
    Do While Not EOF(1)
        Input #1, inData
        Text1.Text = Text1.Text & inData
    Loop
    Close #1
End Sub
```

A．For Input   B．For Output   C．For Random   D．For Append

17．在窗体上画一个名称为 Command1 的命令按钮和一个名称为 Text1 的文本框，在文本框中输入以下字符串：Microsoft Visual Basic Programming。然后编写如下事件过程：

```
Private Sub Command1_Click()
    Open "E:\VBL\outf.txt" For Output As #1
    For i = 1 To Len(Text1.Text)
        C = Mid(Text1.Text, i, 1)
        If C >= "A" And C <= "Z" Then
            Print #1, LCase(C)
        End If
    Next i
    Close
End Sub
```

程序运行后，单击命令按钮，文件 outf.txt 中的内容是_____。

A．MVBP   B．mvbp

C．M   D．m
　V   v
　B   b
　P   p

18．以下程序段实现的功能是_____。

```
Sub AppeS_File1()
    Dim StringA As String, X As Single
    StringA = "Appends a new number:"
    X = -100
    Open "E:\S_file1.dat" For Append As #1
    Print #1, StringA; X
    Close
End Sub
```

A．建立文件并输入数据   B．打开文件并输出数据

C．打开顺序文件并追加数据   D．打开文件并重写数据

19．关于语句 Open "E:\Test.dat" For Output   As #1，以下叙述错误的是_____。

A．该语句打开 E 盘根目录下一个已存在的文件 Test.Dat

  B．该语句在 E 盘根目录下建立一个名为 Test.Dat 的文件

  C．该语句建立的文件的文件号为 1

  D．执行该语句后，就能通过 Print #语句向文件 Test.Dat 中写入信息

20．下面叙述中不正确的是＿＿＿＿＿＿＿。

  A．若使用 Write#语句将数据输出到文件，则各数据项之间自动插入逗号，并且将字符串加上双引号

  B．若使用 Print#语句将数据输出到文件，则各数据项之间没有逗号分隔，且字符串不加双引号

  C．Write #语句和 Print#语句建立的顺序文件格式完全一样

  D．Write #语句和 Print#语句均实现向文件中写入数据

二、填空题

1．文件列表框的＿＿＿＿＿＿＿＿属性决定显示的文件类型。

2．EOF 函数可用于测试一个文件指针是否到达文件末端。当到文件末端时，EOF 函数返回＿＿＿＿＿＿＿＿。

3．将数据写入磁盘文件所用的语句是＿＿＿＿＿＿＿＿语句或＿＿＿＿＿＿＿＿语句。

4．改变文件列表框的＿＿＿＿＿＿＿＿属性会引发 PatternChange 事件。

5．＿＿＿＿＿＿＿＿语句可以改变文件操作的当前目录。

6．在选择了一个新的目录路径后，为了能及时更新文件列表框的显示，可选用目录列表框的＿＿＿＿＿＿＿＿事件来驱动。

7．读文件的＿＿＿＿＿＿＿＿语句将文件的当前位置起至换行符前的所有字符读入到字符串变量。

三、程序填空题

1．【程序说明】将 E 盘根目录下的一个文本文件 old.txt 复制到新文件 new.txt 中，并利用文件操作语句将 old.dat 文件从磁盘上删除。

【程序】

```
Private Sub Command1_Click()
    Dim str1 As Strring
    Open "E:\old.txt" ____(1)____ As #1
    Open "E:\new.txt" ____(2)____
    Do While ____(3)____
        ____(4)____
        Print #2, str1
    Loop
    ____(5)____
    ____(6)____
End Sub
```

2．【程序说明】文本文件合并。将文本文件 t2.txt 合并到 t1.txt 文件中。

【程序】

```
Private Sub Command1_Click()
```

```
Dim s As String
Open "t1.txt" _____(1)_____
Open "t2.txt" _____(2)_____
Do While Not EOF(2)
    Line Input #2, s
    _____(3)_____
Loop
Close #1, #2
End Sub
```

3.【程序说明】将任一整数插入递增顺序的数组 a 中，使数组仍然有序。数组 a 各元素的值从 E 盘根目录、文件 data.txt 中读取，各数据项间以逗号分隔。

【程序】

```
Option Base 1
Private Sub Form_Click()
    Dim b As Integer, a() As Integer, k As Integer, i As Integer
    i = 1
    Open _____(1)_____ For Input As #1
    Do While Not EOF(1)
        ReDim Preserve a(i)
        Input _____(2)_____
        i = i + 1
    Loop
    b = Val(InputBox("输入待插入的数"))
    ReDim Preserve a(i)
    k = i
    Do While _____(3)_____
        a(k) = a(k - 1)
        _____(4)_____
    Loop
    a(k) = b
    Close #1
    Print "插入后数组为："
    For k = 1 To i
        Print a(k);
    Next i
End Sub
```

4.【程序说明】从指定的任意一个驱动器中的任何一个文件夹下查找文件（不含汉字），并将选定的文件的完整路径显示在文本框 Text1 中，文件内容显示在文本框 Text2 中。

【程序】

```
Private Sub Form_Load()
    File1._____(1)_____ = "*.txt"
End Sub
Private Sub Dir1_Change()
    File1.Path = Dir1.Path
End Sub
Private Sub Dir1_Change()
    Dir1.Path = Drive1.Drive
End Sub
Private Sub File1_Click()
    If Right(File.Path, 1) <> "\" Then
        Text1.Text = File1.Path & File1.FileName
```

```
        Else
            Text1.Text = File1.Path & File1.FileName
            ___(2)___
        Open Text1.Text For Input As #1
        Text2.Text = Input(LOF(1), 1)
        Close
    End Sub
```

5.【程序说明】在 E 盘当前文件夹下建立一个名为 StuData.txt 的顺序文件。要求用 InputBox 函数输入 5 名学生的学号（StuNo）、姓名（StuName）和英语成绩（StuEng），并且写入文件的每个字段都以双引号隔开。

【程序】

```
    Private Sub Form_Click()
            ___(1)___
        For i = 1 To 5
            StuNo = InputBox("请输入学号")
            StuName = InputBox("请输入姓名")
            SutEng = Val(InputBox("请输入英语成绩"))
            ___(2)___  #1, StuNo, StuName, StuEng
        Next i
        Close #1
    End Sub
```

四、程序设计题

1. 编程，设计如图 9-12 所示的运行界面，其中文件列表框能过滤文本文件；当单击文本文件名后，在 Text1 中显示文件名（含路径），在 Text2 中显示该文件内容；当双击某文件名后，调用记事本程序对文本文件进行编辑。

2. 编程，设计如图 9-13 所示的图片欣赏程序，其中窗体上放置驱动列表框、目录列表框和文件列表框三个控件，设置属性使得三个控件能够联运；设置文件列表框只显示*.bmp 和*.jpg 类型的图片文件；当单击文件列表框上的某图片文件名时，图片显示在图片框中。

3. 编程，假设某文本文件以下列格式存储若干学生的学号和两门课成绩，窗体的单击事件过程完成下列操作：

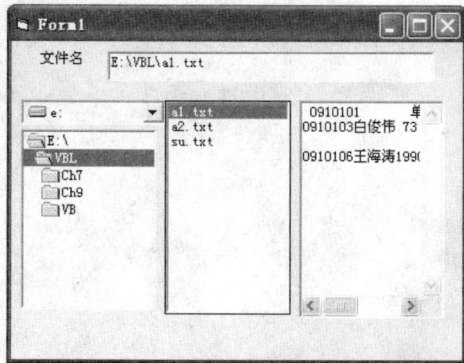

图 9-12 列表框过滤程序运行界面

图 9-13　图片欣赏运行界面

1）用通用对话框控件 CommonDialog1 选择该文件；

2）在 Label1(0)~Label1(1)显示总分最高的学生之学号、总分。

文本文件格式如下：

　　"09010101",78,89

　　"09010102",83,79

4．在一文本框中输入每个学生的学号、姓名、英语成绩、高等数学成绩、计算机成绩，单击"保存数据"按钮，将每个学生的成绩存入到一文件（该文件的保存位置与文件名可以任意指定）中。

5．在窗体设计两个文本框，单击"显示"按钮将上题生成的文件读入到第一个文本框中，单击"平均成绩"按钮计算每个学生的平均成绩，将原数据和平均成绩显示到第二个文本框中，单击"保存"按钮同时将学号、姓名和平均成绩保存在另一文件（该文件的保存位置与文件名可以任意指定）中。

第10章 数 据 库

数据库技术是 20 世纪 60 年代后期产生和发展起来的一项计算机数据管理技术,它的出现使计算机应用渗透到人类社会的各个领域。目前数据库的建设规模和性能、数据库信息量的大小和使用频度已成为衡量一个国家信息化程度的重要标志,数据库技术也成为计算机科学技术学科的一个重要分支。Visual Basic 通过对外部程序的链接,提供了一个功能强大的数据库开发平台。因此,有许多应用程序开发者都选择 Visual Basic 作为开发数据库前台应用程序的工具。

10.1 与数据库相关的概念

1. 数据库

数据库是一个长期存储在计算机内、有组织的、可共享的、统一管理的数据集合。它是一个按数据结构来存储和管理数据的计算机软件系统。

数据库具有如下特征:

1)数据是按一定的数据模型组织在一起,存储在计算机外存储器中。

2)可为多个用户共享,即数据库中的一组数据集合为多种语言和多个用户共同使用。数据共享是促使数据库技术发展的重要原因,也是数据库先进性的一个重要体现。

3)有较小冗余度。相同的数据在数据库中一般只存储一次,并为不同的应用共享。

4)数据与应用程序独立性高,数据库总体逻辑结构的改变不需要修改应用程序。

根据数据模型的不同,数据库可分为层次型、网状型和关系型三种,其中应用最普遍的是关系型数据库。

2. 关系数据库

关系数据库是根据表、记录和字段之间的关系进行组织和访问的,以行和列组织的二维表的形式存储数据,并且通过关系将这些表联系到一起。关系数据库通过建立简单表之间的关系来定义结构,而不是根据数据的物理存储方式建立数据间的关系。

下面是关系数据库的基本概念。

1)数据表(Table)。数据表简称表,由一组数据记录组成。数据库中的数据是以表为单位进行组织的。一个数据库通常由一个或多个数据表及其他相关的对象组成。

表是一种按行、列排列的具有相关信息的数据,表与日常的二维表格对应。例如,表 10-1 是一张学生基本情况表,表中记录了每个学生的基本情况信息,行和列交叉的位置表示其中的一个数据。

表 10-1　学生基本情况表

学　号	姓　名	性　别	班　级	出生日期
0935710001	孙肖飞	女	04 计本 1 班	1987-9-8
0935710002	金升辉	男	04 计本 1 班	1987-10-18
0935710003	郑程	男	04 计本 2 班	1987-8-4

2）记录（Record）。表中的每一行称为记录，它由若干个字段组成。如表 10-1 所示的每一行即代表一条记录，描述了一个学生的基本情况。一般来说，数据库表中不允许出现内容完全相同的两条记录。

3）字段（Field）。数据表中的每一列称为一个字段。如表 10-1 中的"学号"、"姓名"等都是字段名称，每个表中包含了一个或多个字段，并且一个表中的字段名称是唯一的，每个字段描述了它所包含的数据。创建表时，为每个字段分配一个数据类型、最大长度和其他属性。

4）关键字。关键字是表中的某个字段或多个字段的组合，是可用来标识或存取特定行的一组列。例如表 10-1 中的"学号"可作为关键字，它能够唯一地标识一个学生，而"姓名"不能作为关键字，因为姓名有可能重复。

5）视图（View）。视图是从一个或几个数据表导出的表，虽然它也是关系形式，但它本身不实际存储在数据库中，只存放对视图的定义信息（没有对应的数据）。因此，视图是一个虚表（Virtual Table）或虚关系，而数据表是一种实关系。

3. 数据库管理系统

数据库管理系统是为数据库的建立、使用和维护而配置的系统软件。它建立在操作系统的基础上，对数据库进行统一的管理和控制，为用户提供数据定义、数据操纵、数据库控制、数据库的建立和维护等功能。

常见的关系型数据库管理系统有 Microsoft Access、DB2、MS SQL Server、Sybase、MySQL、Oracle 等。

4. 数据库系统

数据库系统是实现有组织地、动态地存储大量相关的结构化数据，方便各类用户使用数据库的计算机软件/硬件资源的集合。数据库系统一般由硬件、软件（包括开发工具）、数据库集合、数据库管理员构成。

10.2　可视化数据管理器

可视化数据管理器实际上是一个独立的可单独运行的应用程序，可以用来快速地建立数据库结构及数据库内容。它放置在 Visual Basic 目录中，可以单独运行，也可以在 Visual Basic 开发环境中启动。凡是 Visual Basic 有关数据库的操作，如数据库结构的建立、记录的添加和修改，以及用 ODBC（Open Database Connectivity，开放式数据库连接）连接到服务器端的数据库（如 MS SQL Server），都可以利用可视化数据管理器来完成。本节将主要介绍利用可视化数据管理器建立名为"db.mdb"的数据库和表名为"学生表"的数据表，然后利用它提供的数据窗体设计器生成一个窗体显示数据库中的记录。

10.2.1　数据库的建立

1. 启动可视化数据库管理器

在 Visual Basic 集成开发环境中，选择"外接程序|可视化数据库管理器"命令，即可打开可视化数据管理器（VisData），如图 10-1 所示。

图 10-1　可视化数据管理器窗口

2. 创建数据库

下面将利用 VisData 建立一个名为"db.mdb"的 Microsoft Access 数据库，具体步骤如下：

1）选择菜单栏中的"文件|新建|Microsoft Access|Version 7.0 MDB"命令。

2）在弹出的"选择要创建的 Microsoft Access 数据库"对话框的"文件名"文本框中输入要创建的数据库名，比如我们想要创建的"db.mdb"，选择合适的路径，然后单击"保存"按钮进行保存。保存后窗口如图 10-2 所示，单击"Properties"左侧的"+"号将列出新建数据库的常用属性，"SQL 语句"窗口用来执行任何合法的SQL 语句。

3. 建立数据表

在如图 10-2 所示的"数据库窗口"内单击鼠标右键，在弹出的快捷菜单中选择"新建表"命令，将打开如图 10-3 所示的"表结构"对话框，在"表结构"对话框中，按照如下步骤建立数据表。

图 10-2   数据库窗口

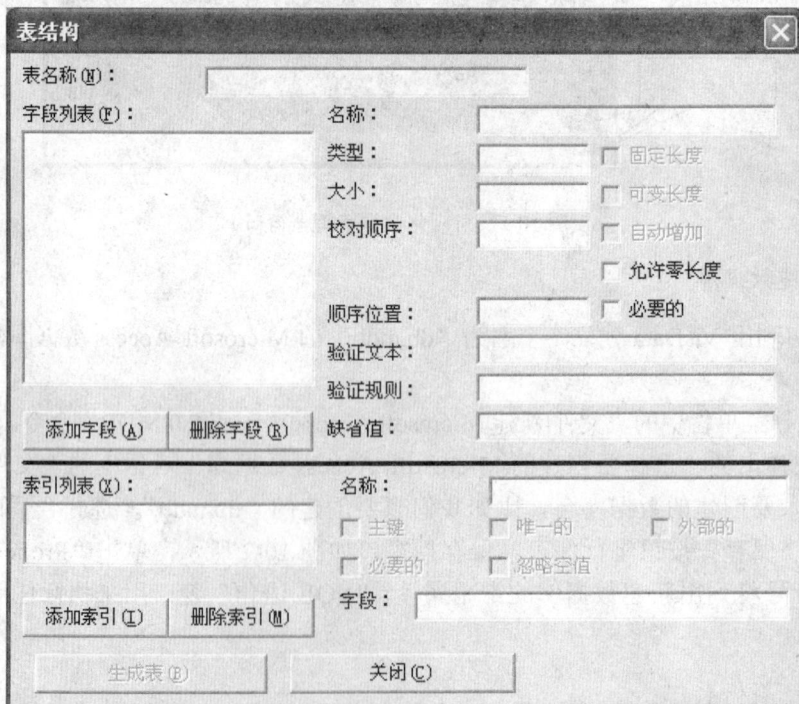

图 10-3   "表结构"对话框

1）建立表。在"表名称"文本框中输入数据表的名称，即"学生表"。

2）添加字段。单击"添加字段"按钮，弹出如图 10-4 所示的"添加字段"对话框。

"名称" 文本框用于输入字段名称,"类型" 下拉列表框中可以设置字段的类型。输入字段后的 "表结构" 对话框如图 10-5 所示。

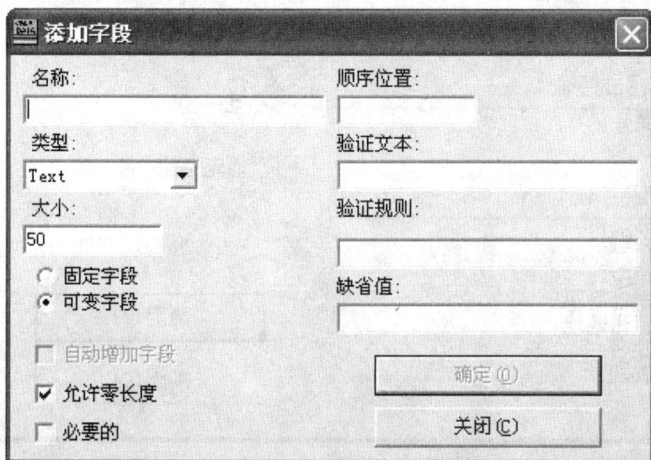

图 10-4 "添加字段" 对话框

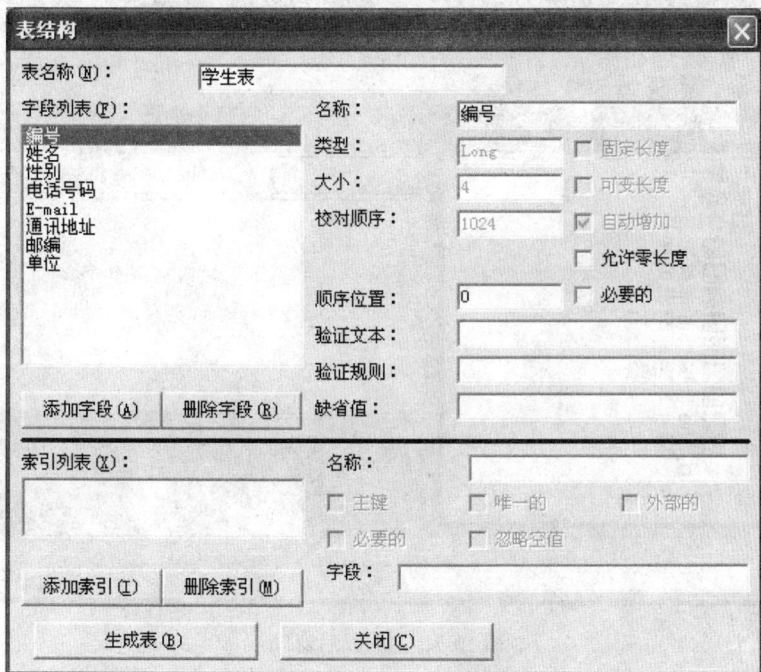

图 10-5 添加字段后 "表结构" 对话框

3）添加索引。在 "表结构" 对话框中单击 "添加索引" 按钮,弹出 "添加索引" 对话框,在其中的 "名称" 文本框中输入 "ID",在 "可用字段" 列表框中选择 "编号",单击 "确定" 按钮即建立了索引,如图 10-6 所示。

4）生成表。单击 "表结构" 对话框中的 "生成表" 按钮,完成 "学生表" 的建立,如图 10-7 所示。

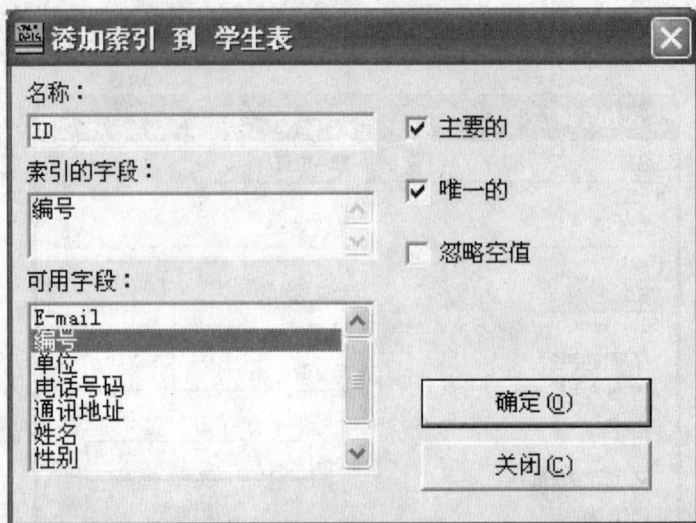

图 10-6 "添加索引"对话框

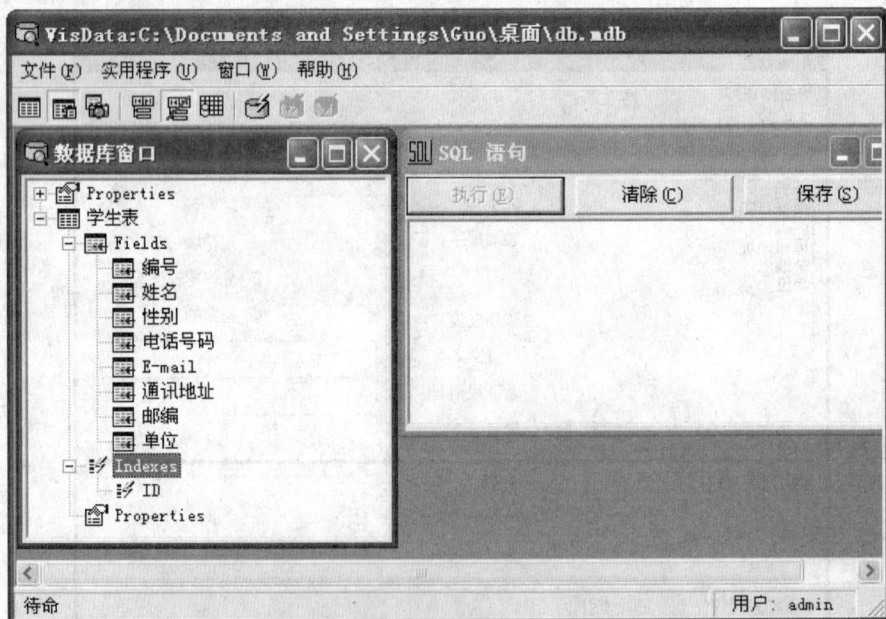

图 10-7 生成表后窗口

4. 添加记录

在图 10-7 所示的窗口中，右键单击"学生表"，在弹出的快捷菜单中选择"打开"命令，显示如图 10-8 所示的编辑数据窗口。单击"添加"按钮，则显示如图 10-9 所示的添加数据窗口。注意在"编号"文本框中不要输入任何的字符，此字段系统会自动添加值。单击"更新"按钮，则成功添加了一条数据，重复添加过程，可输入多条数据。

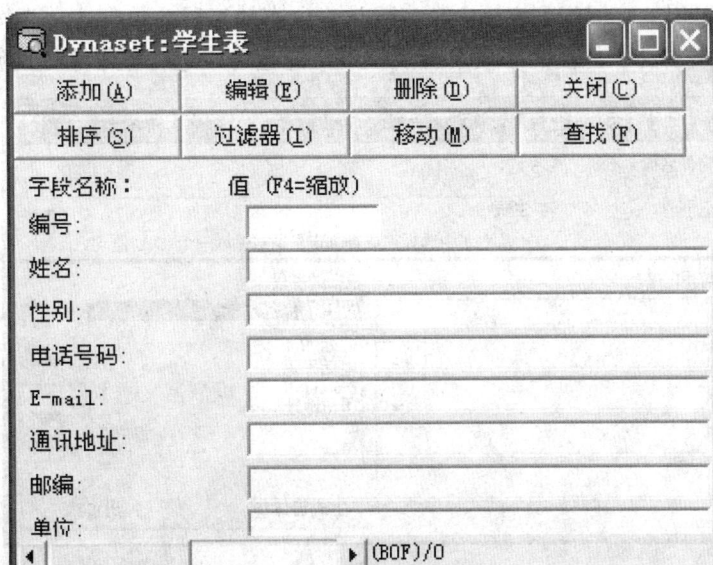

图 10-8 编辑数据窗口

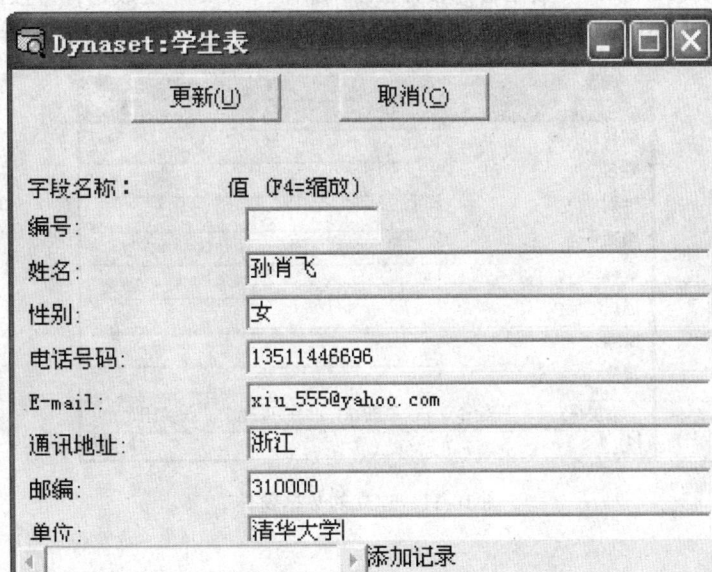

图 10-9 添加数据窗口

10.2.2 数据窗体设计器

数据窗体设计器可以根据数据库中建立的表快速生成一个窗体，窗体上可以显示数据表中的指定字段，具体步骤如下：

1）在可视化数据管理器中，选择菜单栏中的"实用程序|数据窗体设计器"命令，弹出如图 10-10 所示的"数据窗体设计器"对话框。在"窗体名称"文本框中输入一个窗体名称，如"data"，系统会自动在前面加上 frm。"记录源"选择我们刚才所创建的

学生表，在"可用的字段"列表框中会出现该表所有的字段。单击">>"按钮，即可将所有的字段都添加到"包括的字段"列表框中，您也可以进行显示字段的筛选。

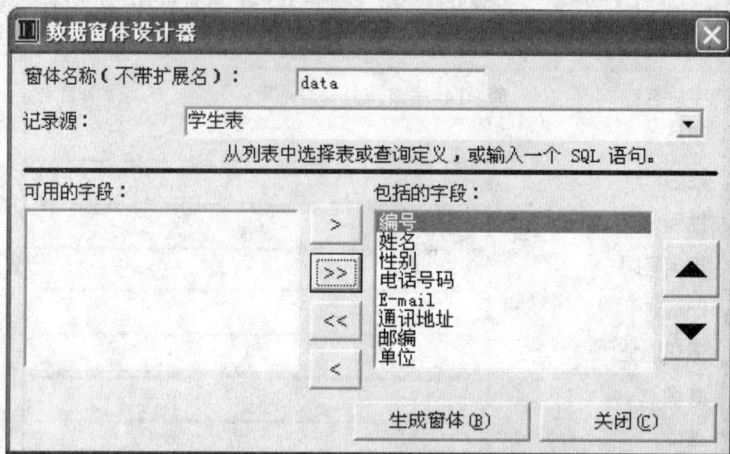

图 10-10 "数据窗体设计器"对话框

2）在图 10-10 所示的"数据窗体设计器"对话框中单击"生成窗体"按钮，则在打开的 Visual Basic 工程中添加了一个名为"frmdata"的数据窗体，如图 10-11 所示。

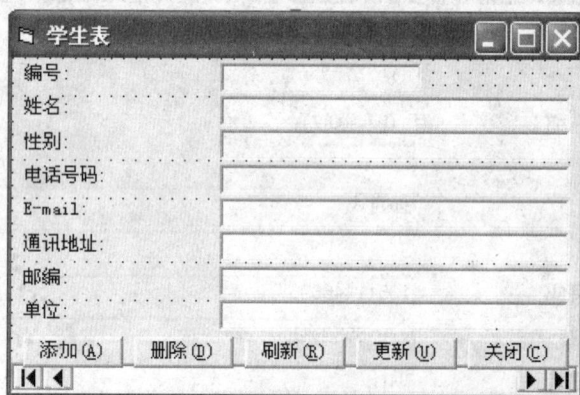

图 10-11   建立的数据窗体

10.3   Microsoft Access 2003 数据库管理系统

Microsoft Access 2003 是 Microsoft Office 2003 办公套件中的一个重要组件，其主要的功能是进行中小型数据库的开发和操作。它功能强大，操作简单，且可以与其他的 Office 组件实现数据共享和协同工作，现已成为最流行的桌面数据库管理系统之一。本节将主要介绍如何利用 Microsoft Access 2003 数据库管理系统建立名为"db.mdb"的数据库和表名为"学生表"的数据表。主要分为以下几个步骤：创建数据库、创建表结构、添加记录。

详细过程如下：

1. 创建数据库

从"开始"菜单启动 Microsoft Access 2003，选择菜单栏中的"文件|新建"命令，显示如图 10-12 所示的界面，单击"新建文件"窗格里的"空数据库"选项，出现"文件新建数据库"对话框，选择合适的存放路径，在"文件名"文本框中输入"db.mdb"，单击"创建"按钮。

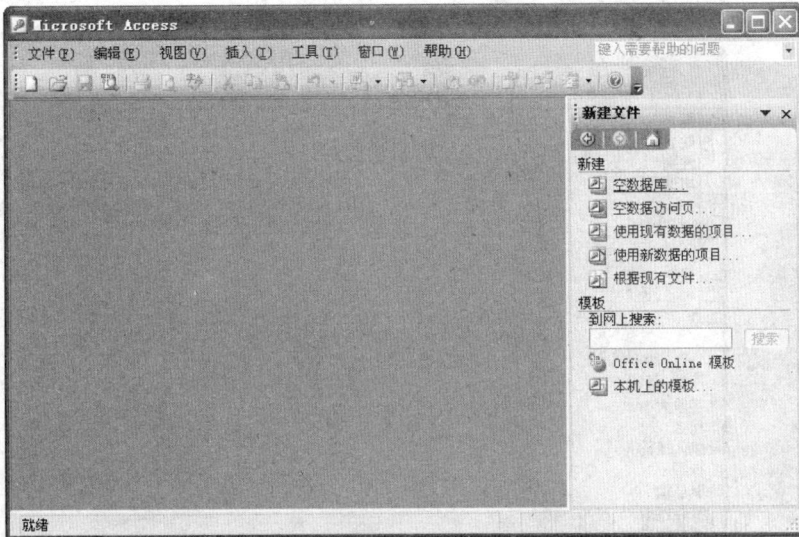

图 10-12　Microsoft Access 2003 数据库管理系统

2. 创建表结构

1）如果要在图 10-13 所示的 db 数据库窗口中创建表，则在"对象"区域单击"表"对象按钮，然后双击"使用设计器创建表"。

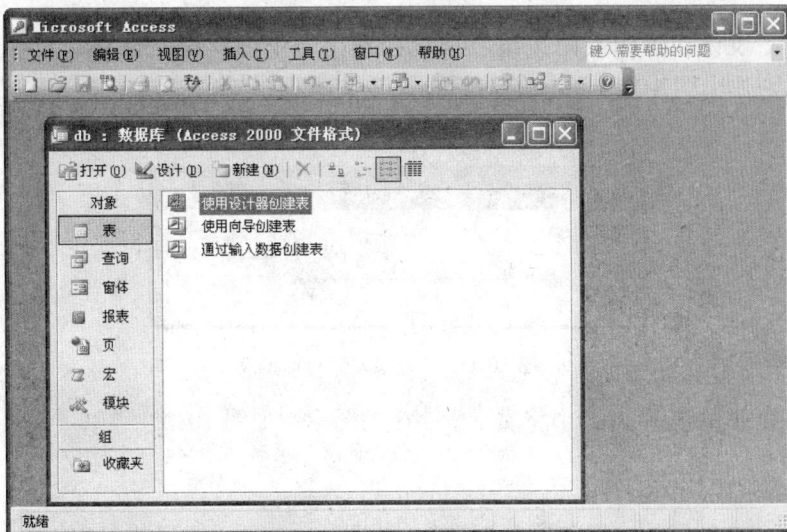

图 10-13　db 数据库窗口

2）在表设计器中输入字段名称、数据类型及字段大小，如图 10-14 所示。

3）右击"编号"所在的行，在弹出的快捷菜单中选择"主键"命令，表示将该字段作为主键。"编号"字段左边会出现 🔑 图标。

说明：如果要将多个字段设置为主键，则按住 Shift 键或 Ctrl 键，依次单击字段所在的行，可选择多个相邻或不相邻字段，然后单击右键，在弹出的快捷菜单中选择"主键"命令。

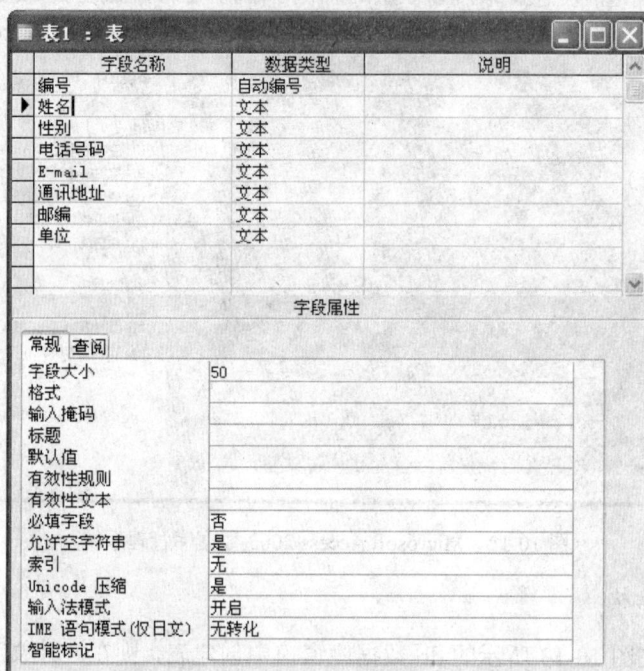

图 10-14　表设计器

4）单击表设计器的关闭按钮，系统会弹出一个询问是否保存的对话框，单击"是"按钮则弹出图 10-15 所示的对话框。在文本框中输入"学生表"，单击"确定"按钮。

图 10-15　"另存为"对话框

5）此时 db 数据库窗口中将显示学生表的图标，如图 10-16 所示。

3. 添加记录

双击学生表的图标，打开学生表，输入如图 10-17 所示的记录，单击输入窗口中的"关闭"按钮退出输入，同时把输入的记录保存到了学生数据表中。

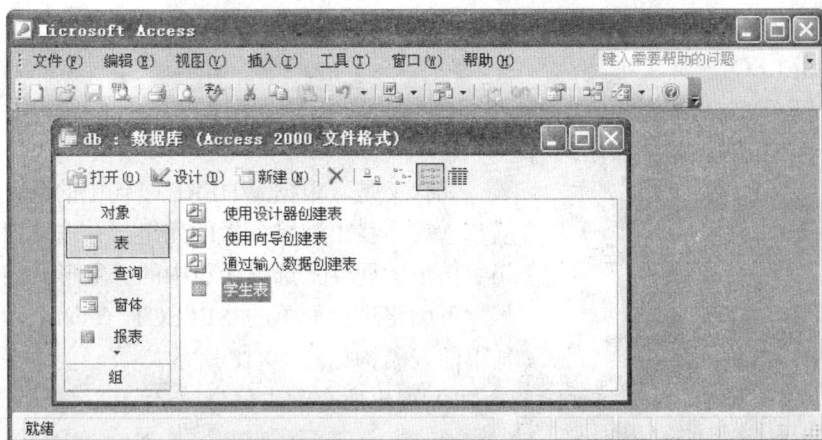

图 10-16　学生表图标

图 10-17　添加记录

10.4　结构化查询语言 SQL

结构化查询语言 SQL（Structured Query Language）是基于关系数据库的数据库查询语言，SQL 是一种第四代语言（4GL），用户只需要提出"干什么"，无需具体指明"怎么干"，像存取路径选择和具体处理操作等，均由系统自动完成。SQL 语言从功能上可以分为 4 部分：数据查询、数据操纵、数据定义和数据控制，它是一个综合的、通用的、功能极强的关系数据库语言。尽管 SQL 的功能很强，但语言十分简洁，核心功能只用了 8 个动词，如表 10-2 所示。SQL 的语法接近英语口语，所以，用户很容易学习和使用。

表 10-2　SQL 的核心动词

功　　能	动　　词
数据查询	SELECT
数据操纵	CREATE、DROP
数据定义	INSERT、UPDATE、DELETE
数据控制	GRANT、REVOKE

1. 数据查询

数据查询是 SQL 的核心功能。查询语句的基本部分是一个 SELECT-FROM-WHERE

Visual Basic 程序设计

查询块，具体如下：

    SELECT <属性列表>

    FROM <基本表>（或视图）

    [WHERE <条件表达式>]

学生：表	
字段名称	**数据类型**
学号	文本
姓名	文本
性别	文本
出生日期	日期/时间
班级	文本

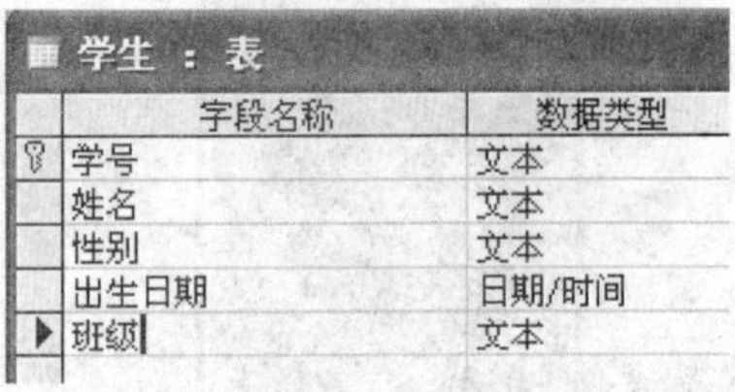

图 10-18　学生表结构图

其含义是，根据 WHERE 子句中的条件表达式，从基本表中找出满足条件的元组，并按 SELECT 子句中指出的属性，选出元组中的分量形式结果表。

下面将进行简单的 SELECT 查询演示，查询所基于的表结构如图 10-18 所示。

1）列出所有学生信息。

```
Select * From 学生
```

其中，"*"代表所有的属性列。

2）列出学生表中学号、姓名信息。

```
Select 学号,姓名 From 学生
```

3）列出男生信息。

```
Select * From 学生 Where 性别='男'
```

2. 数据更新

数据更新包括 INSERT 数据插入、UPDATE 数据修改和 DELETE 数据删除。

1）数据插入一般格式如下：

    INSERT INTO <表名>(<属性名 1>[,<属性名 2>],…)

    VALUES(<常量 1>[,<常量 2>],…)

作用是把一个新记录插入到指定的表中。

2）数据修改能够改变数据库中一个或多个元组的分量的值。其语句格式如下：

    UPDATE <表名>

    SET <属性 1>=<表达式 1>[,<属性 2>=<表达式 2>,…]

    [WHERE <条件表达式>]

该语句首先找出指定表中满足条件的那些元组，然后按 SET 子句中的表达式修改相应的元组分量。

3）数据删除的语句格式如下：

    DELETE

    FROM <表名>

    [WHERE <条件表达式>]

执行该语句的结果是，从指定表中删除满足条件的那些元组。若省略 WHERE 子句，则执行删除语句的结果是使指定的表为空。

下面也进行简单的数据更新演示。

1）向学生表中插入一条记录（'S006', '张三', '男','1980-2-12','07 计算机 1'）。

```
Insert Into 学生(学号,姓名,性别,出生日期,班级)
Values ('S006','张三','男','1980-2-12','07 计算机 1')
```

2）把学生表中学号为"S004"的学生姓名修改为"李四"。
```
Update 学生 Set 姓名='李四' Where 学号='S004'
```
3）从学生表中删除学号为"S005"的记录。
```
Delete From 学生 Where 学号='S005'
```

10.5 Visual Basic 6.0 数据库访问技术

作为微软旗下一款优秀的 RAD（快速应用开发）工具，Visual Basic 在数据库应用开发方面的能力十分强大。在 Visual Basic 的开发环境中，可以使用三种数据库访问方式，它们分别是：数据访问对象（DAO）、远程数据对象（RDO）和 ADO 对象模型。

1. DAO

DAO（Data Access Object）数据访问对象是用来显露了 Microsoft Jet 数据库引擎（最早是给 Microsoft Access 所使用，现在已经支持其他数据库），并允许 Visual Basic 开发者通过 ODBC（Open Database Connectivity，开放式数据库连接）直接连接到其他数据库一样，直接连接到 Access 表。DAO 最适用于单系统应用程序或在小范围本地分布使用。其内部已经对 Jet 数据库的访问进行了加速优化，而且其使用起来也是很方便的。所以如果数据库是 Access 数据库且是本地使用的话，建议使用这种访问方式。

Visual Basic 已经把 DAO 模型封装成了 Data 控件，分别设置相应的 DatabaseName 属性和 RecordSource 属性就可以将 Data 控件与数据库中的记录源连接起来了。以后就可以使用 Data 控件来对数据库进行操作。

2. RDO

RDO（Remote Data Objects）远程数据对象是一个到 ODBC 的、面向对象的数据访问接口，它同易于使用的 DAOStyle 组合在一起，提供了一个接口，形式上展示出所有 ODBC 的底层功能和灵活性。尽管 RDO 在很好地访问 Jet 或 ISAM（索引顺序存取方法）数据库方面受到限制，而且它只能通过现存的 ODBC 驱动程序来访问关系数据库。但是，RDO 已被证明是许多 SQL Server、Oracle 以及其他大型关系数据库开发者经常选用的最佳接口。RDO 提供了用来访问存储过程和复杂结果集的更多和更复杂的对象、属性，以及方法。

和 DAO 一样，在 Visual Basic 中也把它封装为 RDO 控件了，其使用方法与 DAO 控件的使用方法完全一样。

3. ADO

ADO（ActiveX Data Objects）是 DAO/RDO 的后继产物。ADO 2.0 在功能上与 RDO 更相似，而且一般来说，在这两种模型之间有一种相似的映射关系。ADO"扩展"了 DAO 和 RDO 所使用的对象模型，这意味着它包含较少的对象，更多的属性、方法（和参数），以及事件。

作为最新的数据库访问模式，ADO 的使用也是简单易用，所以微软已经明确表示今后把重点放在 ADO 上，对 DAO/RDO 不再作升级，所以 ADO 已经成为了当前数据库开发的主流。

10.6　Data 控件

Data 控件（Data）是一个数据连接控件，它能够将数据库中的数据信息，通过应用程序的数据绑定控件连接起来，从而实现对数据库的操作。

1. Data 控件的常用属性

1）DatabaseName 属性：用来返回/设置一个数据控件的数据源的名称和位置。

2）RecordSource 属性：设置 Data 控件的数据库中表文件名或 SQL 语句。

3）Connect 属性：设置 Data 控件打开数据库的类型，默认为 Access。

2. Data 控件浏览按钮

创建后的 Data 控件如图 10-19 所示。

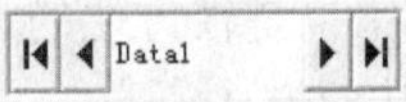

图 10-19　Data 控件

Data 控件提供了 4 个按钮，其中：

1）|◀ 将记录指针移向第一个记录，即第一个记录为可操作记录。

2）◀ 将记录指针移向当前可操作记录的上一个记录。

3）▶ 将记录指针移向当前可操作记录的下一个记录。

4）▶| 将记录指针移向最后一个记录。

3. Data 控件的常用方法

（1）MoveFirst 方法

格式：

    <对象>.Recordset.MoveFirst

功能：

设置第一个记录为可操作记录。

（2）MovePrevious 方法

格式：

    <对象>.Recordset.MovePrevious

功能：

将记录指针移向当前可操作记录的上一个记录。

（3）MoveNext 方法

格式：

    <对象>.Recordset.MoveNext

功能：

将记录指针移向当前可操作记录的下一个记录。

（4）MoveLast 方法

格式：

　　<对象>.Recordset.MoveLast

功能：

将记录指针移向最后一个记录。

（5）AddNew 方法

格式：

　　<对象>.Recordset.AddNew

功能：

在表的最后一个记录后添加新记录。

（6）Delete 方法

格式：

　　<对象>.Recordset.Delete

功能：

删除当前可操作记录。

（7）BOF 方法

格式：

　　<对象>.Recordset.BOF

功能：

返回记录指针是否移到第一个记录前。

（8）EOF 方法

格式：

　　<对象>.Recordset.EOF

功能：

返回记录指针是否移到最后一个记录后。

（9）Refresh 方法

格式：

　　<对象>.Recordset.Refresh

功能：

刷新对象。更改 Data 控件的数据源后重新创建其 RecordSet 对象。

4. 数据绑定控件

所谓数据绑定控件是一些能够和数据库中的数据表的某个字段建立关联的控件。当这些数据绑定控件被绑定在 Data 控件上时，Data 控件能够将自身所连接的数据源中的数据传送给这些数据绑定控件，当 Data 控件的数据源中的数据改变时，数据绑定控件的数据也随之改变；反之，若数据绑定控件的值被修改，这些修改后的数据会自动地保存到数据库的数据表中。

在 Visual Basic 中，数据绑定控件主要有 Label、TextBox、CheckBox、ComboBox、

ListBox、PictureBox、Image 和 OLE 等。要使绑定控件被数据库约束，必须在设计或运行时对这些控件的 DataSource 和 DataField 属性进行设置。数据绑定控件使用的主要属性介绍如下：

1）DataSource 属性：用于指定数据绑定控件需要绑定到的数据控件名称。

2）DataField 属性：用于指定数据绑定控件与数据控件记录集中的哪个字段相绑定。绑定过后该数据绑定控件就可以显示、修改对应字段的内容了。

【例 10-1】 设计一个通讯录程序，程序运行结果如图 10-20 所示。

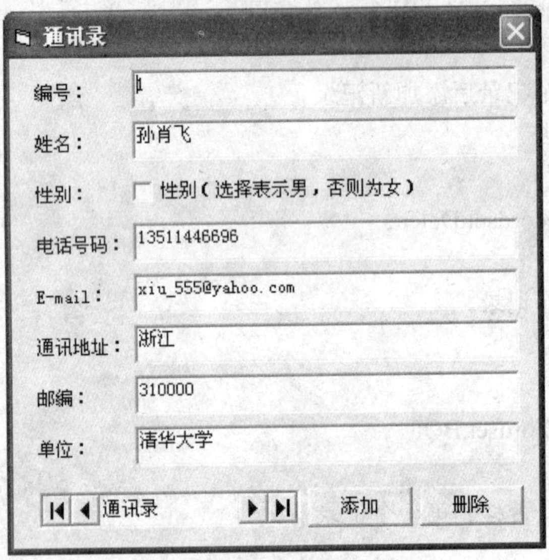

图 10-20 通讯录运行界面图

操作步骤如下：

1）本实例程序使用 Microsoft Access 作为存储通讯信息的数据库。打开 Microsoft Access 2003 程序，新建一个数据库名为“db.mdb”的数据库，然后新建一个数据表名为“表 1”的数据表，表结构如图 10-21 所示。

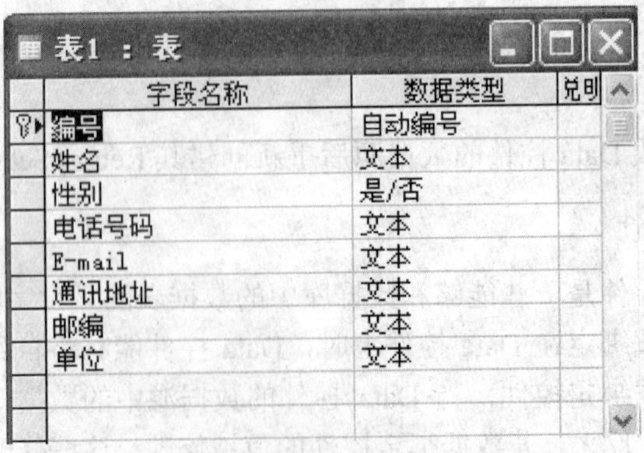

表1 ：表

字段名称	数据类型	说明
编号	自动编号	
姓名	文本	
性别	是/否	
电话号码	文本	
E-mail	文本	
通讯地址	文本	
邮编	文本	
单位	文本	

图 10-21 通讯录数据表结构图

打开数据表“表 1”，输入数据，如图 10-22 所示。

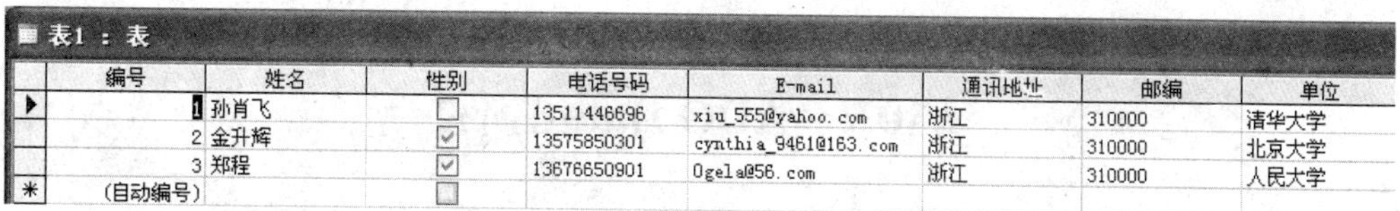

	编号	姓名	性别	电话号码	E-mail	通讯地址	邮编	单位
▶	1	孙肖飞	☐	13511446696	xiu_555@yahoo.com	浙江	310000	清华大学
	2	金升辉	☑	13575850301	cynthia_9461@163.com	浙江	310000	北京大学
	3	郑程	☑	13676650901	Ogela@56.com	浙江	310000	人民大学
*	(自动编号)		☐					

图 10-22　表编辑窗口

2）窗体及控件属性设置，如图 10-23 所示。

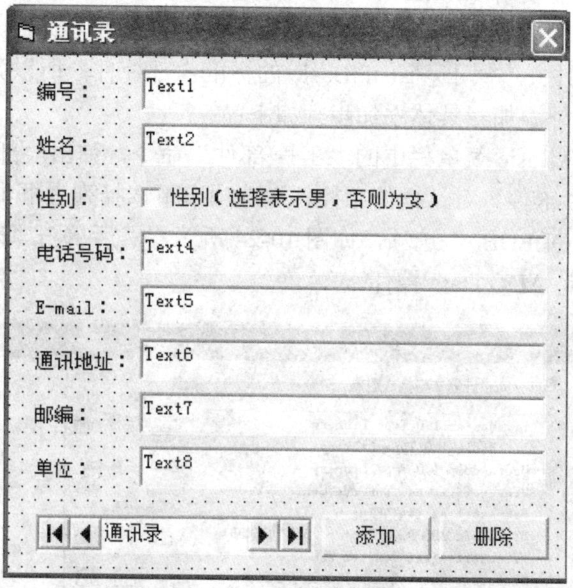

图 10-23　通讯录界面设计图

① 设置 Data1 的 Caption 属性为"通讯录"，设置 DatabaseName 属性为刚才所建立的数据库，设置 RecordSource 属性为所建立的数据表"表 1"，如果出现"不可识别的数据库格式"的警告对话框，请把数据库文件格式转换为"Access 97 文件格式"，具体可以通过 Microsoft Access 2003 工具菜单的转换功能。

② 设置 Text1 的 DataSource 属性为"Data1"，DataField 属性为"编号"，继续设置其他控件的 DataSource 和 DataField 属性。

3）打开代码设计窗口，输入如下程序代码：

```
Private Sub cmdAdd_Click()
    Data1.Recordset.AddNew          '增加一行记录
End Sub
Private Sub cmdDelete_Click()
    Data1.Recordset.Delete          '删除当前行记录
    Data1.Recordset.MoveFirst       '设置第一个记录为当前可操作的记录
End Sub
Private Sub Form_Load()
    Text1.Locked = True
End Sub
```

10.7 ADO Data 控件

ADO 控件比 DAO 数据访问对象、Data 控件更灵活，功能更全面。

ADO 控件的核心是 Connection 对象、Recordset 对象、Command 对象。对数据库进行操作时，首先需要用 Connection 对象与数据库建立联系，然后用 Recordset 对象来操作、维护数据，利用 Command 对象实现存储过程和参数的查询。

ADO Data 控件并不属于 Visual Basic 的标准内部控件，所以并不在原有的工具箱中，使用前需要额外添加。具体添加步骤如下：

1）选择 Visual Basic 菜单栏中的"工程|部件"命令，弹出"部件"对话框。

2）在弹出的"部件"对话框的"控件"选项卡下选择列表框中的"Microsoft ADO Data Control 6.0（OLEDB）"选项，如图 10-24 所示。然后单击"确定"按钮。工具箱中的"Adodc"就是 ADO Data 控件。

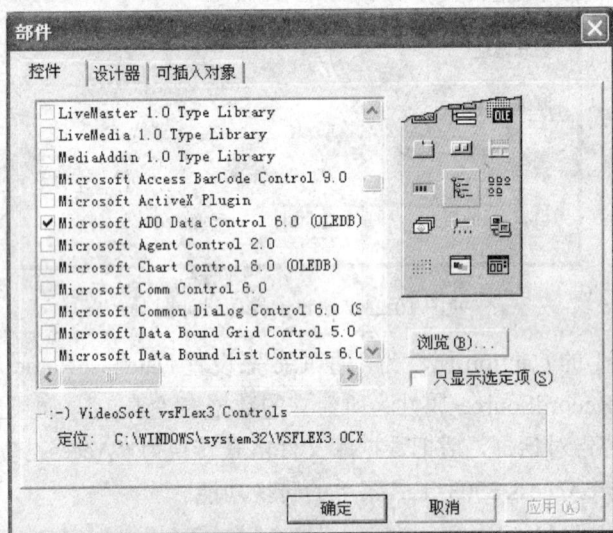

图 10-24　添加 ADO Data 控件

与 Data 控件一样，ADO Data 控件只承担连接数据库负责提供应用程序的数据源工作，但并不具备显示数据库中具体信息内容的功能，也就是说，要想观察数据库中的数据信息，必须通过相应的数据绑定控件才能实现。

ADO Data 控件的属性与方法请参见 Data 控件的相关内容。

10.8 DataGrid 控件

DataGrid 控件是一种类似于电子数据表的绑定控件，可以显示一系列行和列来表示

Recordset 对象的记录和字段。可以使用 DataGrid 来创建一个允许最终用户阅读和写入到绝大多数数据库的应用程序。DataGrid 控件可以在设计时快速进行配置，只需少量代码或无需代码。当在设计时设置了 DataGrid 控件的 DataSource 属性后，就会用数据源的记录集来自动填充该控件，以及自动设置该控件的列标头。然后就可以编辑该网格的列；删除、重新安排、添加列标头，或者调整任意一列的宽度。

在运行时，可以在程序中切换 DataSource 来查看不同的表，或者可以修改当前数据库的查询，以返回一个不同的记录集合。

DataGrid 控件的基本功能介绍如下：

1）DataGrid 控件只适用于 ADO Data 控件。

2）查看和编辑在远程或本地数据库中的数据。

3）与另一个数据绑定的控件（诸如 DataList 控件）联合使用，使用 DataGrid 控件来显示一个表的记录，这个表通过一个公共字段链接到由第二个数据绑定控件所显示的表。

DataGrid 控件也不属于 Visual Basic 的标准内部控件，所以也需要额外添加。添加方法与添加 ADO Data 控件方法一样，差别在于在弹出的"部件"对话框的"控件"选项卡下选择列表框中的"Microsoft DataGrid Control 6.0（OLEDB）"选项，如图 10-25 所示。

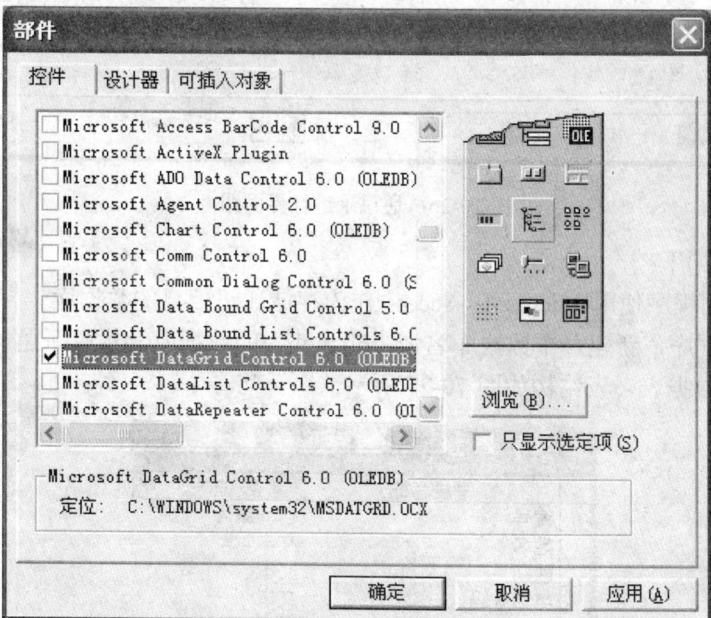

图 10-25　添加 DataGrid 控件

DataGrid 控件的主要属性、方法和事件介绍如下：

1）DataSource 属性：指定网格数据源。

2）AllowAddNew 属性：指出用户是否能够向与 DataGrid 控件连接的 Recordset 对象添加新记录。

3）AllowDelete 属性：指出用户是否能够从与 DataGrid 控件连接的 Recordset 对象删除记录。

4）AllowUpdate 属性：指出用户是否能够更新与 DataGrid 控件连接的 Recordset 对象的记录。

5）Columns 属性：返回一个 Column 对象的集合。

6）Col、Row 属性：返回或设置 DataGrid 控件中的活动单元，设计时不可用。

7）CellText 方法：从一个 DataGrid 控件单元格返回一个格式化文本值。

8）CellValue 方法：对一个在 DataGrid 控件中指定的行，返回其中某列的原始数据。

9）RowColChange 事件：在当前单元改变为一个不同的单元时该事件发生。

【例 10-2】 设计一个通讯录程序，程序运行结果如图 10-26 所示。

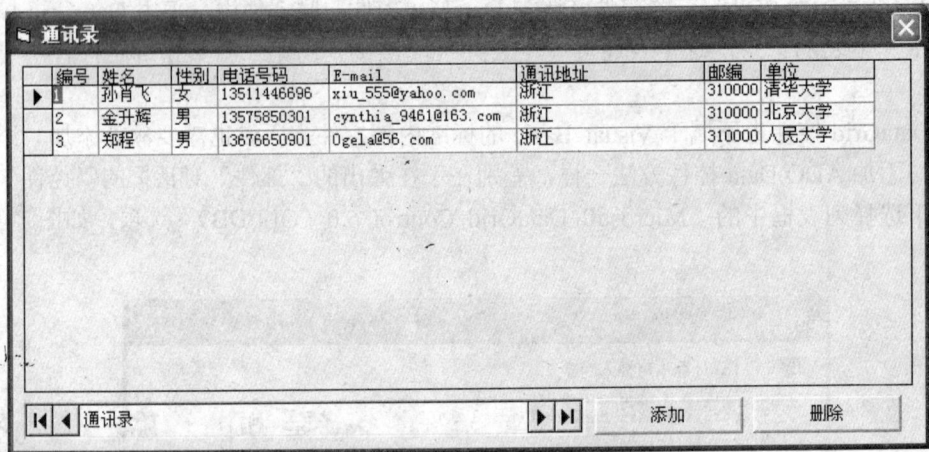

图 10-26 通讯录运行界面图

操作步骤如下：

1）本实例程序使用 Microsoft Access 作为存储通讯信息的数据库。打开 Microsoft Access 2003 程序，新建一个数据库名为“db.mdb”的数据库，然后新建一个数据表名为“表 1”的数据表，表结构如图 10-27 所示。

表1 : 表

字段名称	数据类型
编号	自动编号
姓名	文本
性别	文本
电话号码	文本
E-mail	文本
通讯地址	文本
邮编	文本
单位	文本

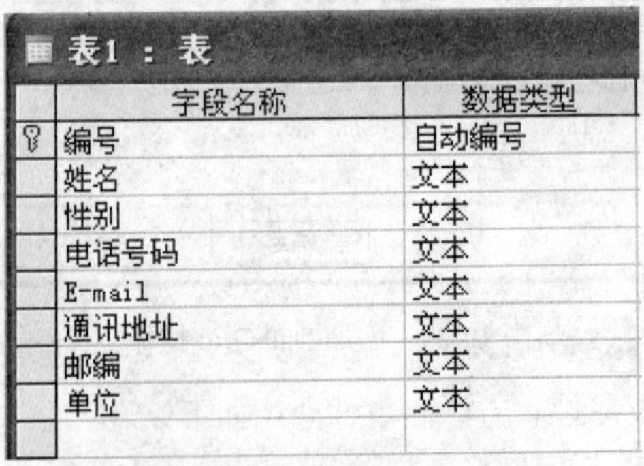

图 10-27 通讯录数据表结构图

2）窗体及控件属性设置如图 10-28 所示。

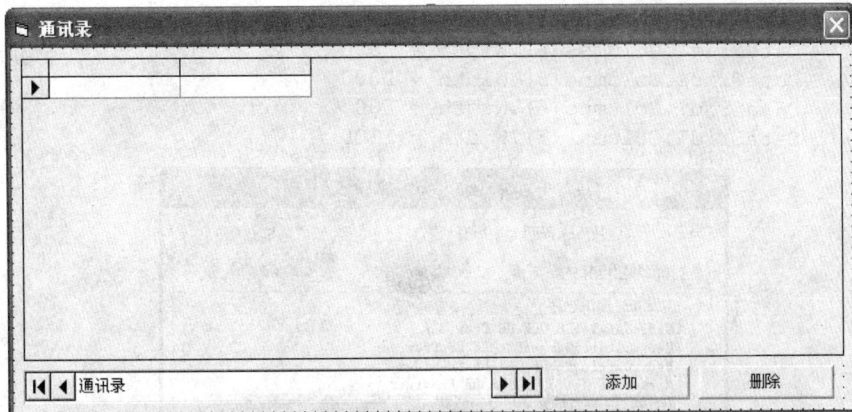

图 10-28　通讯录界面设计图

① 设置 Adodc1 的 Caption 属性为"通讯录",单击 ConnectionString 属性旁边的按钮,出现"属性页"对话框,如图 10-29 所示。单击"生成"按钮,出现"数据链接属性"对话框中,如图 10-30 所示。在"提供程序"选项卡中选择"Microsoft Jet 4.0 OLE DB Provider"选项,单击"下一步"按钮,进入"连接"选项卡。然后选择刚才建立的数据库,如图 10-31 所示。设置 RecordSource 属性,输入文本信息"Select * from 表 1",此文本为 SQL 查询语句,意思为显示表 1 所有的内容。

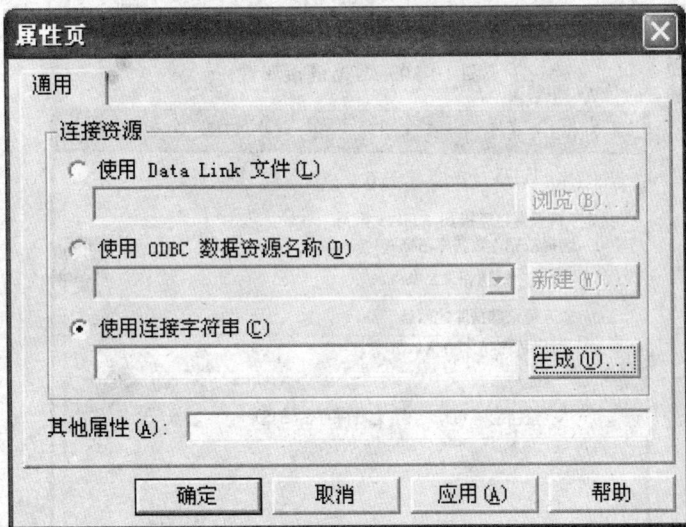

图 10-29　"属性页"对话框

② 设置 DataGrid1 的 DataSource 属性为"Adodc1"。

3)打开代码设计窗口,输入如下程序代码:

```
Private Sub Form_Load()
    '设置 DataGrid1 的列宽
    DataGrid1.Columns(0).Width = 500
    DataGrid1.Columns(1).Width = 800
    DataGrid1.Columns(2).Width = 500
```

```
DataGrid1.Columns(3).Width = 1200
DataGrid1.Columns(4).Width = 2000
DataGrid1.Columns(5).Width = 2000
DataGrid1.Columns(6).Width = 600
DataGrid1.Columns(7).Width = 1200
```

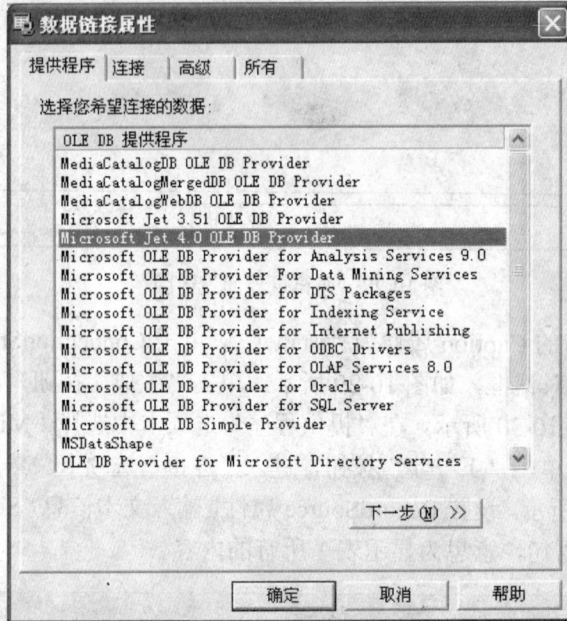

图 10-30　数据链接属性 1

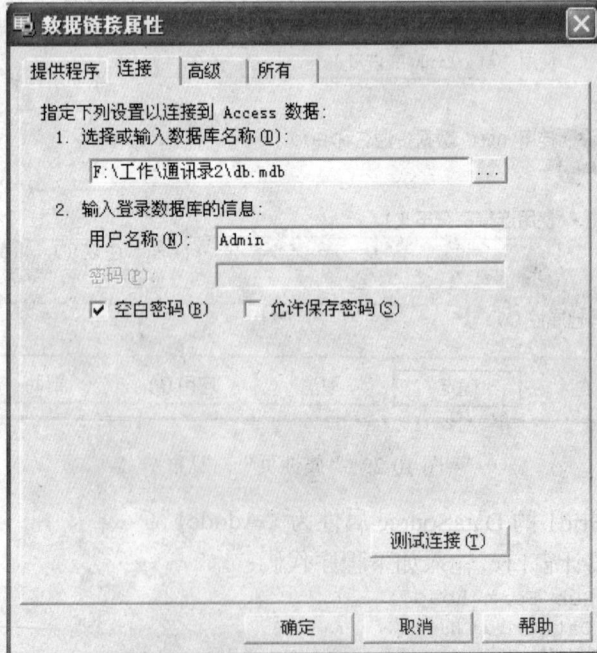

图 10-31　数据链接属性 2

```
End Sub
Private Sub cmdAdd_Click()
    Adodc1.Recordset.AddNew
End Sub
Private Sub cmdDelete_Click()
    Adodc1.Recordset.Delete
End Sub
```

10.9 数据库综合应用示例

【例 10-3】 编写一个学生信息管理系统，要求实现用户管理、学生管理、课程管理、成绩管理、信息查询等功能。

1. 分析

学生信息管理系统主要由系统管理、学生管理、课程管理、成绩管理、信息查询 5 个模块构成。

系统管理：此模块可以实现用户的添加和用户密码修改等功能。

学生管理：此模块可以实现学生基本信息的添加、删除及修改等功能。

课程管理：此模块可以实现课程的添加、删除及修改等功能。

成绩管理：此模块可以实现学生成绩的录入、删除及修改等功能。

信息查询：此模块可以实现学生基本信息的查询、课程信息的查询及学生成绩的查询等功能。

2. 数据库的设计

本系统采用 Microsoft Access 2003 数据库管理系统，建立 Student.mdb 数据库，包括用户表、学生表、课程表和成绩表，它们的结构如表 10-3～表 10-6 所示。

表 10-3 用户表结构

字 段 名	类 型	长 度	字 段 名	类 型	长 度
用户名	文本	10	密码	文本	20

表 10-4 学生表结构

字 段 名	类 型	长 度	字 段 名	类 型	长 度
学号	文本	10	电话号码	文本	20
姓名	文本	10	出生日期	日期/时间	
性别	文本	2	班级	文本	20

表 10-5 课程表结构

字 段 名	类 型	长 度	字 段 名	类 型	长 度
课程号	文本	10	任课教师	文本	10
课程名称	文本	50			

表 10-6　成绩表结构

字 段 名	类 型	长 度	字 段 名	类 型	长 度
学号	文本	10	成绩	整型	
课程号	文本	10			

3. 建立公共模块

（1）分析

系统开发过程中，经常需要设置 ADO 控件的 ConnectionString 属性，因此可以将数据库连接的字符串写成一个函数，并且放在 Module1.bas 模块中供程序调用。

（2）添加模块

新建工程 1.vbp，在 Visual Basic 开发环境中单击"工程"菜单，选择"添加模块"命令，创建 Module1.bas 模块。

（3）编写程序代码

双击 Module1.bas 模块，输入以下代码：

```
Public UserName As String        '存放用户账号信息，主要用于用户密码的修改
Public Function ConnStr() As String'连接数据库函数
    'App.Path 为应用程序的路径
    ConnStr = "Provider=Microsoft.Jet.OLEDB.4.0;Data Source=" & _
    App.Path & "\Student.mdb;Persist Security Info=False"
End Function
```

4. 主窗体设计

（1）界面设计

① 建立 MDI 窗体。在 Visual Basic 开发环境菜单栏中选择"工程|添加 MDI 窗体"命令，创建名为 MDIForm1.frm 的 MDI 窗体。

② 建立菜单。在 Visual Basic 开发环境菜单栏中选择"工具|菜单编辑器"命令，创建窗体菜单。菜单的属性设置如表 10-7 所示，主界面运行效果如图 10-32 所示。

表 10-7　窗体菜单属性设置

菜单标题	名称（Name）	菜单标题	名称（Name）
系统管理	nSystem	…修改课程信息	nEditCourse
…添加用户	nAddUser	成绩管理	nGrade
…修改密码	nEditPwd	…添加成绩信息	nAddGrade
…退出系统	nExit	…修改成绩信息	nEditGrade
学生管理	nStudent	信息查询	nQuery
…添加学生信息	nAddStudent	…学生信息查询	nQueryStudent
…修改学生信息	nEditStudent	…课程信息查询	nQueryCourse
课程管理	nCourse	…成绩信息查询	nQueryGrade
…添加课程信息	nAddCourse		

图 10-32 主界面运行效果图

（2）编写代码

编写代码如下：

```
Private Sub MDIForm_Load()
    Me.Hide                    '本窗体隐藏
    frmLogin.Show              '显示登录窗体
End Sub
Private Sub nAddStudent_Click()
    frmnAddStudent.Show        '显示添加学生信息窗体
End Sub
Private Sub nAddUser_Click()
    frmAddUser.Show            '显示添加用户窗体
End Sub
Private Sub nEditPwd_Click()
    frmEditPwd.Show            '显示修改密码窗体
End Sub
Private Sub nEditStudent_Click()
    frmEditStudent.Show        '显示修改学生信息窗体
End Sub
Private Sub nExit_Click()
    End                        '退出系统
End Sub
```

参照以上方法，对其他菜单的 Click 事件编写代码打开相应的窗体。

5. 登录窗体（frmLogin.frm）设计

（1）界面设计

新建窗体，在窗体上添加三个标签、两个文本框、两个命令按钮和一个 Adodc 控件，界面设计如图 10-33 所示，各对象主要属性如表 10-8 所示。

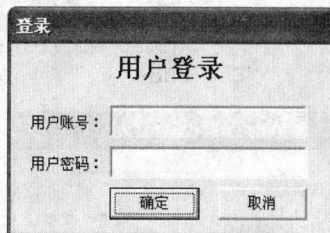

图 10-33 "登录"窗体

表 10-8 "登录"窗体中对象属性设置

对 象	名称（Name）	属 性	属 性 值
窗体	frmLogin	BorderStyle	1
窗体	frmLogin	ControlBox	False
窗体	frmLogin	MaxButton	False
窗体	frmLogin	MinButton	False
窗体	frmLogin	Caption	登录
ADO 控件	Adodc1	Visible	False
文本框	txtUser	Caption	空
文本框	txtPwd	Caption	空
文本框	txtPwd	PasswordChar	*
命令按钮	Command1	Caption	确定
命令按钮	Command2	Caption	取消
标签	Label2	Caption	用户账号：
标签	Label3	Caption	用户密码：

（2）编写程序代码

```
Private Sub Command1_Click()
    If Trim(txtUser.Text) = "" Then
        MsgBox "用户账号不能为空！", vbOKOnly + vbExclamation, "警告"
        txtUser.SetFocus
    Else
        Adodc1.ConnectionString = ConnStr()      '连接数据库
        Adodc1.RecordSource = "Select * From 用户 Where 用户账号 = '" &
        Trim(txtUser.Text) & "' and 密码 = '" & Trim(txtPwd.Text) + "'"
        Adodc1.Refresh
        If Adodc1.Recordset.EOF Then
            MsgBox "用户账号或密码错误", vbOKOnly + vbExclamation,"警告"
        Else
            UserName = Trim(txtUser.Text)
            Unload Me
            MDIForm1.Show
        End If
    End If
End Sub
Private Sub Command2_Click()
    Unload Me                 '卸载当前窗体
    Unload MDIForm1           '卸载 MDIForm1 窗体
End Sub
```

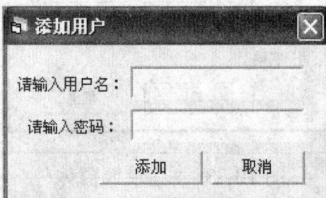

图 10-34 "添加用户"窗体

6. "添加用户"窗体（frmAddUser.frm）设计

（1）界面设计

新建窗体，在窗体中添加两个标签、两个文本框、两个命令按钮和一个 Adodc 控件，界面设计如图 10-34 所示，各对象主要属性如表 10-9 所示。

表 10-9 "添加用户"窗体中对象属性设置

对　象	名称（Name）	属　性	属 性 值
窗体	frmAddUser	BorderStyle	3
窗体	frmAddUser	MDIChild	True
窗体	frmLogin	Caption	添加用户
ADO 控件	Adodc1	Visible	False
文本框	txtUser	Caption	空
文本框	txtPwd	Caption	空
命令按钮	Command1	Caption	添加
命令按钮	Command2	Caption	取消
标签	Label1	Caption	请输入用户名：
标签	Label2	Caption	请输入密码：

（2）编写程序代码

代码编写如下：

```
Private Sub Command1_Click()
    If Trim(txtUser.Text) = "" Then
        MsgBox "用户账号不能为空！", vbOKOnly + vbExclamation, "提示"
        txtUser.SetFocus
    Else
        Adodc1.ConnectionString = ConnStr()      '连接数据库
        Adodc1.RecordSource = "Select * From 用户 Where 用户账号 = '" &_
        Trim(txtUser.Text) & "'"
        Adodc1.Refresh
        If Not Adodc1.Recordset.EOF Then
            MsgBox "用户账号已存在！", vbOKOnly + vbExclamation, "提示"
            txtUser.SetFocus
        Else
            Adodc1.Recordset.AddNew      '添加记录
            Adodc1.Recordset.Fields(0) = Trim(txtUser.Text)
            Adodc1.Recordset.Fields(1) = Trim(txtPwd.Text)
            Adodc1.Recordset.Update      '更新记录
            Adodc1.Recordset.Close      '关闭记录集
            MsgBox "添加用户成功！", vbOKOnly + vbExclamation, "提示"
            Unload Me    '卸载当前窗体
        End If
    End If
End Sub
Private Sub Command2_Click()
    Unload Me    '卸载当前窗体
End Sub
```

7. "修改密码"窗体（frmEditPwd.frm）设计

（1）界面设计

新建窗体，在窗体中添加两个标签、两个文本框、两个命令按钮和一个 Adodc 控件，界面设计如图 10-35

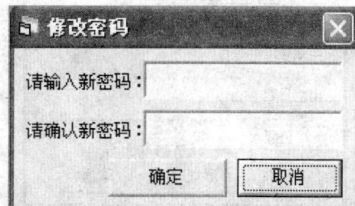

图 10-35 "修改密码"窗体

所示，各对象主要属性如表 10-10 所示。

表 10-10 "修改密码"窗体中对象属性设置

对　象	名称（Name）	属　性	属 性 值
窗体	frmEditPwd	BorderStyle	3
窗体	frmEditPwd	MDIChild	True
窗体	frmEditPwd	Caption	修改密码
ADO 控件	Adodc1	Visible	False
文本框	txtPwd1	Caption	空
文本框	txtPwd1	PasswordChar	*
文本框	txtPwd2	Caption	空
文本框	txtPwd2	PasswordChar	*
命令按钮	Command1	Caption	确定
命令按钮	Command2	Caption	取消
标签	Label1	Caption	请输入新密码：
标签	Label2	Caption	请确认新密码：

（2）编写程序代码

代码编写如下：

```
Private Sub Command1_Click()
    If Trim(txtPwd1.Text) <> Trim(txtPwd2.Text) Then
        MsgBox "密码输入不一致！", vbOKOnly + vbExclamation, "提示"
        txtPwd2.SetFocus
    Else
        Adodc1.ConnectionString = ConnStr()    '连接数据库
        Adodc1.RecordSource = "Select * From 用户 Where 用户账号 = '" _
        & UserName & "'"
        Adodc1.Refresh
        Adodc1.Recordset.Fields("密码") = Trim(txtPwd1.Text)
        Adodc1.Recordset.Update      '更新记录
        Adodc1.Recordset.Close       '关闭记录集
        MsgBox "密码修改成功！", vbOKOnly + vbExclamation, "提示"
                    Unload Me      '卸载当前窗体
        End If
    End Sub
    Private Sub Command2_Click()
        Unload Me     '卸载当前窗体
    End Sub
```

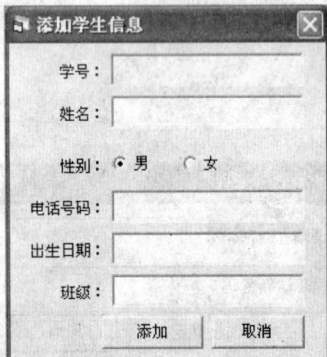

图 10-36 "添加学生信息"窗体

8. "添加学生信息"窗体（frmnAddStudent.frm）设计

（1）界面设计

新建窗体，在窗体中添加 6 个标签、5 个文本框、两个命令按钮、两个单选按钮和一个 Adodc 控件，界面设计如图 10-36 所示，各对象主要属性如表 10-11 所示。

表 10-11　"添加学生信息"窗体中对象属性设置

对　象	名称（Name）	属　性	属 性 值
窗体	frmnAddStudent	BorderStyle	3
窗体	frmnAddStudent	MDIChild	True
窗体	frmnAddStudent	Caption	添加学生信息
ADO 控件	Adodc1	Visible	False
文本框	txtID	Caption	空
文本框	txtName	Caption	空
文本框	txtTel	Caption	空
文本框	txtBirthday	Caption	空
文本框	txtClass	Caption	空
命令按钮	Command1	Caption	确定
命令按钮	Command2	Caption	取消
单选按钮	Option1	Caption	男
单选按钮	Option1	Value	True
单选按钮	Option2	Caption	女
单选按钮	Option2	Value	False

（2）编写程序代码

代码编写如下：

```
Private Sub Command1_Click()
    If (Trim(txtID.Text) = "") Or (Trim(txtName.Text) = "") Or _
    (Trim(txtBirthday.Text) = "") Then
        MsgBox "学号、姓名和出生日期不能为空，请重新输入！", _
        vbOKOnly + vbExclamation, "警告"
    ElseIf Not IsDate(Trim(txtBirthday.Text)) Then   '判断日期格式是否
    正确
        MsgBox "出生日期格式不正确！", vbOKOnly + vbExclamation, "警告"
        txtBirthday.SetFocus
    Else
        Adodc1.ConnectionString = ConnStr()       '连接数据库
        Adodc1.RecordSource = "Select * From 学生 Where 学号 = '" & _
        Trim(txtID.Text) & "'"
        Adodc1.Refresh
        If Not Adodc1.Recordset.EOF Then
            MsgBox "学号已存在！", vbOKOnly + vbExclamation, "提示"
            txtID.SetFocus
        Else
            Adodc1.Recordset.AddNew       '添加记录
            Adodc1.Recordset.Fields("学号") = Trim(txtID.Text)
            Adodc1.Recordset.Fields("姓名") = Trim(txtName.Text)
            If Option1.Value Then
                Adodc1.Recordset.Fields("性别") = "男"
            Else
```

```
                    Adodc1.Recordset.Fields("性别") = "女"
                End If
                Adodc1.Recordset.Fields("电话号码") = Trim(txtTel.Text)
                Adodc1.Recordset.Fields("出生日期") = Trim(txtBirthday.
                 Text)
                Adodc1.Recordset.Fields("班级") = Trim(txtClass.Text)
                Adodc1.Recordset.Update      '更新记录
                Adodc1.Recordset.Close       '关闭记录集
                MsgBox "添加学生成功！", vbOKOnly + vbExclamation, "提示"
                Unload Me    '卸载当前窗体
            End If
        End If
    End Sub
    Private Sub Command2_Click()
        Unload Me    '卸载当前窗体
    End Sub
```

9. "修改学生信息"窗体（frmEditStudent.frm）设计

（1）界面设计

新建窗体，在窗体中添加 6 个标签、5 个文本框、两个框架、两个单选按钮、8 个命令按钮和一个 Adodc 控件，界面设计如图 10-37 所示，各对象主要属性如表 10-12 所示。

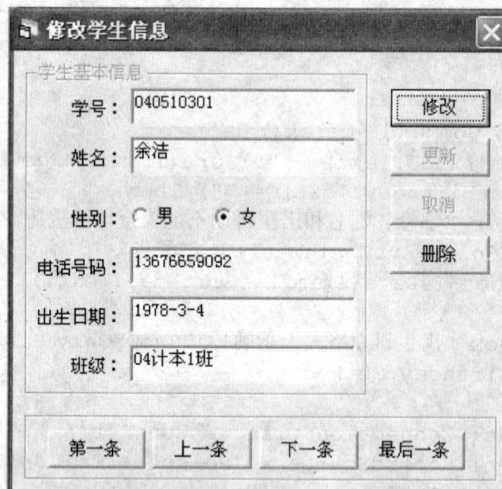

图 10-37 "修改学生信息"窗体

表 10-12 "修改学生信息"窗体中对象属性设置

对　象	名称（Name）	属　性	属 性 值
窗体	frmEditStudent	BorderStyle	3
窗体	frmEditStudent	MDIChild	True
窗体	frmEditStudent	Caption	修改学生信息
ADO 控件	Adodc1	Visible	False

续表

对 象	名称（Name）	属 性	属 性 值
框架	Frame1	Caption	学生基本信息
框架	Frame2	Caption	空
文本框	txtID	Caption	空
文本框	txtName	Caption	空
文本框	txtTel	Caption	空
文本框	txtBirthday	Caption	空
文本框	txtClass	Caption	空
命令按钮	cmdRecord(0)	Caption	第一条
命令按钮	cmdRecord(1)	Caption	上一条
命令按钮	cmdRecord(2)	Caption	下一条
命令按钮	cmdRecord(3)	Caption	最后一条
命令按钮	cmdEdit	Caption	修改
命令按钮	cmdUpdate	Caption	更新
命令按钮	cmdCancel	Caption	取消
命令按钮	cmdDelete	Caption	删除
单选按钮	Option1	Caption	男
单选按钮	Option2	Caption	女

（2）编写程序代码

代码编写如下：

```
Private Sub ReadData()
    txtID.Text = Adodc1.Recordset.Fields("学号")
    '指出 Adodc1.Recordset.Fields("姓名")是否不包含任何有效数据
    If IsNull(Adodc1.Recordset.Fields("姓名")) Then
        txtName.Text = ""
    Else
        txtName.Text = Adodc1.Recordset.Fields("姓名")
    End If
    If IsNull(Adodc1.Recordset.Fields("电话号码")) Then
        txtTel.Text = ""
    Else
        txtTel.Text = Adodc1.Recordset.Fields("电话号码")
    End If
    If IsNull(Adodc1.Recordset.Fields("出生日期")) Then
        txtBirthday.Text = ""
    Else
        txtBirthday.Text = Adodc1.Recordset.Fields("出生日期")
    End If
    If IsNull(Adodc1.Recordset.Fields("班级")) Then
        txtClass.Text = ""
    Else
        txtClass.Text = Adodc1.Recordset.Fields("班级")
```

```
        End If
        s = Adodc1.Recordset.Fields("性别")
        If s = "男" Then
            Option1.Value = True
        Else
            Option2.Value = True
        End If
End Sub
Private Sub cmdCancel_Click()
    Frame1.Enabled = False
    cmdUpdate.Enabled = False
    cmdCancel.Enabled = False
    cmdEdit.Enabled = True
    Frame2.Enabled = True
    cmdDelete.Enabled = True
    Call ReadData
End Sub
Private Sub cmdDelete_Click()
    If MsgBox("是否真的删除当前记录？", vbOKCancel, "询问") = vbOK Then
        Adodc1.Recordset.Delete
        Adodc1.Recordset.MoveNext
        If Adodc1.Recordset.EOF Then
            Adodc1.Recordset.MoveFirst
        End If
        Call ReadData
    End If
End Sub
Private Sub cmdEdit_Click()
    Frame1.Enabled = True
    cmdUpdate.Enabled = True
    cmdCancel.Enabled = True
    cmdEdit.Enabled = False
    Frame2.Enabled = False
    cmdDelete.Enabled = False
End Sub
Private Sub cmdRecord_Click(Index As Integer)
    If Index = 0 Then          '"第一条"按钮
        Adodc1.Recordset.MoveFirst
    ElseIf Index = 1 Then      '"上一条"按钮
        Adodc1.Recordset.MovePrevious
        If Adodc1.Recordset.BOF Then
            Adodc1.Recordset.MoveLast
        End If
    ElseIf Index = 2 Then      '"下一条"按钮
        Adodc1.Recordset.MoveNext
        If Adodc1.Recordset.EOF Then
            Adodc1.Recordset.MoveFirst
        End If
    Else                       '"最后一条"按钮
        Adodc1.Recordset.MoveLast
    End If
    Call ReadData
End Sub
Private Sub cmdUpdate_Click()
```

```
        Frame1.Enabled = False
        cmdUpdate.Enabled = False
        cmdCancel.Enabled = False
        cmdEdit.Enabled = True
        Frame2.Enabled = True
        cmdDelete.Enabled = True
        If Option1.Value Then
            Adodc1.Recordset.Fields("性别") = "男"
        Else
            Adodc1.Recordset.Fields("性别") = "女"
        End If
        Adodc1.Recordset.Fields("姓名") = Trim(txtName.Text)
        Adodc1.Recordset.Fields("电话号码") = Trim(txtTel.Text)
        Adodc1.Recordset.Fields("出生日期") = Trim(txtBirthday.Text)
        Adodc1.Recordset.Fields("班级") = Trim(txtClass.Text)
        Adodc1.Recordset.Update
    End Sub
    Private Sub Form_Load()
        Adodc1.ConnectionString = ConnStr()       '连接数据库
        Adodc1.RecordSource = "Select * From 学生"
        Adodc1.Refresh
        Adodc1.Recordset.MoveFirst
        Call ReadData
        Frame1.Enabled = False
        cmdUpdate.Enabled = False
        cmdCancel.Enabled = False
    End Sub
```

10. "学生信息查询"窗体（frmQueryStudent.frm）设计

（1）界面设计

新建窗体，在窗体中添加一个 DataGrid、一个文本框、两个单选按钮、一个命令按钮和一个 Adodc 控件，界面设计如图 10-38 所示，各对象主要属性如表 10-13 所示。

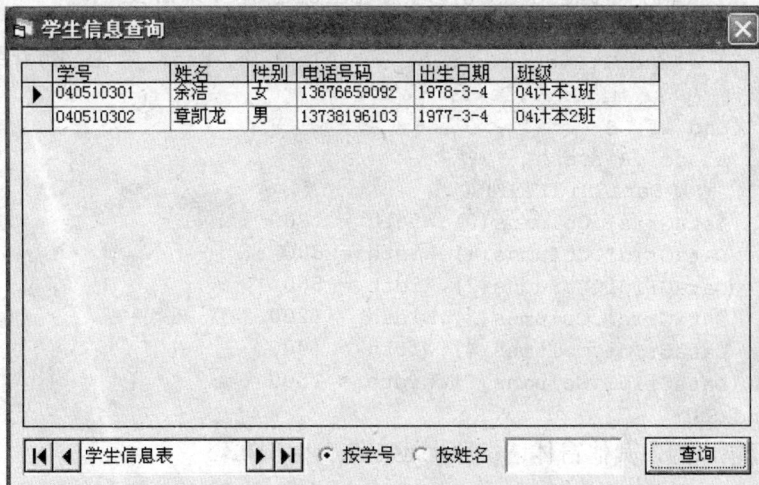

图 10-38　"学生信息查询"窗体

表 10-13 "学生信息查询"窗体中对象属性设置

对　象	名称（Name）	属　性	属　性　值
窗体	frmQueryStudent	BorderStyle	3
窗体	frmQueryStudent	MDIChild	True
窗体	frmQueryStudent	Caption	学生信息查询
ADO 控件	Adodc1	Visible	False
ADO 控件	Adodc1	Caption	学生信息表
DataGrid 控件	DataGrid1	AllowUpdate	False
文本框	Text1	Caption	空
命令按钮	Command1	Caption	查询
单选按钮	Option1	Caption	按学号
单选按钮	Option1	Value	True
单选按钮	Option2	Caption	按姓名

（2）编写程序代码

代码编写如下：

```
Private Sub Command1_Click()
    Dim s As String
    Adodc1.ConnectionString = ConnStr()    '连接数据库
    If Option1.Value Then
        s = " 学号 = '"
    Else
        s = " 姓名 = '"
    End If
    If Trim(Text1.Text) = "" Then
        Adodc1.RecordSource = "Select * From 学生"
    Else
        Adodc1.RecordSource = "Select * From 学生 Where " + s +
        Trim(Text1.Text) + "'"
    End If
    Adodc1.Refresh
    '设置 DataGrid1 的列宽
    DataGrid1.Columns(0).Width = 1200
    DataGrid1.Columns(1).Width = 800
    DataGrid1.Columns(2).Width = 500
    DataGrid1.Columns(3).Width = 1200
    DataGrid1.Columns(4).Width = 1000
    DataGrid1.Columns(5).Width = 1500
End Sub
```

由于篇幅原因，其他窗体请参照上述方法自行编写。

习　题　十

一、程序设计

1．编写程序，该程序用于管理各院系的基本信息。

2．编制一个学籍信息浏览查询的程序。

3．编制一个通讯录查询程序，运行界面如图10-39、图10-40和图10-41所示。要求实现以下功能。

1）初始运行或在文本框中不输入任何信息时，显示所有的记录。

2）如果选择"姓名"单选按钮，则在文本框中输入要查找联系人的姓名，输入完毕后单击"查询"按钮进行查询，如果找到此人则在 DataGrid 中显示该联系人信息，否则显示"查无此人！"信息。

3）如果选择"单位"单选按钮，则在文本框中输入要查找联系人的单位，输入完毕后单击"查询"按钮进行查询，如果找到此单位则在 DataGrid 中显示该单位所有的联系人信息，否则显示"查无此单位！"信息。

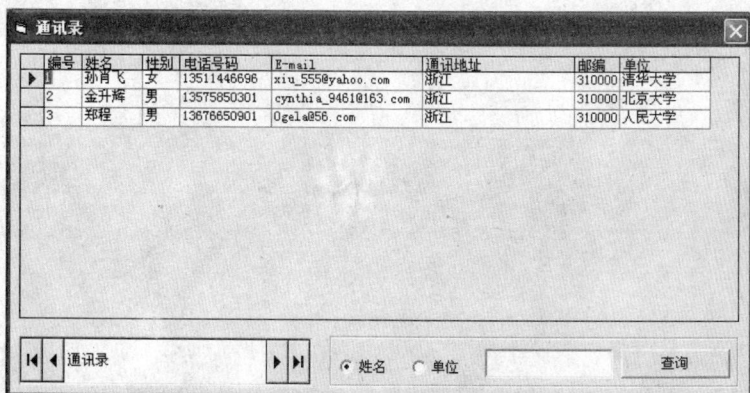

图 10-39　通讯录查询程序初始运行界面

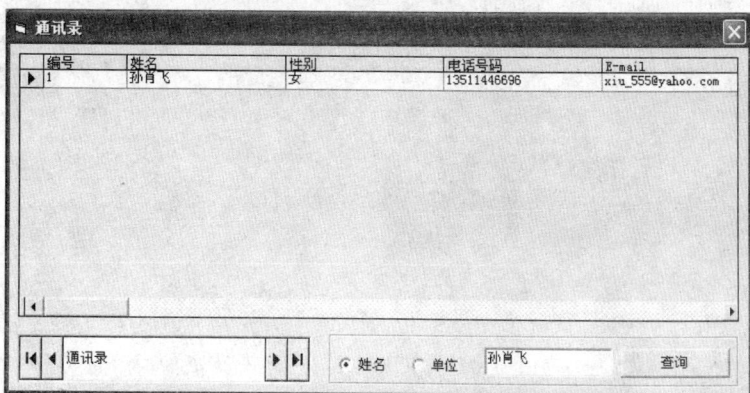

图 10-40　通讯录查询程序按"姓名"查询的运行界面

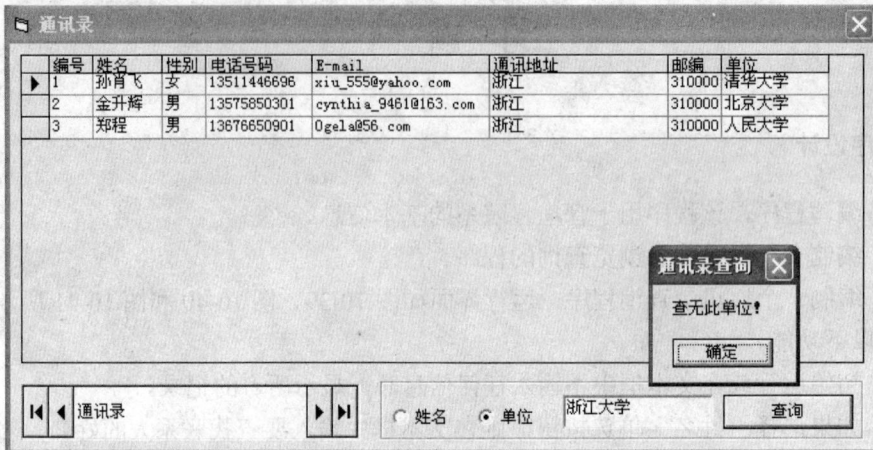

图 10-41　通讯录查询程序按"单位"查询的运行界面

附　录

附录一　Visual Basic 相关知识表格汇总

附表 1　ASCII 字符集

ASCII 码	字　符	ASCII 码	字　符	ASCII 码	字　符
8	退格	55	7	82	R
9	制表	56	8	83	S
10	换行	57	9	84	T
13	回车	58	:	85	U
32	空格	59	;	86	V
33	!	60	<	87	W
34	"	61	=	88	X
35	#	62	>	89	Y
36	$	63	?	90	Z
37	%	64	@	91	[
38	&	65	A	92	\
39	'	66	B	93	]
40	(	67	C	94	^
41	)	68	D	95	_
42	*	69	E	96	`
43	+	70	F	97	a
44	,	71	G	98	b
45	–	72	H	99	c
46	.	73	I	100	d
47	/	74	J	101	e
48	0	75	K	102	f
49	1	76	L	103	g
50	2	77	M	104	h
51	3	78	N	105	i
52	4	79	O	106	j
53	5	80	P	107	k
54	6	81	Q	108	l

续表

ASCII 码	字　符	ASCII 码	字　符	ASCII 码	字　符
109	m	115	s	121	y
110	n	116	t	122	z
111	o	117	u	123	{
112	p	118	v	124	|
113	q	119	w	125	}
114	r	120	x	126	~

附表 2　Visual Basic 6.0 常用属性

属　性	说　明
Action	设置要被显示的通用对话框的类型
ActiveControl	返回活动控件，即具有焦点的那个控件
ActiveForm	返回当前活动窗体
Align	返回或设置一个值，用来指定某个对象在窗作中的位置或决定能否自动调整尺寸以适应窗体的宽度的变化
Aglignment	设置单选按钮或复选框的对齐方式或文本的对齐方式（0——左对齐，1——右对齐，2——居中）
Auto3D	设置一个数值，以决定窗体上的控件是否在程序运行期间以三维立体效果显示
AutoRedraw	控制对象是否刷新或重画
AutoSize	控制对象是否自动调整大小以适应所包含的内容
BackColor	返回或设置指定对象的背景颜色
BorderColor	返回或设置指定对象的边框颜色
BorderStyle	返回或设置指定对象的边框模式
BorderWidth	返回或设置指定对象的边框宽度
Cancel	返回或设置某个命令按钮是否为"取消"按钮
Capion	设置指定对象的标题
Checked	返回或设置一个值，确定指定菜单项后是否有一个用户标记
ClipControls	返回或设置一个值，决定 Paint 事件中的图形方法是重绘整个对象，还是只绘刚刚露出的区域
Color	返回或设置指定对象的颜色
Columns	决定某个列表框控件中水平显示的列数及各列中的项目的显示方式
ControlBox	返回或设置一个值，决定窗体是否有控制按钮
Copies	返回或设置打印副本的数量
Count	返回指定集合中对象的数目
CurrentX	返回或设置下一次显示或绘图方法的 X 坐标
CurrentY	返回或设置了一次显示或绘图方法的 Y 坐标
Database	返回一个对 Data 控件中数据库对象的引用值

属　性	说　明
DataseName	返回或设置 Data 控件的数据源的名称及位置
DataChanged	返回或设置一个数值，以确定某个绑定控件中的数据是否已改变
DataField	返回或设置一个将某个控件连接到当前记录中某字段上的值
DataSource	指定一个将当前控件与数据库绑定的 Data 控件
Default	返回或设置一个值，决定窗体中某个命令按钮是否为默认命令按钮
DefaultCancel	返回或设置一个数值，决定指定控件是否能作为一个标准命令按钮
DialogTitle	返回或设置在某个对话框标题栏中显示的字符串
DragMode	返回或设置一个值，确定在拖放操作中所用的是手动还是自动拖动方式
DrawMode	返回或设置绘图时图形线条的产生方式及线型控件和形状控件的外观
DragIcon	返回或设置拖放操作时的鼠标指针的图标类型
DrawStytle	返回或设置画线的线型
DrawWidth	设置画线的宽度
Drive	返回或设置运行时选择的驱动器。在设计时不可用
Enabled	返回或设置指定对象是否可用
FileCount	返回与指定组件相关的文件的数目
FileName	返回或设置选定文件的路径和名称
FileNumber	指定文件号
FileTitle	返回某个被打开或被储存的文件的名称（不包括路径）
FillColor	返回或设置填充的颜色
FillStyle	返回或设置某个几何控件的图案或样式
Filter	返回或设置指定对话框中类型列表框的过滤表达式
FilterIndex	返回或设置打开或存储对话框的默认过滤表达式
Flags	返回或设置指定对话框的选项
FontBold	返回或设置指定对象的立体字体样式
FontCount	返回可用字体种类
FontItalic	返回或设置字体为斜体样式
FontName	返回或设置字体名称
Font	返回一个字体对象
FontSize	返回或设置字体大小
Fontstrikethru	返回或设置字体是否加删除线
FontTransparent	返回或设置字体与背景是否叠加
FontUnderline	返回或设置指定对象中的字体是否加下划线
ForeColor	返回或设置指定对象的前景色
FromPage	返回或设置打印对话框中的开始页
Height	返回或设置对象的高度

属　　性	说　　明
HelpCommand	返回或设置联机帮助类型
HelpContext	返回或设置指定控件中某个帮助题目的上下文识别代码
HelpContextID	返回或设置对象与帮助文件上下文连接的识别代码
HelpFile	在应用程序中调用 Help 文件
Hidden	返回或设置文件列表框中是否显示 Hidden 文件（隐含文件）
HideSelection	设置当控制转移到其他控件时，文本框中选中的文本是否仍高亮度显示
HWnd	返回指定窗体或控件的句柄
Icon	设置窗体最小化后显示的图标
Image	返回窗体或图片框的图形句柄
Index	返回或设置控件数组中的控件的下标
InitDir	返回或设置初始化目录
Interval	设置计时器操作的时间间隔，单位为毫秒
Italic	返回或设置 Font 对象中某种字体为斜体样式
ItemData	返回或设置组合框或列表框控件中每个项目具体的编号
KeyPreview	返回或设置一个值，决定是窗体先接到键盘事件还是控件先接到键盘事件
LangeChange	滚动滑块在滚动条内变化的最大值
Lbound	返回控件数组中某个控件的最低序数
Left	返回或设置某对象的左边界与其容器对象的左边界之间的距离
LinkItem	在 DDE 与另一个应用程序会话时，返回或设置传给接收端的数据
LinkMode	返回或设置用于 DDE 会话的链接类型并同时激活一些链接
LinkTopic	设置将要进行 DDE（动态数据交换）链接的应用程序名
List	返回或设置列表框和组合框中的当前项目
ListCount	返回列表框和组合框中项目的个数
Listindex	返回或设置某个控件中当前选择项的序号
Max	返回或设置滚动条的最大值
MaxButton	返回一个值，标识是否一个窗体具有"最大化"按钮
MaxFilesize	返回或设置通用对话框（CommandDialog）打开的文件的最大值
MDIChild	返回或设置一个值，确定一个窗体是否是 MDI 子窗体
Min	返回或设置滚动条的最小值
MinButton	返回一个值，标识是否一个窗体具有"最小化"按钮
MouseIcon	返回或设置自定义的鼠标图标
MousePointer	设置鼠标指针的形状
MultiLine	返回或设置一个值，该值指示文本框控件是否能够接受和显示多行文本
MultiSelect	设置文件列表框或列表框为多项选择
Name	返回指定对象名称

属　性	说　明
NegotisteMenus	设置窗体及其上的控件是否共享一个菜单栏
Normal	返回或设置文件列表框是否含有普通（Normal）文件
Page	指定打印机当前的页号
Parent	返回控件所在窗体
PasswordChar	返回或设置文本框是否用于输入密码
Path	返回或设置当前路径
Pattern	返回或设置文件列表框中将要显示的文件类型
Picture	返回或设置指定控件中显示的图形文件
Readonly	设置文本框、文件列表框和数据控件是否能被编辑
ScaleLeft	返回或设置一个对象左边的水平起点坐标
ScaleMode	返回或设置一个值，该值指示对象坐标的度量单位
ScaleWidth	返回或设置对象内部自定义坐标系的水平度量单位
ScaleTop	返回或设置一个对象上边的垂直起点坐标
ScrollBars	返回或设置某对象是否具有水平或垂直滚动条
Selected	返回或设置文件列表框或列表框内项目的选择状态
SelLength	返回或设置所选文本的长度
Selstart	返回或设置所选文本的起点
SelText	返回或设置所选文本字符串
Shape	返回或设置某形状（Shape）控件的外观
Shortcut	设置一个值，该值为 Menu 对象指定一个快捷键。在运行时不可用
Size	返回或设置指定 Font 对象的字体尺寸
SmallChange	设置滚动条最小变化值
Sorted	返回或设置列表框中各列表项在程序运行时是否自动排序
Stretch	返回或设置某图形是否能改变尺寸以适应图像框的大小
Style	返回或设置组合框的类型和显示方式
System	设置文件列表框是否显示系统文件
TabIndex	返回或设置控件的选取顺序
TabStop	设置用 Tab 键移动光标时是否对某个控件轮空
Tag	设置控件的别名
Text	设置将在文本框中显示的内容或组合框中作为输入区接收用户输入的内容
Tile	返回或设置应用程序的标题
ToolTipText	返回或设置某个工具提示的文本字符串
Top	设置控件与其容器对象的顶部边界的距离
ToPage	返回或设置打印对话框中的结束页
TopIndex	设置和返回显示在列表框或文件列表框顶部的项目

续表

属 性	说 明
TwipsPerPixelX	返回某对象中每个像素的水平 Twip 值
TwipsPerPixelY	返回某对象中每个像素的垂直 Twip 值
Ubound	返回控件数组中某个控件的最高序数
Underline	返回或设置 Font 对象中某种字体的下划线样式
Value	返回或设置滚动条当前所在位置，或单选按钮和复选框控件的状态等
Visible	返回或设置某对象是否可见
Weight	返回或设置某个 Font 对象的字体重量（磅）
Width	返回或设置对象的宽度
WindowsState	设置运行时窗体的显示状态
WordWarp	设置标签框中显示的内容是否自动换行
X1,Y1,X2,Y2	设置或返回 Line 控件所绘制的直线的起点和终点的坐标
Zoom	返回或设置一个数值，用于代表被显示或打印的数据放大或缩小的百分比

附表 3　Visual Basic 6.0 常用方法

方法名称	功　能
Activate	该方法可激活工程窗口中当前选中的部件，如同双击它一样
AddItem	将一个项目添加到列表框或组合框中
Circle	在窗体或图片框上绘制圆、椭圆和圆弧
Clear	清除列表框、组合框或系统剪贴板上的内容
Cls	清除窗体或图片框中由 Print 方法及绘图方法所显示的文本信息和图形
Drag	开始、结束或消除某个控件的拖动操作
EndDoc	结束文件打印
GetData	从剪贴板对象中拷贝一个图形
GetText	从剪贴板对象中返回一个文本字符串
Hide	用以隐藏 MDIForm 或 Form 对象，但不能使其卸载
Line	在窗体或图片框对象上画直线和矩形
LoadFile	向 RichTextBox 控件加载一个.RTF 文件或文本文件
Move	移动窗体或控件并可改变其大小
NewPage	结束当前页的打印，命令打印机输纸并进入新的一页
Point	以长整数的形式返回在窗体或图片框中某点的红、绿、蓝（RGB）组合颜色
Print	在窗体、图片框、打印机或调试窗口上输出文本信息
PrintForm	将窗体上的内容送往打印机打印
Pset	以指定颜色在指定对象上绘制一个点
Quit	试图退出 Visual Basic
Refresh	强制全部重绘一个窗体或控件的全部

方法名称	功　能
Remove	从集合中删去一个项目
RemoveItem	从列表框或组合框中移去一个项目
Scale	定义一个用户自己的坐标系统
SetData	按指定的格式将图片放到剪贴板上
Setfocus	将焦点移到指定的对象上
SetText	按指定的格式把文本字符串放到剪贴板上
Show	显示指定的窗体或其他对象
ShowColor	显示通用对话框控件的颜色对话框
ShowFont	显示通用对话框控件的字体对话框
ShowOpen	显示通用对话框控件的打开文件对话框
ShowPrinter	显示通用对话框控件的打印对话框
ShowSave	显示通用对话框控件的保存文件对话框
TextHeigh	返回某个对象中以当前字体显示的文本字符串的高度
TextWidth	返回某个对象中以当前字体显示的文本字符串的宽度

附表 4　Visual Basic 6.0 常用事件

事件名称	功　能
Activate	当一个对象成为活动窗口时发生
ButtonClick	当用户单击 Toolbar 控件内的 Button 对象时发生
Change	当某个控件的内容被用户或程序代码改变时发生
Click	当用户用鼠标单击某个对象时发生
Dblclick	当用户用鼠标双击某个对象时发生
Deactivate	当一个对象不再是活动窗口时发生
DownClick	单击向下或向左箭头按钮时，此事件发生
DragDrop	当用户在窗体上用鼠标拖动一个控件然后放开时发生
DragOver	当对象被拖动并越过另一个控件时发生
DragDron	ComboBox 控件的列表部分正要被放下时发生（Style 属性设置为 1，此事件不会发生）
ExitFocus	当焦点离开对象时，发生该事件
GotFocus	当对象获得焦点时发生该事件
Hide	当对象的 Visible 属性变为 False 时，该事件发生
ItemCheck	当 ListBox 控件的 Style 属性设置为 1（复选框），并且 ListBox 控件中一个项目的复选框被选定或者被清除时该事件发生
KeyDown	当一个对象具有焦点时按下键盘的一个键时发生
KeyPress	按下并松开键盘上一个键时发生
KeyUp	释放一个键时发生

续表

事件名称	功　能
Load	当窗体被装载时发生
LostFocus	当对象失去焦点时发生
MouseDown	当用户按下鼠标按钮时发生
MouseMove	当移动鼠标时发生
MouseUp	当释放鼠标按钮时发生
Paint	在一个覆盖该对象的窗体被移开之后，该对象部分或全部暴露时，此事件发生，该事件在 AutoRedraw 属性设置为 True 时不发生
PathChange	当用户指定新的 FileName 属性或 Path 属性，从而改变了路径时发生
PatternChange	当文件的列表样式，如 "*.*"，被代码中对 FileName 或 Path 属性的设置所改变时，此事件发生
QueryUnload	在某个窗体关闭或应用程序结束前发生
Resize	当某对象第一次显示或尺寸发生变化时自动发生
Scroll	当用户用鼠标在滚动条内拖动滚动框时发生
SelChange	RichTextBox 控件中当前文本的选择发生改变或插入点发生变化时，此事件发生
Show	当对象的 Visible 属性变为 True 时，发生该事件
Timer	在计时器控件中，用 Interval 属性所预定的时间间隔过去之后发生
TimeChanged	当应用程序或"控制面板"改变系统时间时，该事件发生
Unload	当窗体从屏幕上删除时发生

附表 5　Visual Basic 6.0 常用系统函数

函数名称	功　能
Abs	返回数值的绝对值。如 Abs(3.1)、Abs(-3.1)均返回 3.1
Asc	返回字符串首字符的 ASCII 值。如 Asc("A")的值为 65，Asc("abc")的值为 97
Atn	返回数值的反正切值（函数值以弧度为单位）。如 Atn(1)的值为 0.785398
Chr	返回指定 ASCII 值对应的字符。如 Chr(65)返回"A"
Cos	返回数值的余弦值，自变量以弧度为单位。如 Cos(3.14159265/3)返回 0.5
Date	返回系统的当前日期
Day	返回指定日期的日号。如 Data 为 "2010-1-20"，则 Day(Date)返回 20
EOF	测试文件指针是否在文件尾，是返回真，否返回假
Exp	返回以 e 为底的指数。如 Exp(3)即数学中的 e3
FileDateTime	返回指定文件初次建立或最后一次修改的日期和时间
FileLen	返回指定文件的长度（字节数）
Fix	返回数值的整数部分。如 Fix(9.8)返回 9，Fix(-9.8)返回-9
Format	以字符串形式返回经过格式化后的表达式。如 Format(5,"0.00%") 为 "500.00%"，Format(1234567.8,"##,###.00") 为 "1,234,567.80"

函数名称	功　能
FreeFile	返回未分配的最小文件号
GetAttr	返回指定文件的文件属性。如 GetAttr(filename)返回文件 filename 的文件属性：0 常规，1 只读，等等
Hex	以字符串形式返回一个数的十六进制值。如 Hex(30)返回字符串"1E"
Hour	返回一个时间中"小时"的读数。如 Time 为 14:45:25，则 Hour(Time)返回 14
Input	从已打开的文件中读取数据
InputBox	输入对话框函数
Instr	搜索子串函数，Instr(x,y)返回字符串 y 在字符串 x 中首次出现的位置，找不到则返回 0。如 Instr("abcdef","cd") 返回 3
Int	取整函数，Int(x)返回不大于 x 的最大整数。如 Int(9.8)返回 9，Int(-9.8)返回-10
IsNull	测试是否为空
LCase	返回将指定字符串中所有大写字母转换为小写后的字符串。如 LCase("aBc123Xy") 返回 "abc123xy"
Left	取左子串函数，Left(x,n) 返回字符串 x 最左边 n 个字符所组成的字符串。如 Left("abcdef",3)返回"abc"
Len	返回指定字符串的字符个数或返回存储某个变量所需要的字节数。如 Len("abcdef")返回 6，Len(x%)返回 2
LoadPicture	加载指定的图形
LOF	返回用 Open 命令打开的指定文件的字节数
Log	返回一个正数的自然对数。如 Log(3)返回以 e 为底 3 的对数
LTrim	返回删除指定字符串的所有前导空格后的字符串。如 LTrim(" abc 123 ") 返回"abc 123 "
Mid	取子串函数，Mid(x,m,n)返回字符串 x 的第 m 个字符开始的 n 个字符所组成的字符串。如 Mid("abcdef",2,3)返回"bcd"
Minute	返回一个时间中"分钟"的读数。如 Time 为 14:45:25，则 Minute(Time)返回 45
Month	返回指定日期的月份。如 Data 为"2010-1-20"，则 Month (Date)返回 1
MsgBox	消息对话框函数
Now	返回系统当前日期和时间。如 Print Now 会显示形如"2009-12-19 14:57:28"的结果
Oct	以字符串形式返回一个数的八进制值。如 Oct(10)返回字符串"12"
QBColor	颜色函数。QBColor(n)返回颜色号为 n 的标准颜色，其中 n 的取值范围为 0 到 15
RGB	颜色函数。RGB(r,g,b)返回红色分量为 r、绿色分量为 g、蓝色分量为 b 的颜色值
Right	取右子串函数，Right (x,n) 返回字符串 x 最右边 n 个字符所组成的字符串。如 Right ("abcdef",3)返回"def"
Rnd	随机数函数，得到一个 0～1（不包含 1）的随机数，它是一个单精度数值
RTrim	返回删除指定字符串所有尾随空格后的字符串。如 Rtrim(" abc 123 ")返回" abc 123"
Second	返回一个时间中"秒"的读数。如 Time 为 14:45:25，则 Second(Time)返回 25
Sgn	返回 1、-1 或 0，分别表示正数、负数或零。如 Sgn(3)返回 1、Sgn(-2)返回-1、Sgn(0)返回 0
Sin	返回数值的正弦值，自变量以弧度为单位。如 Sin(3.14159265/2)返回 1
Space	返回指定个数的空格组成的字符串。如 Space(3)返回" "
Spc	在 Print#或 Print 方法中插入空格，以确定数据输出位置

续表

函数名称	功 能
Sqr	返回一个数的平方根，自变量必须大于等于 0。如 Sqr(9)返回 3
Str	将一个数值转换成对应的字符串。如 Str(123)返回"123"
String	返回由指定个数的同一个字符组成的字符串。如 String(3,"A")为"AAA"
Tab	在 Print#或 Print 方法中确定数据输出位置
Tan	返回数值的正切值，自变量以弧度为单位。如 Tan(3.14159265/4)返回 1
Time	返回系统的当前时间
Timer	返回自午夜以来所经过的秒数
Trim	返回删除指定字符串的前导和尾随空格后的字符串。如 Trim(" abc 123 ")为"abc 123"
UCase	返回将指定字符串中所有小写字母转换为大写后的字符串。如 Ucase("aBc123Xy") 为"ABC123XY"
Val	将字符串中的最左边的数字串转换成数值。如 Val("23.4Ab")返回 23.4，Val("a23")返回 0
Weekday	返回一个日期的星期序号（从星期日开始数）。如 Data 为 "2010-1-20" 是星期三，则 Weekday(Date)返回 4
Year	返回一个日期的年份。如 Data 为 "2010-1-20"，则 Year(Date)返回 2010

附表 6　部分对象能使用的常用方法

方法 \ 对象	窗体	命令按钮	标签	文本框	复选框	单选按钮	框架	滚动条	列表框	组合框	驱动器列表框	目录列表框	文件列表框	图片框	影像框	形状	直线	打印机
AddItem									★	★								
Circle	★													★				★
Clear									★	★								
Cls	★													★				
Hide	★																	
Line	★													★				★
Move	★	★	★	★	★	★	★	★	★	★	★	★	★	★	★	★		
Point	★													★				
Print	★													★				★
Pset	★													★				★
RemoveItem									★	★								
Scale	★													★				★
SetFocus	★	★		★	★	★		★	★	★	★	★	★					
Show	★																	

附录二　浙江省高校计算机等级考试大纲

（二级——VisualBasic 语言程序设计大纲）

一、基本要求

1. 熟悉 Visual Basic（VB）集成开发环境，掌握在 VB 环境中开发应用程序的基本步骤、方法；建立面向对象程序设计的基本概念。

2. 掌握 VB 的常用数据类型、运算符与表达式；熟练掌握和应用 VB 的常用内部函数；熟练掌握结构化程序控制的三种基本结构，并能熟练编写程序；熟练掌握子程序、函数过程设计与参数传递的方法。

3. 掌握下列控件的常用属性与方法，并在程序设计中灵活选用：

命令按钮控件、标签控件、文本框控件、单选按钮控件、复选框控件、框架控件、列表框控件、组合框控件、滚动条控件、定时器控件。

4. 熟悉 VB 坐标系；掌握图片框控件、影像框控件、形状控件、直线控件的常用属性与方法；熟练掌握绘制点、线、圆的图形方法。

5. 熟练使用通用对话框控件；掌握菜单设计的基本方法。

6. 熟悉与文件操作有关的驱动器列表框、目录列表框、文件列表框控件并灵活使用；了解与文件操作有关的目录、文件操作语句；熟练地读、写顺序文件。

7. 学会建立 Access 数据库，掌握在 VB 应用程序中通过 Data 控件操作 Access 数据库的基本方法；了解 VB 的网格控件 DBGrid 及其应用；了解数据库操作中的 SQL 语言。

二、考试方式

分笔试和上机考试。笔试 90 分钟，上机考试 90 分钟。

笔试为 Visual Basic 程序设计语言的内容，见考试范围。

上机考试题型分 5 个部分：Windows 操作、Outlook Express 操作（或 IE 操作）、Excel 操作（或 PowerPoint 操作）、程序调试、程序设计。

成绩计算：按理论笔试 60%、上机考试 40% 计算。60~84 分发给合格证书，85~100 分发给优秀证书。

三、考试范围

（一）Visual Basic 基础

1. VB 开发环境：菜单、工具箱、工具栏、窗体、工程窗口和属性窗口的使用。

2．应用程序（一个工程）的开发：添加窗体、模块，保存工程。

3．面向对象程序设计、可视化编程、事件驱动等基本概念。

（二）数据表示与运算

1．基本数据类型：掌握字节、整数、长整数、实数、双精度、字符串、变体和布尔等数据类型的数据表示及其相互关系；了解货币、日期和对象等数据类型的数据表示和使用。

2．构造数据类型：熟练掌握数组的定义、表示与使用。

3．运算对象、运算符、函数和表达式。

常量、变量和函数等运算对象的定义和使用；

算术运算（加、减、乘、除、取负、指数、整除和取模）及其运算的优先级；关系运算；逻辑运算（NOT、AND、OR）及其运算的优先级；

常用内部函数：

三角函数 Sin、Cos、Tan 和 Atn；算术函数 Abs、Sqr、Log、Exp 和 Sgn；取整与类型转换函数 Int 和 Fix；随机函数 Rnd；字符串处理函数 Trim、Left、Right、Len、Mid、Ucase、Lcase、Space、String、Ltrim 和 Rtrim；日期与时间函数 Date、Time 和 Timer；转换函数 Chr、Asc、Str 和 Val；QBColor 和 Rgb 函数；InputBox 函数；MsgBox 函数等。

（三）程序设计基础

1．基本语句：Print 语句，赋值语句，Dim 语句和结束语句，注释语句。

2．选择结构：行 If 语句，块 If 结构，Select Case 结构。

3．循环结构：For/Next 结构及 Exit For 语句，Do/Loop 结构及 Exit Do 语句，While/Wend 结构。

4．程序结构：Sub 过程的定义与调用，Function 函数过程的定义与调用；理解参数传递规则；变量和常量的作用域及生存期，包括相关的声明语句或关键字。

（四）常见算法程序设计

计数、求和、比较大小等简单算法；穷举法；循环控制的迭代法；数组的选择排序（分类）或冒泡法；字符串的一般处理。

（五）面向对象程序设计

1．理解面向对象程序方法的基本概念。

2．窗体及多重窗体的概念、建立和使用。

熟练掌握窗体的 Caption、Height、Left，Name、Top、Visible、Width、Picture 等属性；掌握窗体的 Click 和 Load 等事件的功能和触发时机。

窗体的其他常用事件如 Dblclick、KeyDown、KeyPress、KeyUp，MouseDown、MouseMove、MouseUp、Unload 等事件。

窗体的常用方法如 Cls、Show、Print、Hide、Move、Pset、Line、Circle 等方法。

3．基本控件。

命令按钮、标签、文本框、复选框、单选按钮、框架、列表框、组合框、滚动条和定时器等。

以上控件所构造的控件数组。

考试范围涉及以上控件的常用属性、方法与事件过程。在此，"常用"是指在统编教材中着重讲解或在程序举例中多次使用的。

4．基本图形的绘制。

VB 坐标系；改变 VB 坐标系；画点、线（矩形）、圆（弧与椭圆）。

5．图片框、影像框、直线控件和形状控件的常用属性、方法。

6．菜单和对话框。

通用对话框控件的建立和使用（如何打开不同对话框？对话改变了控件的属性是什么？）；用菜单编辑器创建菜单；掌握菜单的常用属性；掌握菜单的 Click 事件。

7．文件、文件操作控件。

文件的概念；熟练掌握驱动器列表框、目录列表框和文件列表框的功能和综合作用；顺序文件的基本操作。

8．数据库操作。

数据库的基本概念；如何利用数据控件 Data 访问数据库。

附录三　2008 年秋浙江省高等学校

计算机等级考试试卷（二级 Visual Basic）及参考答案

说明：（1）考生应将所有试题的答案填写在答卷上。其中试题 1～试题 6，请在答卷上各小题正确选项的对应位置处填"√"；

（2）请将你的准考证号的后 5 位填写在答卷右下角的指定位置内；

（3）考试时间为 90 分钟。

试题 1（每小题 3 分，共 12 分）

阅读下列程序说明和程序，在每小题提供的若干可选答案中，挑选一个正确答案。

【程序说明】运行时每间隔 10 秒钟，以窗体标题的形式显示此时正在上第几节课或是晚餐或是午休时间，等等。

【程序】
```
Private Sub Form_Load()
  Timer1.Interval = ____(1)____
End Sub
Private Sub ___(2)___ _Timer()
  Dim x As Single
  x = ____(3)____ + Minute(Time) / 60
  Select Case x
```

```
      Case Is > 21
        Form1.Caption = "Over"
      Case      (4)
        Form1.Caption = "第 9～11 节课"
      Case Is > 18
        Form1.Caption = "晚餐时间"
      Case Is >= 14
        Form1.Caption = "第 5～8 节课"
      Case Is > 12
        Form1.Caption = "午休时间"
      Case Is >= 8
        Form1.Caption = "第 1～4 节课"
    End Select
  End Sub
```

【供选择的答案】

（1）A. 10 　　　　　B. 100 　　　　　C. 1000 　　　　　D. 10000
（2）A. Interval 　　　B. Command1 　　C. Timer1 　　　　D. Timer
（3）A. Hour(Now) 　　B. House(Time) 　C. Hour(Date) 　　D. Hour()
（4）A. 19;20;21 　　　B. 19 To 21 　　　C. 19..21 　　　　D. Is>=19 And Is<=21

试题 2（每小题 3 分，共 12 分）

阅读下列程序说明和程序，在每小题提供的若干可选答案中，挑选一个正确答案。

【程序说明】运行时初始界面如附图 1 所示。单击 Command1 统计 Text1 中的单词数，单击 Command2 在标签控件中显示所统计的单词数，如附图 2 所示。

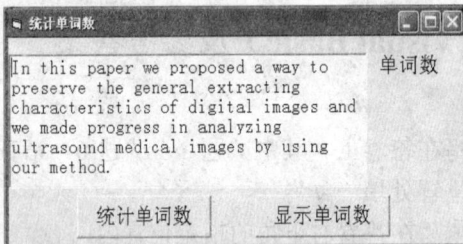

附图 1　初始界面　　　　　　　　　附图 2　执行结果

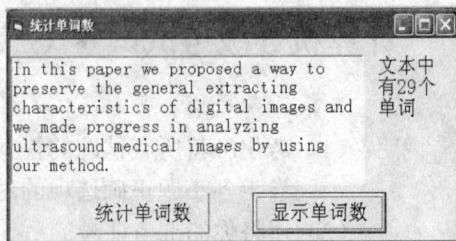

【程序】

```
      (5)
Private Sub Command1_Click()
  Dim n As Integer, i As Integer, isalpha As Boolean
  n = Len(Text1.Text)
      (6)
  For i = 1 To n
    s(i) = Mid(Text1.Text, i, 1)
  Next i
  isalpha = False              '做 s[0]不是英文字母的标记
  For i = 1 To n
    If UCase(s(i)) >= "A" And UCase(s(i)) <= "Z" Then
      If      (7)      Then     '如果 s[i-1]不是英文字母而 s[i]是英
        sum = sum + 1           '文字母则判定 s[i]是一个单词的首字母
```

```
        isalpha = True
      End If
    Else
          (8)
    End If
  Next i
End Sub
Private Sub Command2_Click()
  Label1.Caption = "文本中有" & sum & "个单词"
End Sub
```

【供选择的答案】

(5) A. Option Base 1 　　　　B. Dim sum As Integer

　　C. Option Base 0 　　　　D. sum=0

(6) A. ReDim s(n) As String*1 　　B. ReDim s(n) As Byte

　　C. Dim s(n) As String*1 　　D. Dim s(n) As Byte

(7) A. s[i]<>alpha 　　B. s[i]=isalpha 　　C. isalpha 　　D. Not isalpha

(8) A. isalpha=True 　　B. Exit For 　　C. isalpha=False 　　D. sum=sum-1

试题 3（每小题 3 分，共 12 分）

阅读下列程序说明和程序，在每小题提供的若干可选答案中，挑选一个正确答案。

【程序说明】如附图 3 所示，在图片框上拖动鼠标后绘制出一个轮廓线为黄色的矩形：鼠标按下、抬起位置分别为其斜对角线顶点，再绘制一个与矩形内接、轮廓线为红色的椭圆。

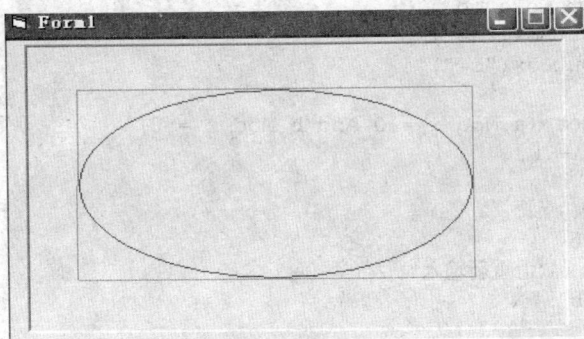

附图 3　程序执行效果

【程序】

```
Dim x1 As Single, y1 As Single
Private Sub Picture1_MouseDown(Button As Integer, _
        Shift As Integer, X As Single, Y As Single)
        (9)
End Sub
Private Sub Picture1_MouseUp(Button As Integer, _
        Shift As Integer, X As Single, Y As Single)
  Dim x0 As Single, y0 As Single, b As Single
  Picture1.Line (x1, y1)-(X, Y),     (10)
  x0 = x1 + (X - x1) / 2          '计算椭圆中心点坐标
```

```
      y0 = y1 + (Y - y1) / 2
      b = Abs(y1 - Y) / Abs(x1 - X)    '计算椭圆纵、横轴之比
      If ___(11)___ Then
        Picture1.Circle (x0, y0), Abs(y1-y)/2,255, , ,b
      Else
        Picture1.Circle (x0, y0), Abs(x1-x)/2,255, , ,b
      End If
    End Sub
    Private Sub Form_Load()
      ___(12)___
    End Sub
```

【供选择的答案】

（9）A．CurrentX = X: CurrentY = Y   B．x = x1: y = y1
　　C．Picture1.Pset(x,y),VbYellow   D．x1 = x: y1 = y

（10）A．VbYellow,B B．VbYellow,BF C．VbYellow,Fill D．VbYellow,FB

（11）A．b > 1   　B．b < 1   　C．b = 1   　　D．b < > 1

（12）A．FillStyle = 0   　　　　B．FillStyle = True
　　　C．FillStyle = 1   　　　　D．FillStyle = False

试题 4（每小题 3 分，共 12 分）

阅读下列程序并回答问题，在每小题提供的若干可选答案中，挑选一个正确答案。

【程序】

```
    Private Sub Command1_Click()
      Dim a As Integer, b As Integer, x As Long, i As Integer
      On Error GoTo qq
      a = InputBox("a=")
      b = InputBox("b=")
      x = a
      While Not (a Mod x = 0 And b Mod x = 0)
        x = x - 1
      Wend
      Print x
      Exit Sub
    qq: MsgBox "请重新输入"
      Exit Sub
    End Sub
```

【供选择的答案】

（13）单击 Command1 后，依次输入 8、6 后，显示：
　　　A．2　　　　B．24　　　　C．14　　　　D．1

（14）单击 Command1 后，依次输入 28、16 后，显示：
　　　A．44　　　　B．1　　　　C．112　　　　D．4

（15）单击 Command1 后，依次输入 3、5 后，显示：
　　　A．15　　　　B．1　　　　C．8　　　　D．125

（16）单击 Command1 后，依次输入 4、32987 后，显示：
　　　A．空白　　　B．1　　　　C．0　　　　D．请重新输入

试题 5（每小题 3 分，共 12 分）

　　阅读下列程序并回答问题，在每小题提供的若干可选答案中，挑选一个正确答案。
【程序】

```
Private Function f(x() As Integer, m As Integer) As Boolean
  Dim i As Integer, j As Integer
  For i = 1 To m
    If x(i) < 60 Then Exit For
  Next i
  If i <= m Then f = True Else f = False
  If f Then
    For j = i To m - 1: x(j) = x(j + 1): Next j
    m = m - 1
  End If
End Function
Private Sub Command1_Click()
  Dim a(8) As Integer, n As Integer, i As Integer
  a(1) = 76: a(2) = 56: a(3) = 87: a(4) = 43
  a(5) = 46: a(6) = 94: a(7) = 52: a(8) = 88
  n = 8
  While f(a, n)
    For i = 1 To n
      Print a(i);
    Next i
    Print
  Wend
End Sub
```

【供选择的答案】

（17）单击 Command1 后，窗体第一行显示：
　　　A. 76 87 43 46 94 52 88 88　　　　　　B. 76 87 94 88
　　　C. 76 87 43 46 94 52 88　　　　　　　D. 76 87 46 94 52 88

（18）单击 Command1 后，窗体第二行显示：
　　　A. 76 87 43 46 94 52 88 88　　　　　　B. 76 87 46 94 52 88
　　　C. 76 87 46 94 52 88 88 88　　　　　　D. 76 87 94 52 88 88

（19）单击 Command1 后，窗体第三行显示：
　　　A. 76 87 94 52 88 88 88 88　　　　　　B. 76 87 94 88
　　　C. 76 87 94 52 88　　　　　　　　　　D. 76 87 94 52 88 88

（20）单击 Command1 后，窗体第四行显示：
　　　A. 76 87 94 88　　　　　　　　　　　B. 56 43 46 52
　　　C. 76 87 94 88 88 88 88 88　　　　　　D. 76 87 94 52 88

试题 6（每小题 3 分，共 12 分）

　　程序运行时，先后依次选中列表框控件 List1 中的"张三"、"王五"、"刘七"项，如附
图 4 所示。回答问题，在每小题提供的若干可选答案中，挑选一个正确答案。

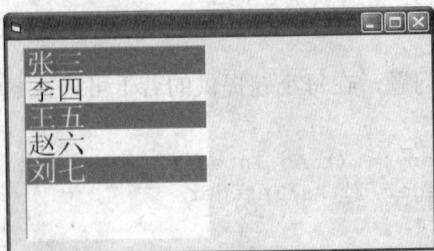

附图4　选中选项

（21）控件 List1 的 MultiSelect 属性值为：

A. True　　　　B. 0 None　　C. 1 Simple　　　D. False

（22）控件 List1 的 ListCount 属性值为：

A. 2　　　　　　B. 3　　　　　C. 4　　　　　　D. 5

（23）控件 List1 的 Selected 数组各元素中，值为 True 的元素的索引值（下标）为：

A. 0、2、4　　　B. 1、3、5　C. 1、3　　　　D. 2、4

（24）控件 List1 的 Text 属性值为：

A. "张三"　　　　B. "刘七"　　　C. "李四"　　　　D. "张三　王五　刘七"

试题7（28 分）

编程，单击 Command1 后用通用对话框确定待输入的文件（格式如下，各行中 4 个数据分别表示学生姓名以及三门功课成绩），将其中三门课成绩均及格的学生信息按同样的格式输出到文件"e:\score.txt"。

```
"张三",77,86,93
"李四",77,86,93
　……
```

2008 年秋浙江省高等学校计算机等级

考试二级 VB 参考答案

试题 1～试题 6　请在各小题正确选项的对应位置处填"√"（每小题 3 分，共 72 分）

	A	B	C	D		A	B	C	D
(1)				√	(6)	√			
(2)			√		(7)				√
(3)	√				(8)			√	
(4)		√			(9)				√
(5)		√			(10)	√			

(11)	√			(18)		√	
(12)		√		(19)		√	
(13)	√			(20)	√		
(14)			√	(21)		√	
(15)		√		(22)			√
(16)			√	(23)	√		
(17)				(24)		√	

试题 7（28 分）

编程，单击 Command1 后用通用对话框确定待输入的文件（格式如下，各行中四个数据分别表示学生姓名以及三门功课成绩），将其中三门课成绩均及格的学生信息按同样的格式输出到文件"e:\score.txt"。

```
"张三",77,86,93
"李四",77,86,93
......
Private Sub Command1_Click()
  ' 声明变量
  Dim name As String,k1 As Integer, k2 As Integer, k3 As Integer  (2分)
  ' 用控件 CommonDialog1 选择文件
  CommonDialog1.Action =1                                          (2分)
  ' 打开所选文件用于读数据，打开文件 e:\score.txt 用于写数据
  Open CommonDialog1.FileName For Input As #1                      (2分)
  Open "e:\score.txt" For OutPut As #2                             (2分)
  ' 读文件中数据并处理
  Do While Not Eof(1)                                              (18分)
    Input #1, name,k1,k2,k3                           循环结构 6 分
    If k1>=60 And k2>=60 And k3>=60 Then _            Input  4 分
      Write #1,name,k1,k2,k3                          条件  4 分
  Loop                                               Write# 4分（Print#扣2分
  Close #1: Close #2                                                (2分)
End Sub
```

附录四　2009 年春浙江省高等学校

计算机等级考试试卷（二级 Visual Basic）及参考答案

说明：（1）考生应将所有试题的答案填写在答卷上。其中试题 1～试题 6，请在答卷上各小题正确选项的对应位置处填"√"；

（2）请将你的准考证号的后 5 位填写在答卷右下角的指定位置内；

（3）考试时间为 90 分钟。

试题 1（每小题 3 分，共 12 分）

阅读下列程序说明和程序，在每小题提供的若干可选答案中，挑选一个正确答案。

【程序说明】输入 n 后，计算并显示下列表达式的值。

$$1 + \frac{1}{2} + \frac{1}{3} + \frac{1}{4} + \cdots + \frac{1}{n}$$

运行时初始界面如附图 5 所示，输入 10 并按回车键后的界面如附图 6 所示（输入数若小于 1 则清空文本框，需重新输入），单击"计算"按钮后的界面如附图 7 所示。

附图 5　初始界面　　　　附图 6　回车键分界面　　附图 7　单击"计算"按钮后界面

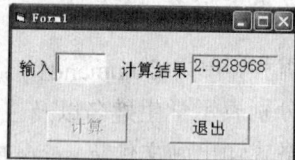

【程序】

```
Dim n As Integer
Private Sub Form_Load()
  Command1. (1)
End Sub
Private Sub Text1_(2)          (K As Integer)
  If K <> 13 Then Exit Sub
  (3)
  If n > 0 Then
    Command1.Enabled = True
    Text1.Enabled = False
  Else
    Text1.Text = ""
  End If
End Sub
Private Sub Command1_Click()
  Dim y As Single, i As Integer
  For i = 1 To n
    (4)
  Next i
  Label3.Caption = y
  Command1.Enabled = False
  Text1.Enabled = True
  Text1.Text = ""
  Text1.SetFocus
End Sub
```

【供选择的答案】

（1）A. Enabled=True　　B. Enabled=False　　C. Visible=True　　D. Visible=False

（2）A. KeyPress　　B. Click　　C. Change　　D. KeyDown

（3）A. k=Text1.Text　　B. k = 13　　C. n = 13　　D. n = Text1.Text

（4）A. y = y + 1/n　　B. y = y + 1\n　　C. y = y + 1/i　　D. y = y + 1\i

试题 2（每小题 3 分，共 12 分）

阅读下列程序说明和程序，在每小题提供的若干可选答案中，挑选一个正确答案。

【程序说明】运行时输入 10 个数后，输出其中较小的 5 个数。

【程序】

```
Private Sub Command1_Click()
  Dim a(10) As Single, t As Single, i As Byte, j As Byte, k As Byte
  For i = 1 To 10
    a(i) = InputBox(  (5)      )
  Next i
  For i = 1 To 9
    (6)
    For j = i + 1 To 10
      If  (7)        Then k = j
    Next j
    t = a(i): a(i) = a(k): a(k) = t
  Next i
  For i =  (8)
    Print a(i)
  Next i
End Sub
```

【供选择的答案】

（5）A．"a(" & i & ")="   B．"a(" + i + ")="
　　 C．"a(", i, ")="   D．"a(" ; i ; ")="

（6）A．k=I   B．i=k   C．k=i+1   D．i=k+1

（7）A．a(j) < a(i)   B．a(j) > a(i)   C．a(j) > a(k)   D．a(j) < a(k)

（8）A．5 To 1   B．10 To 6   C．1 To 5   D．5 To 10

试题 3（每小题 3 分，共 12 分）

阅读下列程序说明和程序，在每小题提供的若干可选答案中，挑选一个正确答案。

【程序说明】单击 Command1 按钮以通用对话框控件选择图像文件并加载，如附图 8 所示。单击图片框控件 P1 后，将以单击处为圆心、P1 宽度的 1/3 为半径的圆之外的区域改为白色。附图 9 是用鼠标单击头像鼻翼处的处理效果。窗体加载后，P1 的坐标单位应为像素。

附图 8　加载图片 　　　　　附图 9　处理效果

【程序】

```
Private Sub Command1_Click()  '加载图片
  CommonDialog1.___(9)_____
  P1.Picture = LoadPicture(CommonDialog1.FileName)
End Sub
Private Sub ___(10)_____
  P1.ScaleMode = 3                '设置 P1 的坐标单位为像素
End Sub
Private Sub P1_MouseDown(Button As Integer, _
        Shift As Integer, X As Single, Y As Single)
  Dim r As Long, i As Long, j As Long
  r = P1.ScaleWidth / 3
  For i = P1.ScaleLeft To P1.ScaleLeft + P1.ScaleWidth
    For j = P1.ScaleTop To P1.ScaleTop + P1.ScaleHeight
      If (i - X) ^ 2 + (j - Y) ^ 2 ___(11)_____ r * r Then _
        P1.PSet (i, j), ___(12)_____
    Next j
  Next i
End Sub
```

【供选择的答案】

（9）A. Action　　　　B. ShowOpen　　C. ShowFont　　D. Action = 3

（10）A. Form_Load()　B. Form_Click()　C. P1_Load()　　D. P1_Click()

（11）A. <　　　　　　B. >　　　　　　C. <>　　　　　　D. =

（12）A. White　　　　B. Rgb(0,0,255)　C. vbWhite　　　D. Rgb(255,0,0)

试题 4（每小题 3 分，共 12 分）

阅读下列程序并回答问题，在每小题提供的若干可选答案中，挑选一个正确答案。

【程序】

```
Private Sub Command1_Click()
  Dim n As Integer, i As Integer, j As Integer
  List1.Clear
  n = InputBox("n=")
  ReDim a(2 To n) As Integer
  For i = 2 To n
    a(i) = i
  Next i
  For i = 2 To Sqr(n)
    If a(i) <> 0 Then
      For j = 2 * i To n Step i
        a(j) = 0
      Next j
    End If
  Next i
  For i = 2 To n
    If a(i)<>0 Then List1.AddItem i
  Next i
End Sub
```

【供选择的答案】

（13）单击 Command1 输入 4 后，列表框控件逐行显示：

    A．1，2   B．2，3   C．3，4   D．2

（14）单击 Command1 输入 6 后，列表框控件逐行显示：

    A．2，3，5   B．2，3   C．3，5   D．2，4

（15）单击 Command1 输入 8 后，列表框控件逐行显示：

    A．3，5   B．2，4，6   C．3，5，7   D．2，3，5，7

（16）该事件过程的功能是，输入 n 后：

    A．显示小于 n 的奇数   B．小于 n 的偶数

    C．显示小于 n 的素数   D．显示不大于 n 的素数

试题 5（每小题 3 分，共 12 分）

阅读下列程序并回答问题，在每小题提供的若干可选答案中，挑选一个正确答案。

【程序】

```
Private Function f(ByVal a As Integer, ByVal b As Integer) As Integer
  Dim r As Integer
  r = a Mod b
  While r <> 0
    a = b: b = r: r = a Mod b
  Wend
  f = b
End Function
Private Sub Command1_Click()
  Dim m As Integer, n As Integer
  m = InputBox("m="): n = InputBox("n=")
  Form1.Cls
  Print f(m, n); m; n
End Sub
```

【供选择的答案】

（17）单击 Command1 后，输入 28、36，窗体显示：

    A．4 4 8   B．4 8 4   C．4 28 36   D．38 36 4

（18）单击 Command1 后，输入 36．28，窗体显示：

    A．4 4 8   B．4 8 4   C．4 36 28   D．38 36 4

（19）将函数 f 参数设置改为"a As Integer,b As Integer"，单击 Command1 后输入 28、36，窗体显示：

    A．4 4 8   B．4 8 4   C．4 28 36   D．38 36 4

（20）将函数 f 参数设置改为"a As Integer,b As Integer"，单击 Command1 后输入 54、42，窗体显示：

    A．6 54 42   B．6 12 6

    C．42 12 6   D．12 6 6

试题 6（每小题 3 分，共 12 分）

程序运行时的初始界面如附图 10 所示，列表框中所显示的是从磁盘文件输入的信息。回答问题，在每小题提供的若干可选答案中，挑选一个正确答案。

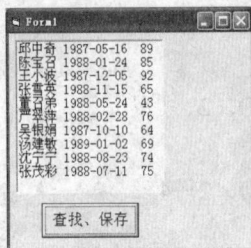

附图 10　初始界面

【程序】

```
Private Sub Form_Load() '从文件 e:\aa.txt 读入数据、追加到 List1
    Dim ss As String
    Open "e:\aa.txt" For Input As #1
    While Not EOF(1)
      Line Input #1, ss
      List1.AddItem ss
    Wend
    Close #1
End Sub
Private Sub Command1_Click()    '查找、保存
    Dim xm As String, rq As Date, cj As Integer
    Dim i As Integer
    For i = 0 To List1.ListCount - 1
      If Val(Mid(List1.List(i), 16, 3)) > cj Then
        xm = Trim(Mid(List1.List(i), 1, 4))
        rq = Mid(List1.List(i), 5, 10)
        cj = Val(Mid(List1.List(i), 16, 3))
      End If
    Next i
    Open "e:\aa.txt" For Output As #1
    Print #1, xm; rq; cj
    Close #1
End Sub
```

（21）单击 Command1 后，文件 e:\aa.txt 中第 1 行显示：

　　A．王小波 1987-12-5　92　　　　　B．"王小波",#1987-12-5#,92

　　C．董召弟 1988-5-24　43　　　　　D．"董召弟",#1988-5-24#,43

（22）若将 Click 事件中"Print #1"用"Write #1"置换，单击 Command1 后，文件 e:\aa.txt 中第 1 行显示：

　　A．王小波 1987-12-5　92　　　　　B．"王小波",#1987-12-5#,92

　　C．董召弟 1988-5-24　43　　　　　D．"董召弟",#1988-5-24#,43

（23）单击 Command1 后，文件 e:\aa.txt 中的记录数（行数）为：

　　A．1　　　　　B．10　　　　　C．11　　　　　D．12

（24）若将 Click 事件中"Output"用"Append"置换，运行后文件 e:\aa.txt 中记录数为：

　　A．1　　　　　B．10　　　　　C．11　　　　　D．12

试题 7（28 分）

编程，求一组数 x_1、x_2、…、x_n 的算术平均值与标准差，计算公式如附图 11 所示，界面设计如附图 12 所示。单击 Command1 输入数据个数 n 以及 n 个数，单击 Command2 计算并显示 n 个数的算术平均值，单击 Command3 计算并显示它们的标准差。

$$x=\frac{1}{n}\sum_{i=1}^{n}x_i \qquad \sigma=\sqrt{\frac{\sum_{i=1}^{n}(x_i-\bar{x})^2}{n-1}}$$

附图 11 公式 　　　　　　　　　　附图 12 界面设计

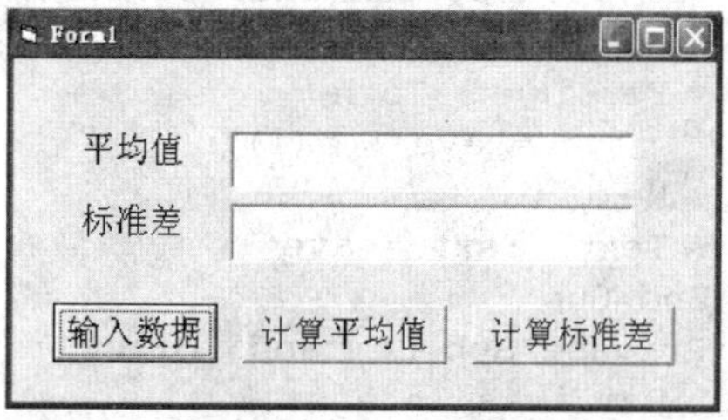

2009 年春浙江省高等学校计算机等级

考试二级 VB 参考答案

试题 1～试题 6 请在各小题正确选项的对应位置处填"√"（每小题 3 分，共 72 分）

	A	B	C	D
(1)		√		
(2)	√			
(3)				√
(4)			√	
(5)	√			
(6)	√			
(7)				√
(8)			√	
(9)				
(10)	√			
(11)		√		
(12)			√	

	A	B	C	D
(13)		√		
(14)	√			
(15)				√
(16)				√
(17)			√	
(18)			√	
(19)		√		
(20)				
(21)	√			
(22)				
(23)	√			
(24)			√	

试题 7（28 分）

```
Dim a() As Double, ave As Double, n As Integer, seit As Double
Private Sub Command1_Click()  '输入数据n以及n个数        小计 10 分
    Dim i As Integer                            ' 1 分
    n = Inputbox("n=")                          ' 2 分
    ReDim a(n)                                  ' 3 分
    For i = 1 To n                              ' 4 分
```

```
      a(i) = InputBox("a(" & i & ")=")
    Next i
End Sub
Private Sub Command2_Click()   '计算、显示平均值            小计 7 分
  Dim i As Integer                              ' 1 分
  For i = 1 To n                                ' 4 分
    ave = ave + a(i)/n
  Next i
  Text1.Text = ave                             ' 2 分
End Sub
Private Sub Command3_Click()   '计算、显示标准差            小计 11 分
  Dim i As Integer                              ' 1 分
  For i = 1 To n                                ' 5 分
    seit = seit + (a(i) - ave) ^2
  Next i
  seit = sqr(seit) / (n - 1)                    ' 3 分
  Text2.Text = seit                            ' 2 分
End Sub
```

附录五　2009 年秋浙江省高等学校计算机等级考试

二级 Visual Basic 程序设计试卷及参考答案

说明：（1）本试卷共 6 页，满分 100 分；考试时间为 90 分钟；

（2）考生应将所有试题的答案填写在答卷上；

（3）程序阅读与填空全部是选择题，请在答卷上的各小题选项的对应位置上填"√"；

（4）请将你的准考证号的后 5 位填写在答卷右下角的指定位置内。

第一部分　程序阅读与填空（24 小题，每小题 3 分，共 72 分）

1. 阅读下列程序说明和程序，在每小题提供的若干可选答案中，挑选一个正确答案。

【程序说明】 输入 n、x（x 的绝对值必须小于 1）后，计算并显示下列表达式的值。

$$1 - \frac{x}{2} + \frac{x^2}{3} - \frac{x^3}{4} + \cdots + (-x)^{n-1} / n$$

【程序】

```
Private Sub Command1_Click()
  Dim y As Single, x As Single, t As Single
  Dim n As Integer, i As Integer, f As Integer
  n = InputBox("n=")
  Do
    x = InputBox("x=")
  Loop  (1)
  y = 1:  (2)
```

```
    For i = 2 To  (3)
      t = -t * x: y =  (4)
    Next i
    Print y
  End Sub
```

【供选择的答案】

（1）A．While Abs(x) < 1　　　　B．While x > -1 And x < 1

　　　C．Until Abs(x) < 1　　　　D．until x > 1

（2）A．t＝－x / 2　　B．t＝－1　　　C．t＝0　　D．t＝1

（3）A．n－2　　　　B．n　　　　　C．n－1　　D．n+1

（4）A．y+t/i　　　　B．t * i　　　　C．t/i　　　D．y+t * i

2. 阅读下列程序说明和程序，在每小题提供的若干可选答案中，挑选一个正确答案。

【程序说明】单击 Command1 后计算 List1 中所有数的平均值，清空列表框控件 List2 中所有表项后将 List1 中所有小于平均值的数据写入到 List2，如附图 13 所示。

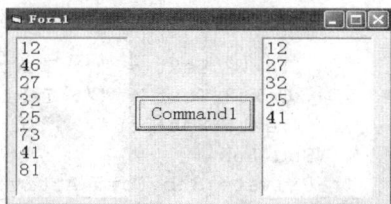

附图 13　执行结果

【程序】

```
Private Sub Command1_Click()
  Dim n As Integer, i As Integer, s As Single, v As Single
  n =  (5)
   (6)
  For i = 1 To n
    a(i) =  (7)     : v = v + a(i)
  Next i
  v = v / n :  (8)
  For i = 1 To n
    If a(i) < v Then List2.AddItem a(i)
  Next i
End Sub
```

【供选择的答案】

（5）A．List1.ListCount−1　　　　　B．List1.ListCount

　　　C．List1.ListIndex　　　　　　D．List1.Count

（6）A．ReDim a(n−1)　　　　　　　B．Dim a(n) As Single

　　　C．ReDim a(n) As Single　　　　D．Dim a(n)

（7）A．List1.List(i−1)　　　　　　B．List1.List(i)

　　　C．List1.Text　　　　　　　　D．List1.List(i+1)

（8）A．List2.Move　　B．List2.List =""　　　C．List2.Cls　　　D．List2.Clear

3. 阅读下列程序说明和程序，在每小题提供的若干可选答案中，挑选一个正确答案。

【程序说明】运行时初态如附图 14 所示，Text2、Text3、Command1 不可用。输入姓名按回车键 Text2 可用，输入学号按回车键 Text3 可用，输入成绩按回车键"保存"按钮可用，单击"保存"按钮将数据添加到文件 e:\score.txt、界面恢复初态。退出前可继续输入、保存数据。

【程序】

```
Private Sub f()
  (9)
  Text1.Text = "": Text1.Enabled = True
```

附图 14 初始界面

```
  Text2.Text = "": Text2.Enabled = False
  Text3.Text = "": Text3.Enabled = False
  Text1.SetFocus              'Text1 获得输入焦点
End Sub
Private Sub Form_Activate() '窗体加载后调用 f()初始化
  Call f
End Sub
Private Sub Text1_KeyPress(K As Integer)
  If K = 13 Then Text2.Enabled = True: Text2.SetFocus
End Sub
Private Sub Text2_KeyPress(K As Integer)
  If K = 13 Then Text3.Enabled = True: Text3.SetFocus
End Sub
Private Sub Text3_KeyPress(K As Integer)
  If K = 13 Then Command1.Enabled = True
End Sub
Private Sub Command1 (10)
  Open "e:\score.txt" For (11)      As #1
  Write #1, Text1.Text, Text2.Text, Val(Text3.Text)
  Close #1
  (12)
End Sub
```

【供选择的答案】

（9）A. Command1.Visible = True   B. Command1.Enabled = True

　　 C. Command1.Visible = False   D. Command1.Enabled = False

（10）A. _KeyUp()   B. _KeyDown()   C. _Click()   D. _KeyPress()

（11）A. Input   B. Append   C. Output   D. Write

（12）A. Call Sub f()   B. Call f

　　　C. f()   D. Command1.Enabled = False

4. 阅读下列程序说明和程序，在每小题提供的若干可选答案中，挑选一个正确答案。

【程序】

```
Private Sub Command1_Click()
  Dim n As Integer, k As Integer
```

```
    n = Val(Text1.Text): Label1.Caption = ""
    While n <> 0
      k = n Mod 16
      If k < 10 Then
        Label1.Caption = Trim(Str(k)) + Label1.Caption
      Else
        Label1.Caption = Chr(k - 10 + Asc("a")) + Label1.Caption
      End If
      n = n \ 16
    Wend
  End Sub
```

【问题】

（13）在 Text1 中输入"19"后，单击命令按钮 Command1，标签控件 Label1 中显示：

    A. 31   B. 13   C. 3,1   D. 1,3

（14）在 Text1 中输入"25"后，单击命令按钮 Command1，标签控件 Label1 中显示：

    A. 3119   B. 1913   C. 19   D. 2,4

（15）在 Text1 中输入"29"后，单击命令按钮 Command1，标签控件 Label1 中显示：

    A. C1   B. 1C   C. 1D   D. 1d

（16）在 Text1 中输入"42"后，单击命令按钮 Command1，标签控件 Label1 中显示：

    A. 2a   B. a2   C. 2,a   D. A2

5. 阅读下列程序说明和程序，在每小题提供的若干可选答案中，挑选一个正确答案。

【程序】

```
    Private Sub f1(a() As Single, n As Integer)
      Dim i As Integer
      For i = 1 To n: a(i) = a(i) + 1: Next i
    End Sub
    Private Function f2(a() As Single, n As Integer) As Single
      Dim i As Integer
      Call f1(a, n)
      For i = 1 To n
        f2 = f2 + a(i)
      Next i
      f2 = f2 / n
    End Function
    Private Sub Command1_Click()
      Dim n As Integer, i As Integer
      n = InputBox("n=")
      ReDim x(n) As Single
      For i = 1 To n
        x(i) = InputBox("x(" & i & ")=")
      Next i
      Print f2(x, n)
    End Sub
```

【问题】

（17）单击命令按钮 Command1 后输入 3、1、2、3 这 4 个数，显示结果为：

    A. 2.5   B. 4   C. 2   D. 3

（18）单击命令按钮 Command1 后输入 4、1、2、3、4 这 5 个数，显示结果为：

    A．3.5   B．5   C．4   D．3

（19）单击命令按钮 Command1 后输入 5、1、2、3、4、5 这 6 个数，显示结果为：

    A．3   B．3.5   C．4   D．4.5

（20）若删除函数 f2 中的语句"Call f1(a, n)"，单击命令按钮 Command1 后输入 3、1、2、3 这 4 个数，显示结果为：

    A．2.5   B．4   C．2   D．3

6. 阅读下列程序说明和程序，在每小题提供的若干可选答案中，挑选一个正确答案。

【程序】

```
Private Sub Form_Load()
 P1.Width = P1.Height
 P1.Scale (-100, 100)-(100, -100)
End Sub
Private Sub Command1_Click()
 Dim x As Single, y As Single
 P1.Circle (0, 0), 80, RGB(255, 0, 0)
 P1.FillStyle = 0: P1.FillColor = vbYellow
 P1.Circle (P1.ScaleLeft + P1.ScaleWidth/ 2, P1.ScaleTop _
     + P1.ScaleHeight / 2), 40, RGB(0, 0, 255)
 P1.FillColor = vbGreen
 For x = -60 To 60 Step 0.01
  y = Sqr(3600 - x * x)
  P1.Pset (x, y), RGB(0, 255, 0)
  P1.Pset (x, -y), RGB(0, 255, 0)
 Next x
End Sub
```

【问题】

（21）运行时第一次单击命令按钮 Command1 后，图片框控件 P1 中的显示为：

    A．2 个圆   B．3 个圆

    C．2 个圆和 1 个矩形   D．2 个圆和 1 个椭圆

（22）运行时第一次单击命令按钮 Command1 后，图片框控件 P1 中这些圆的圆心：

    A．各不相同   B．相同

    C．都在 P1 左上角   D．都在 P1 右下角

（23）运行时第一次单击 Command1 后，P1 中显示的实心圆的半径、填充色分别是：

    A．40，黄色   B．40，绿色   C．80，红色   D．60，绿色

（24）运行时第二次单击 Command1 后，P1 中半径为 80 的圆的填充色是：

    A．红色   B．灰色   C．黄色   D．绿色

第二部分　程序编写（2 小题，每小题 14 分，共 28 分）

1. 编制事件过程 Command1_Click，输入 *x* 后，计算下列函数的值。

$$f(x) = \begin{cases} \sqrt{x+5} & x < 5 \\ 3 + \log_{10}x & x \geq 5 \end{cases}$$

2. 编程，求一组数 x_1、x_2、…、x_{20} 的中的最大值。

要求：编制一个自定义函数过程 f，返回 n 个 Single 类型数中的最大值；编制事件过程 Command1_Click，输入 20 个数、调用 f 后显示其中的最大值。

2009 年秋浙江省高等学校计算机等级

考试二级 VB 参考答案

第一部分 程序阅读与填空（24 小题，每小题 3 分，共 72 分）

	A	B	C	D		A	B	C	D
(1)			√		(13)		√		
(2)				√	(14)			√	
(3)		√			(15)				√
(4)	√				(16)	√			
(5)		√			(17)				√
(6)			√		(18)	√			
(7)	√				(19)			√	
(8)				√	(20)			√	
(9)				√	(21)		√		
(10)			√		(22)		√		
(11)		√			(23)	√			
(12)		√			(24)				√

第二部分 程序编写（2 小题，每题 14 分，共 28 分）

1. 编制事件过程 Command1_Click，输入 x 后，计算下列函数的值。

```
Private Sub Command1_Click()                              '2分
    Dim x As Single, y As Integer                        '2分
    x = InputBox("x=")                                   '2分
    If x < 5 Then y = Sqr(x+5) Else y = 3 + Log(x)/Log(10) '6分
    Print y                                              '2分
End Sub
```

2. 编程，求一组数 x_1、x_2、....、x_{20} 的中的最大值。

```
Private Function f(a() As Single, n As Integer) As Single '2分
    Dim i As Integer                                      '1分
```

```
   f = a(1)                                              '1分
   For i = 2 To n                                        '4分
     If a(i) > f Then f = a(i)
   Next i
 End Function                                            '1分
 Private Sub Command1_Click()
   Dim x(20) As Single, i As Integer                     '1分
   For i = 1 To 20                                       '2分
     x(i) = InputBox("x(" & i & ")=")
   Next i
   Print f(x, 20)                                        '2分
 End Sub
```

附录六 浙江省等级考试二级 Visual Basic 上机样题

一、程序设计题

注意：窗体上的相同类型的控件按照从上到下，从左到右的顺序放置，并按照默认方式命名。

1. 完成与附图 15 相同的界面布局和功能要求。具体要求如下：

（1）框架 Frame1 中有一个复选框数组，可以选择粗体、斜体对标签中的文字进行修饰。

（2）框架 Frame2 中有一个单选按钮数组，可以选择宋体或楷体对标签中的文字进行修饰。

（3）标签 Label1 的文字内容为"Visual Basic 程序设计"，格式为"宋体、常规、三号"，文字对齐方式为居中。

2. 完成与附图 16 相同的界面布局和功能要求。具体要求如下：

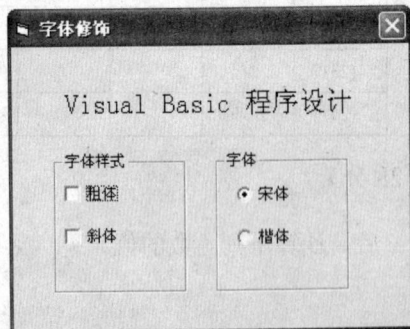

附图 15　Visual Basic 程序设计运行效果图　　附图 16　字幕放大运行效果图

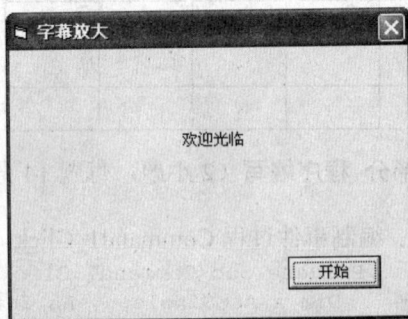

（1）单击"开始"按钮，标签"欢迎光临"文字在定时器控制下字号自动增加 2。同时"开始"按钮变为"停止"按钮。

（2）单击"停止"按钮，标签"欢迎光临"文字停止放大。同时"停止"按钮变为

"开始"按钮。

（3）要求标签文字在放大时保持水平居中。

（4）定时器的时间间隔为 0.2 秒。

3．完成与附图 17 相同的界面布局和功能要求。具体要求如下：

（1）可以在"查找"文本框中输入查找文字。

（2）可以在"替换为"文本框中输入要替换的文字。

（3）单击"替换"按钮，对文本框 Text1 中与查找内容匹配的文字进行替换操作。

（4）文本框 Text1 可以多行显示文字。

4．完成与附图 18 相同的界面布局和功能要求。具体要求如下：

（1）单击"添加"按钮，将文本框中的内容添加到列表框中的第一项，如果文本框中没有内容，则给出提示"没有内容，不予添加"。

（2）单击"删除"按钮，将选中项删除，如果没有选择要删除的项，则给出提示"请选择输出目的地"。

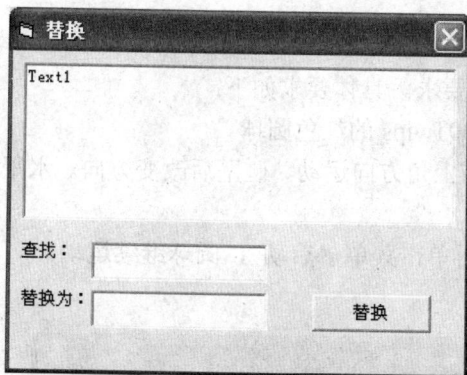

附图 17　替换运行效果图

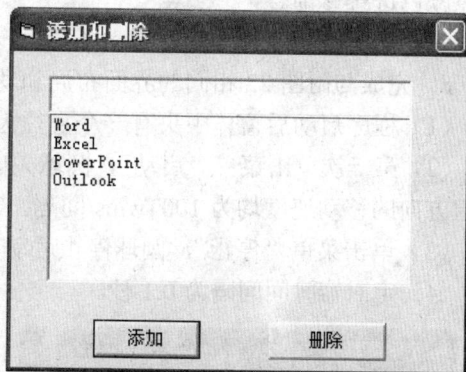

附图 18　添加和删除运行效果图

5．完成与附图 19 相同的界面布局和功能要求。具体要求如下：

（1）取消窗体（Form）的最大化和最小化按钮。

（2）当单击命令按钮时，实现窗口放大功能，放大后再单击该按钮则还原窗口。

（3）同时可使用快捷键 Alt+L 和 Alt+B 实现窗口放大或还原。

（4）当窗体大小改变后，总是让命名按钮位于窗口的中央。

6．完成与附图 20 相同的界面布局和功能要求。具体要求如下：

（1）在窗体上放置一个文本框控件数组，用于输入用户信息。

（2）在文本框控件数组中输入相应信息后，单击"添加"按钮后在组合框中会出现该项的姓名。

（3）在组合框中选中某项，可以在文本框控件数组中显示该项的用户信息，单击"删除"按钮，可以删除该项的所有信息。

7．完成与附图 21 相同的界面布局和功能要求。具体要求如下：

（1）单击菜单"字体"，通用对话框控件显示为"字体"对话框，并对文本框字体进行修饰。

附图 19　最大化运行效果图　　　　附图 20　添加联系人运行效果图

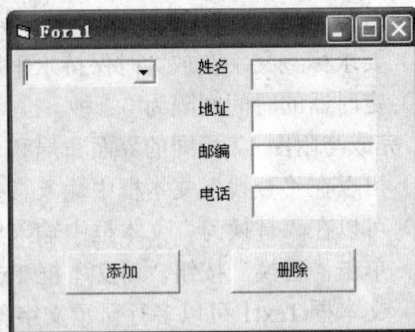

（2）单击菜单"文字颜色"，通用对话框控件显示为"颜色"对话框，并对文本框文字颜色进行修饰。

（3）单击菜单"背景颜色"，通用对话框控件显示为"颜色"对话框，并对文本框背景颜色进行修饰。

（4）文本框设计为带垂直滚动条。

8．完成与附图 22 相同的界面布局和功能要求。具体要求如下：

（1）程序启动后窗体中央有一个直径为 500Twips 的红色圆球。

（2）第一次单击菜单"启动"，圆球先向右上角方向运动，碰壁后改变方向。水平、垂直方向的移动速度均为 100Twips/间隔。

（3）单击菜单"停止"，圆球停止运动。再单击菜单"启动"，圆球继续运动。

（4）定时器时间间隔为 0.1 秒。

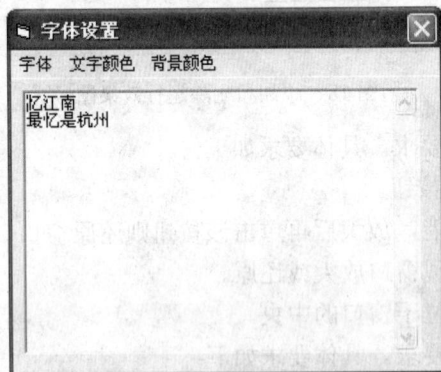

附图 21　字体设置运行效果图　　　　附图 22　反弹球运行效果图

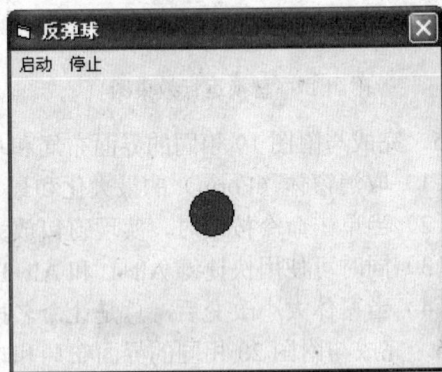

9．完成与附图 23 相同的界面布局和功能要求。具体要求如下：

（1）建立一个文本框和两个命名按钮。

（2）在文本框中输入内容，单击"开始"按钮后，把文本框中的字符按从小到大排列输出在窗体上，单击"结束"按钮退出应用程序。

10．完成与附图 24 相同的界面布局和功能要求。具体要求如下：

（1）在窗体上放置 4 个单选按钮，分别用于显示星期、年份、月份和日期。

（2）在窗体上放置一个文本框，选中单选按钮时，显示相应的信息。

（3）在窗体上放置一个命名按钮，单击该按钮时，退出应用程序。

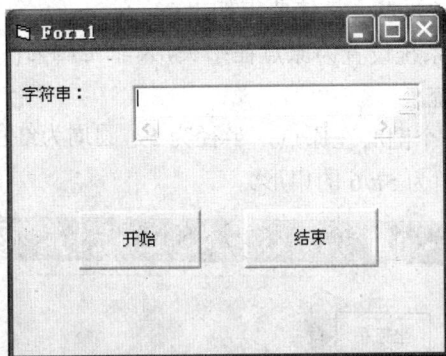

附图 23　字符排列运行效果图

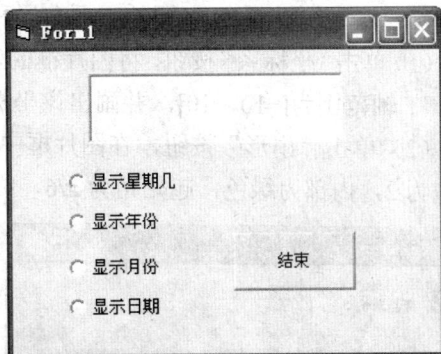

附图 24　显示日期运行效果图

11．完成与附图 25 相同的界面布局和功能要求。具体要求如下：

（1）文件列表框只能显示扩展名为 .txt 的文本文件。

（2）当单击某文本文件名后，在 Text1 显示文件名（包括路径），在 Text2 显示该文件的内容。

（3）当双击某文本文件名后，调用记事本程序对文本文件进行编辑。

12．完成与附图 26 相同的界面布局和功能要求。具体要求如下：

（1）窗体的右部是图片框，可以用鼠标左键进行绘图。

（2）"选项"框架中有两个单选按钮控件，选择"细"时，绘图的线宽设置为 1，选择"粗"时，绘图的线宽设置为 5。

（3）"选项"框架中的"颜色"按钮打开通用对话框为"颜色"对话框，并设置绘图的颜色。

（4）"选项"框架中的"清除"按钮用于清除图片框中的内容。

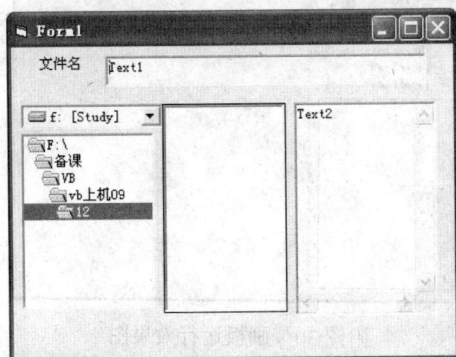

附图 25　文本文件列表框运行效果图

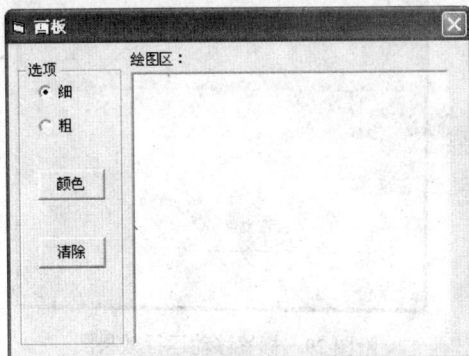

附图 26　画板运行效果图

13．完成与附图 27 相同的界面布局和功能要求。具体要求如下：

（1）窗体上有三个文本框，上面两个分别用于输入商品单价和商品数量，单击"计算"按钮，将应付款显示在下面一个文本框中。

（2）最下面一个文本框不能直接输入。

（3）单击"清除"按钮，三个文本框内容被清空，同时第一个文本框获得焦点。

14．完成与附图 28 相同的界面布局和功能要求。具体要求如下：

（1）单击"坐标系"按钮，将图片框的坐标系统设置为原点在中央，X 轴范围为[-10，10]，Y 轴范围为[-10，10]，并画出该坐标系统。

（2）单击"扇形"按钮，在图片框中画一个圆心在原点，半径为 5，圆周为红色，线宽为 2，内部为绿色，起始角为 π/6，终止角为 5π/6 的扇形。

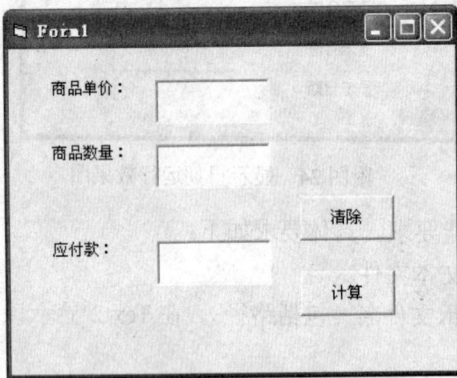

附图 27　文本文件列表框运行效果图　　　附图 28　作图运行效果图

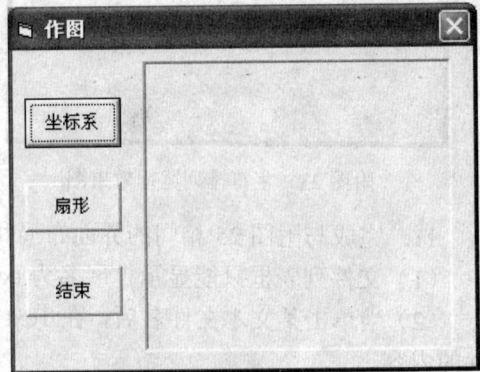

15．完成与附图 29 相同的界面布局和功能要求。具体要求如下：

（1）在窗体上放置一个水平滚动条、一个标签框和一个命令按钮。

（2）单击滚动条左右箭头时，标签上的字可以左右移动，标签移动范围等于滚动条的范围。

16．完成与附图 30 相同的界面布局和功能要求。具体要求如下：

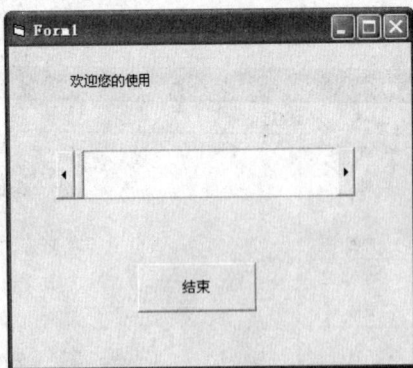

附图 29　标签移动运行效果图　　　　附图 30　画板运行效果图

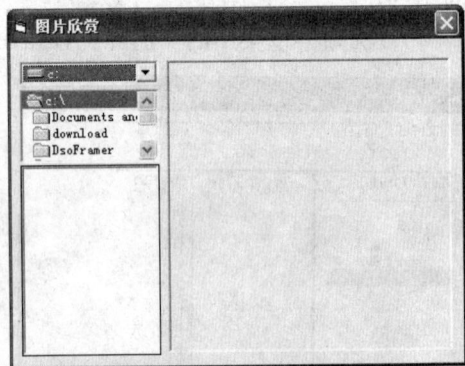

（1）窗体上放置驱动器列表框、目录列表框和文件列表框三个控件，设置属性使得三个控件能够联动。

（2）设置文件列表框只显示*.bmp 和*.jpg 类型的图片文件。

（3）编写相关代码使得单击文件列表框上的图片文件名时，图片显示在图片框中。

二、程序调试题

注意:

- 如果是填空,只需将横线位置的内容删除后填入合适的内容即可,其他代码不要改动。
- 如果是改错,只需修改标出出错位置的下面那一条语句即可,其他代码不要改动。

1. 该过程用于求出满足不等式 $1+2x+3x^2+4x^3+\cdots+(n+1)x^n<1000$ 的最大 n 值,其中 x 是大于等于 1 的实数,其值由键盘输入。程序如下:

```
Public Sub qiuN()
    Dim x As Single, s As Single, n As Integer, s1 As Single, p As Single
    x = Val(InputBox("x="))
    s = 1: n = 1
    p = x
    while ----1----
        s1 = s
        s = s + (n + 1) * p
        p = p* ----2----
        n = ----3----
    Wend
    n = ----4-----
    Form1.Print "The Maxism of n"; n, "s="; s1
End Sub
```

2. 该过程用于统计在随机产生的 10 个两位整数中的偶数的个数并用消息框输出。程序如下:

```
Public Sub countEven()
    Dim a(9) As Integer
    Dim count As Integer
    Dim I As Integer, n As Integer
    Randomize
    '******错误 1******
    For I = 1 To 10
    '*****错误 2*****
        n = Int(Rnd * 90)
        a(I) = n
        Form1.Print a(I)
        If a(I) Mod 2 = 0 Then
            count = count + 1
        End If
    Next I
    '*****错误 3*****
    msgbox("偶数个数: ",count)
End Sub
```

3. Combination 过程用于计算在 m 个数据中取出 n 个数据的排列组合值,计算公式为 $C_{mn}=m!/(n!*(m-n)!)$。程序如下:

```
Public Sub Combination()
    Dim m As Integer
    Dim n As Integer
    Dim Cmn As Long
    Do
```

```
            m = Val(InputBox("请输入一个整数 m"))
            n = Val(InputBox("请输入一个整数 n(n<=m)"))
        Loop While m < n '必须保证输入的两个数 m>=n
        '****** 错误 1 ******
        Cmn = nFactor(m) / nFactor(n) * nFactor(m - n)
        Form1.Print "排列组合数为"; Cmn
    End Sub
    Public Function nFactor(ByVal n As Integer) As Double
        '该函数过程用于计算 n!。
        Dim i As Integer
        Dim temp As Double
        temp = 1
        For i = 1 To n
            temp = temp * i
        Next i
        '******错误 2 ******
        nFactor(n) = temp
        '****** 错误 3 ******
    End Sub
```

4. 该过程用于查找一个 5 行 4 列的二维数组中行平均值最大的行，并将该行所有数据调整到第一行的位置。程序如下：

```
    Dim a(1 To 5, 1 To 4) As Integer
    Dim ave(1 To 5) As Integer
    Public Sub MaxLine()
        Dim i As Integer, j As Integer, temp As Integer
        Dim Line_no As Integer '最大平均值的行号
        '找出最大平均值所在行
        Line_no = 1
        For i = 2 To 5
            '****** 错误 1 *******
            If ave(Line_no) >= ave(i) Then
              '****** 错误 2 *******
                Line_no = ave(i)
            End If
        Next i
        '交换第一行与最大平均值所在行
        For j = 1 To 4
            temp = a(1, j)
            '****** 错误 3 ******
            a(Line_no, j) = a(1, j)
            a(Line_no, j) = temp
        Next j
        '交换对应行的平均值
        temp = ave(1)
        ave(1) = ave(Line_no)
        ave(Line_no) = temp
        '打印交换后的数据
        Form1.Print "交换后的数据和平均值"
        PrintArray
    End Sub
```

5. findstr 过程通过调用 matchCount 函数计算子串 s2 在母串 s1 中匹配的次数。程序如下：

```
Public Sub findstr()
    Dim s1 As String, s2 As String
    s1 = "it is a dog,but it is not a good dog! "    '母串
    s2 = "dog"                                       '子串
    Form1.Print ----1----
End Sub
Function matchCount(str1 As String, str2 As String) As Integer
    '本函数计算子串 str2 在母串 str1 中的匹配次数
    Dim num As Integer, i As Integer, pos As Integer
    num = 0

    For i = 1 To ----2----     '从第 1 个字符开始循环找
        pos = ----3----
        If pos > 0 Then          '找到了指定的字符串
            num = num + 1        '次数加 1
            ----4----            '继续向前找
        Else
            Exit For             '没找到,退出
        End If
    Next i
    matchCount = num
End Function
```

6. summary 过程用于计算 1!＋2!＋…＋20!，并打印出计算结果。程序如下：

```
Public Function nFactor(ByVal n As Integer) As Double
    Dim i As Integer
    Dim temp As Double
    ----1----
    For i = 1 To n
        temp = temp * i
    Next i
    nFactor = ----2----
End Function
Public Sub summary()
    Dim sum As Double
    Dim i As Integer
    Dim n As Integer
    n = 20
    For i = 1 To n
        sum = sum + ----3----
    Next i
    Form1.Print "sum=" & ----4----
End Sub
```

7. 该过程用于将一个十进制正整数转换成为一个二进制数。程序如下：

```
Public Sub DToB()
    '采用连除 2 取余数的方法,将一个十进制数转换为二进制数
    Dim Dec As Integer
    Dim Bin As String
    Dim res As Integer
    Dim i As Integer
    Dec = Val(InputBox("x="))  '输入一个十进制数
    Form1.Print "十进制数："; Dec
    Do
        res = -----1-------  '求出除以 2 的余数
```

```
        Bin = Trim(Str(res)) & -----2------
        Dec = -----3------
     Loop While ----4------
     Form1.Print "转换为二进制数为: "; Bin
   End Sub
```

8. 该过程用于整理数组 a，使其中小于零的元素移到数组的前端，大于零的元素移到数组的后端，等于零的元素留在数组的中间。程序如下：

```
Public sub p(a%())
  dim i%,low%,high%,t%
  low=0
  i=0
  high=Ubound(a)-1
  do While ----1----
   if a(i)<0 then
   t=a(i)
   a(i)=a(low)
   a(low)=t
   ----2----
   i=i+1
   elseif a(i)>0 then
   t=a(i)
   a(i)=a(high)
   a(high)=t
   -----3-----
   else
   ----4----
   end if
  loop
end sub
```

9. 该过程用于计算 e 的值并将结果输出，要求精确到 0.000000000000001，e 的计算公式为：e＝1＋1/1!＋1/2!＋…＋1/n!。程序如下：

```
Public Sub e()
Dim n, term, t
 n=0:term=1:t=1
 do
  n=n+1
  t= ---1---
  term= ---2-----
 loop while t> 0.000000000000001
 form1.print "e="& ---3----
end Sub
```

10. 该过程是输出一个右上三角元素（含对角线）为 1，其余元素为 0 的 5×5 矩阵。程序如下：

```
Public Sub PrintArray()
Dim a(1 To 5, 1 To 5) As Integer
Dim i As Integer, j As Integer
For i = 1 To 5
   For j = 1 To 5
      If ----- 1 ----- Then
          ----- 2 -----
      End If
   Next j
```

```
Next i
For i = 1 To 5
    For j = 1 To 5
        Form1.Print " "; a(i, j);
    Next j
    ------ 3 -----
Next i
End Sub
```

参 考 文 献

陈庆章. 2005. Visual Basic 程序设计基础. 浙江：浙江科学技术出版社.

龚沛曾，杨志强，陆慰民. 2007. Visual Basic 程序设计教程. 北京：高等教育出版社.

李红. 2007. 数据库原理与应用. 北京：高等教育出版社.

李雁翎. 2007. Visual Basic 程序设计（第 2 版）. 北京：清华大学出版社.

刘方鑫. 2005. 数据库原理与技术. 北京：电子工业出版社.

邱李华，曹青，郭志强. 2002. Visual Basic 程序设计教程. 北京：机械工业出版社.

史春联. 2008. Visual Basic 程序设计. 北京：清华大学出版社.

孙俏主. 2009. Visual Basic 程序设计. 北京：中国铁道出版社.

王学军，李静. 2008. Visual Basic 程序设计上机指导与习题集. 北京：中国铁道出版社.